忠经·孝经

（汉）马融◎撰
（春秋）孔子◎著
吴茹芝◎编译

陕西新华出版传媒集团
三秦出版社

图书在版编目（CIP）数据

忠经／（汉）马融撰；吴茹芝编译．孝经／（春秋）孔子著；
吴茹芝编译．—西安：三秦出版社，2008.4（2018.7重印）
　（中华传统文化精粹）
ISBN 978-7-80628-123-9

Ⅰ．①忠… ②孝… Ⅱ．①马… ②孔… ③吴… Ⅲ.
①家庭道德－中国－古代②忠经－译文③孝经－译文
Ⅳ．①B823.1

中国版本图书馆 CIP 数据核字(2008)第 032698 号

忠经·孝经

（汉）马融　撰　　（春秋）孔子　著

吴茹芝　编译

出版发行	陕西新华出版传媒集团　三秦出版社
社　　址	西安市北大街147号
电　　话	（029）87205121
邮政编码	710003
印　　刷	阳信龙跃印务有限公司
开　　本	710×1000　1/16
印　　张	22
字　　数	320千字
版　　次	2008年4月第1版
	2018年7月第3次印刷
标准书号	ISBN 978-7-80628-123-9
定　　价	32.00元

网　　址	http://www.sqcbs.com

前　言

　　儒家思想在我国长达两千多年的历史长河中起着不可估量的作用,其中忠和孝在儒家思想中占据重要地位,在外为国尽忠,于家为亲尽孝,这也是中国传统文化对每一个中国人的思想品德构建的基本框架。

　　儒学是先哲光辉思想的结晶,弘扬传统文化,传播儒学经典,这是 21 世纪中国思想界、文化界的重要内容。忠与孝,不分时代,不分背景,都是每个中国人要做到的最起码的道德准则。

　　为了继承我国优秀文化遗产,我们特推出了《忠经·孝经》这本书。本书本着推陈出新,弘扬传统的宗旨从我国历代经典文献中选取精粹典籍,编成锦绣文章,并古为今用,结合现代社会的情况,将古代经典忠孝思想文化与当今社会现实相联系。选本精当,编排人文,诵读简便,老少皆宜,是一本让人爱不释手、受用一生的好书。

　　《孝经》是中国古代儒家的伦理学著作。系统总结了古人关于孝道的理论知识和研究成果。从西汉至魏晋南北朝,注解者及百家。古人讲究以孝为本,从孝中生发出更多的做人处事治国的大道理。《忠经》是由东汉马融编撰而成。这本书填补了儒家经典的空缺。这两本书原文虽然篇幅不长,但是,却涵盖了中国两千多年的封建传统社会的两大精神支柱,国君可以用忠孝治理国家,臣民能够用忠孝立身理家。本书根据当今社会现实情况进行多点阐发，将忠孝的精神品质植入广大读者的心中，让中国传统美德大放异彩，为中国人提供最有营养的精神食粮。

　　研究儒家思想精髓，领悟传统文化的精髓，将古典思想精髓收为己用，可以先从这本《忠经·孝经》开始；了解中国传统道德的精神密码，也可以从这本《忠经·孝经》开始着手。精选历代经典典籍，让《忠经·孝经》带你巡游中国传统品德的最高精神殿堂！

忠经·孝经

目录

忠经·孝经

忠经

二十四忠

忠经·孝经

孝经

二十四孝

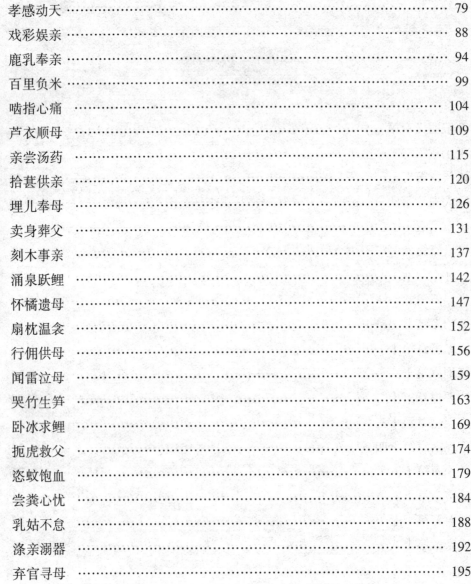

忠经·孝经

文昌孝经

劝孝歌

忠经·孝经

附录:臣轨

忠经

忠经序

《忠经》者,盖出于《孝经》也①。仲尼说孝者所以事君之义②,则知孝者,俟忠而成之,所以答君亲之恩,明臣子之分③。忠不可废于国,孝不可弛于家。孝既有经④,忠则犹阙⑤。故述仲尼之说,作《忠经》焉⑥。

今皇上含庖、轩之姿⑦,韫勋、华之德⑧,弼贤俾能⑨,无远不举。忠之与孝,天下攸同⑩。臣融岩野之臣⑪,性则愚朴。沐浴德泽,其可默乎!作为此经,庶少裨补⑫。虽则辞理薄陋,不足以称焉。忠之所存,存于劝善。劝善之大,何以加于忠孝者哉!夫定高卑以章目,引《诗》《书》以明纲。吾师于古,曷敢徒然⑬。其或异同者,变易之宜也。或对之以象其意,或迁之以就其类,或损之以简其文,或益之以备其事,以忠应孝,亦著为十有八章,所以洪其至公

心[14]，勉其至诚。信本为政之大体，陈事君之要道，始于立德，终于成功，此《忠经》之义也[15]。谨序。

注释

①《孝经》：儒家经典之一。十八章。作者各说不一，以孔门后学所作一说较为合理。论述封建孝道，宣传宗法思想，汉代列为七经之一。

②仲尼：即孔子，名丘，字仲尼，春秋末期思想家、政治家、教育家，儒家的创始者。义：合理的主张和思想。

③分：职分。

④既：已经。

⑤阙：欠缺。

⑥焉：语气词。

⑦庖、轩：传说中远古英明的君主。庖，即伏羲，也作庖牺，神话中人类的始祖，传说人类由他和女娲相婚而产生。轩，即黄帝，姬姓，号轩辕氏，传说中为中原各族共同的祖先。

⑧勋、华：传说中远古英明的君主。勋，即唐尧，名放勋，传说中父系氏族社会后期部落联盟领袖。华，即虞舜，姚姓，名重华，号有虞氏，传说中父系氏族社会后期部落联盟领袖。

⑨弼贤俾能：使天下贤明能干的人都受到重用。弼，辅佐。俾，使。

⑩攸：于是，乃，就。

⑪融：即作者马融，东汉经学家、文学家。

⑫庶少裨补：多少有些增益补阙。

⑬曷敢徒然：怎么敢任意虚造呢？

⑭洪：弘扬，扩大。

⑮义：意义，意思。

《忠经》这部书,大概是受《孝经》的启发而产生出来的。仲尼说过,孝这东西,是衡量一个人服事君王的重要原则。那么,由此可知,要行孝道,必须首先有忠道观念,才能真正行孝,它是用来报答君王对臣属的恩德,表明臣属所应尽的义务。忠道,对于一个国家来说是不可废弃的。即使对家庭,也不能放松忠道观念或思想。有关论孝的原则既然已有《孝经》这部经典,而有关忠道的阐述仍然没有出现,所以阐述仲尼的学说,撰写成这部《忠经》。

　　当今的皇帝具有伏羲、黄帝那样的英姿,蕴藏着放勋、重华那样的品德。使天下的贤明能干之材都受到重用,即使再偏僻、隐蔽,都能被发现、举用。忠与孝这两大人伦之常,天下都是相通的。贱臣马融是山野岩居的小臣,本性十分愚钝、朴实。但受到了圣上的恩德,怎么可以默然不鸣?因此特地写下了这部著作,或许对治世、明道有点点帮助,虽然此书言辞、道理都十分浅薄俗陋,不值得一提。但忠道是普遍存在的,宣扬它可以劝导世人向善,而向世人劝善,又有什么比宣传、诱导忠孝更为重要的?本书取定高低不同章目来安排内容,并引用《诗经》《尚书》来作为论述要纲。我这样做,完全是师法古人,怎么敢自己任意向壁虚造?其中与古人或有不同,也仅是做了一点改易。有的是引证它们,仅取其比喻意思,有的拿过来正好是同一类的事理;有时又比《孝经》相应的章数、内容有所减省,有时又比《孝经》更为充实详备。《忠经》是在模仿《孝经》,同样写成一十八章,主要是用它来弘大至公之理,劝勉至诚之心。诚信本来是治理国家的主要内容,陈述侍奉君王的主要原则,从建立德行开始,到创立功业结束,这就是《忠经》所要讲述的大义。谨序。

忠经·孝经

天地神明章第一

原典再现

　　昔在至理①，上下一德，以微天休②，忠之道也。天之所覆，地之所载；人之所履，莫大乎忠。忠者，中也，至公无私。天无私，四时行；地无私，万物生；人无私，大亨贞③。忠也者，一其心之谓也。为国之本，何莫由忠？忠能固君臣，安社稷④，感天地，动神明，而况于人乎？夫忠，兴于身，著于家⑤，成于国，其行一焉。是故一于其身，忠之始也；一于其家，忠之中也；一于其国，忠之终也。身一则百禄至，家一则六亲和，国一则万人理⑥。《书》云："惟精惟一，允执厥中⑦。"

注释

①至理：天理。

②休：美善，吉庆。

③大亨贞：吉祥如意、称心顺利。

④社稷：土地神和谷神。代指国家。

⑤著：明显，突出。

⑥理：治理，管理。

⑦"惟精惟一"二句：要精研要专一，又要诚实保持着中道。精，精研。一，专一。

古文今译

　　从前天下昌明之时，上上下下都一心一意用来报答神灵的降福，这就是一种忠道。举天之所覆盖，凡是地上所存在的一切，以及人所能感知、触及的范围之中，没有任何一种事物或观念能比忠道更为广大、首要。忠道，实在是宇宙及社会中第一要道。忠的意思就是中，即公正无私，不偏不颇，没有半点私意。上天没有私意，所以一年春夏秋冬四季有规律地轮换；大自然没有私意，所以万物生长茁壮；人没有私意，一切都会十分吉祥、如意、称心、顺利。忠道的意思，就是讲一心一意而已。治理国家大事，哪一样又不是从忠道出发，并以忠道为根本？只要按忠道办事，就能使君主和臣属关系牢固，国家政权安全，甚至于感动天神地祇，各类神怪灵明，更何况人？忠道能使个人身重名立，使家庭兴旺发达，使国家走向胜利，这都是一心一意，诚信可靠的自然结果。所以说自己做到诚信忠厚，就是忠道的开端；对家庭竭尽心思，无有二意，便是忠道的关键；至于说诚厚为国，无欺天下，那便是忠道的最高境界了。只要自己克行忠道，各种福禄就会自然而来。家庭中都能以忠道相待，一家就会和睦笃亲。全国之人能一心一意，上下全心，就会治理得十分繁荣富强。《尚书》上说："只要精诚尽心，没有二意，正确地把握其适当的道理，就能安民治国。"

圣君章第二

原典再现

　　惟君以圣德，监于万邦，自下至上，各有尊也。故王者，上事于天，下事于地，中事于宗庙①。以临于人，则人化之，天下尽忠以奉上也。是以兢兢戒慎②，日增其明，禄贤官能，式敷大化③，惠泽长久，万民咸怀。故得皇猷丕丕④，行于四方,扬于后代,以保社稷,以光祖考⑤,盖圣君之忠也。《诗》云:"昭事上帝,聿怀多福⑥。"

①宗庙:祖庙。
②兢兢戒慎:小心谨慎。兢兢,小心谨慎的样子,也作恐惧的样子。
③式敷大化:将教化铺开扩大。式,标准,榜样。敷,铺展,铺开。大化,深广的道德教化。
④丕丕:极大的样子。
⑤祖考:祖先。考,父亲,特指死去的父亲,泛指祖先。
⑥"昭事上帝"二句:明白怎样侍奉上帝,招来幸福无限量。昭,明白。聿,语助词。怀,来、招来。

古文今译

　　只要君王能够用至圣至善的品德道德,为普天下的臣民做出榜样,那么从上到下,整个社会各阶层,都会有他自己所忠尊的人。所以作为君王,能以忠道诚信上侍奉天地众神,下敬侍神灵鬼怪,同时也能真诚厚道地祭奉自己的祖宗先辈,对三方面都能以忠事之,为黎民百姓做出榜样、楷模,那么,自然而然,民众就会受到教育、感化,并效法之。那样,整个社会,从上到下,也都会竭尽忠心侍奉君王。所以君王总是认认真真,并且小心翼翼地去做,这样就能使自己的影响教化一天比一天增多、扩大。给贤明之士以俸禄,把那些有才干的人安排在适当的位置上,通过这些方法与手段,用来广泛地布施他们仁政忠道,这样就能使他的政绩像甘露长期流布一样,他的臣民以及百姓都会归附。从而君王的计划谋略都会产生最好的效果,并建立起辉煌的功业,以至达及四面八方,并对后代子孙产生影响,这样就会使他的国家基业得以长久、稳固地保存下来,同时也使他的祖辈父亲之名得以光扬于天下。《诗经》上讲:"恭敬、谨慎地明事上帝之神吧！那样，天神就会降福给你们的。"

冢臣章第三①

原典再现

　　为臣事君②，忠之本也，本立而后化成③。冢臣于君，可谓一体，下行而上信，故能成其忠。夫忠者，岂惟奉君忘身，徇国忘家④，正色直辞，临难死节而已矣！在乎沉谋潜运⑤，正国安人⑥，任贤以为理，端委而自化⑦。尊其君，有天地之大，日月之明，阴阳之和，四时之信。圣德洋溢，颂声作焉。《书》云："元首明哉！股肱良哉！庶事康哉⑧！"

注释

　　①冢臣：大臣。

　　②事：服事，侍奉。

　　③化成：教化形成。

　　④徇国：为国而献身。徇，通"殉"，为某种目的而死。

　　⑤沉谋潜运：运筹帷幄。

　　⑥正国：匡正国家的失误。正，匡正。

　　⑦端委：穿着礼服，意为端正自身姿态。

　　⑧"元首明哉"三句：君主英明啊！大臣贤良啊！诸事安康啊！股肱，大腿和胳膊的上部，比喻辅佐帝王的得力大臣。庶事，万事。

忠经·孝经

古文今译

　　作为一个臣子为君主办事,恪守忠道是最应坚守的基本原则。只有把这个根本性的原则确立了,然后才可能收到教化、治理之功。大臣同君主的关系,实际上应该把自己和君主看作是一个不可分的整体,只有这样,臣属们做了什么,君主才能信任、理解他们,因此能够使他们恪尽忠心。忠道这东西,难道仅仅只是侍奉君主,忘记自己,为国殉沏,舍弃家庭,敢于直言进谏,毫不畏惧,为守信义,誓死不屈这样一些做法吗? 其实,这并不是至关要道。真正有意义的忠道应该是去深刻地思谋、筹划,默默地实施安排,匡正国家的失误,安抚人民的不满,任用贤明之士治理一切;只要真正做到端正威严,就能自行教化民众。尊信君王,有如尊信天和地是那样的伟大,太阳和月亮是那样的光明,阴和阳两极可以永远协调运作,春夏秋冬四季按时轮换,从不悖行一样。那样的话,君主的圣明之德就能通过大臣的传播而洋溢充满于天下,国家就会出现一片欢乐、歌颂之声。《尚书》上讲:"君主贤明,辅佐大臣就会贤良,万事就会大吉大利了。"

百工章第四①

原典再现

　　有国之建②,百工惟才,守位谨常③,非忠之道。故君子之事上也,入则献其谋,出则行其政,居则思其道,动则有仪④。秉职不回⑤,言事无惮⑥。苟利社稷,则不顾其身。上下用成⑦,故昭君德⑧。盖百工之忠也。《诗》云:"靖共尔位,好是正直⑨。"

注释

①百工：各种官吏，犹言百官。

②有国：国家。有，助词，放在名词前，无实义。

③谨常：小心谨慎地按常规办事。

④仪：法度，准则。

⑤秉职：掌管职权。秉，执掌，操持。回：惑乱，偏私。

⑥惮：惧怕。

⑦上下用成：一往直前。

⑧昭：昭示。

⑨"靖共尔位"二句：认真办好本职事，亲近正直靠贤良。好，爱好。

古文今译

　　国家的建设与发展，需要大量有才干的官吏，但是如果这些官吏，仅仅知道亦步亦趋、小心翼翼，惧怕一切，不知变通，并不能算是坚守忠道。所以，君子侍奉上级的一般做法是，在内则出谋划策，到具体的事情上，则一律按照上级的规定与安排实行。平时休息都反复琢磨治国之道，一举一动，都要有法度可循。执行事务，一点也不违背所规定的范围，讲述事情，也不要有什么畏惧之态。凡是有利于国家的事情，连自己的身体都不会顾惜，一往无前。当政者与从政者都能互相配合，干好事情。这样，就能使君王的美德得到昭明，这才是官吏的忠道之行。《诗经》上讲："好好地守住你这个职位吧，只要你尽责尽职，上帝一定会保佑那些能辨明曲直、是非的贤才，并降福于他们！"

守宰章第五①

原典再现

　　在官惟明，莅事惟平②，立身惟清。清则无欲，平则不曲③，明能正俗④。三者备矣，然后可以理人。君子尽其忠能，以行其政令，而不能理者，未之闻也。

　　夫人莫不欲安，君子顺而安之；莫不欲富，君子教而富之，笃之以仁义，以固其心。导之以礼乐，以和其气。宣君德以弘大其化，明国法以至于无刑。视君之人，如观乎子，则人爱之，如爱其亲，盖守宰之忠也。《诗》云："恺悌君子，民之父母⑤。"

注释

①守宰：地方官吏的泛称。

②莅：治理，掌管。

③曲：邪僻不正。

④正俗：端正风气。

⑤"恺悌君子"二句：和乐平易的君子，你如同民众的父母啊！恺悌，和乐平易。

古文今译

　　当官的人首要的是要办事廉明，处理事情要做到公平合理，自己安身立命要清白廉洁。清白廉洁，就不会有什么贪欲；公正平直，就不会曲护所从；办事明白，就能使民众相信。清、平、明三条原则都坚持并且落实好了，才可以统治民众。一个有道德贤行的人，如果能够竭尽他的忠信，并如实地执行上级交给他的各项命令，没有什么理由不能达到治理升平的结果。那样的事情还没有听说过。

没有一个人不想过着安定的生活，有道德品行的君子顺着民心民意，就能使民众安定下来；也没有一个人不想发家致富的。有道德品行的君子教育他们怎样走富裕之路，并且推行、宣传仁义之学，用来教化并稳固他们的思想、心绪；引导他们按礼制办事，多多受音乐感化，这样就会使他们的性情温和、平静。然后宣传、弘扬君王的品德，使君王的教化更加广泛、普及，并进一步倡明国家法律，那样，人们就不会犯罪乱法。如果官吏们能把君王的臣民，当作是自己的儿女，那么民众也就会忠爱官吏，并像爱戴自己的亲人一样爱戴他们。这就是地方官吏的忠君之道。《诗经》上说："和乐平易的君子，你如同民众的父母啊！"就是这个意思。

兆人章第六①

天地泰宁，君之德也。君德昭明，则阴阳风雨以和②，人赖之而生也。是故祇承君之法度③，行孝悌于其家④，服勤稼穑⑤，以供王赋，此兆人之忠也。《书》云："一人元良，万邦以贞⑥。"

注释

①兆人：指百姓。

②以：表示结果的连词，有"因而"之意。

③祗承：恭敬地遵守。

④孝悌：孝顺父母，敬爱兄长。也作孝弟。

⑤稼穑：种植和收割。泛指农业生产劳动。

⑥"一人元良"二句：天子道德品行高超，天下民众都会忠于他。一人，指天子。元，大。良，善，好。贞，正，纯正。

古文今译

　　天地自然安泰祥宁，这是君王的品德感化所至。君王的德行显明于天下，那么就会阴阳两极互相调顺、风雨和畅，普通民众百姓就能靠自然界的顺畅而生活。正由于君王给人类带来了幸福与安宁，所以，民众应当恭敬地承奉遵守君王所设置的各种制度、法令，同时还应孝敬父母、尊敬兄长，并且勤劳地从事生产，以满足家用，并向君王上缴赋税。这才是作为一个普通民众所应恪守的忠道。《尚书》上说："天子道德品行高超，那么各国民众都会爱戴他。"

政理章第七①

原典再现

　　夫化之以德②，理之上也，则人日迁善而不知③；施之以政，理之中也，则人不得不为善；惩之以刑，理之下也，则人畏而不敢为非也。刑则在省而中，政则在简而能，德则在博而久。德者，为理之本也。任政非德④，则薄；任刑非德，则残。故君子务于德⑤，修于政，谨于刑。因其忠以明其信，行之匪懈⑥，何有不理之人乎！《诗》云："敷政优优，百禄是遒⑦。"

注释

①政理:治国之道。

②夫:句首发语词,没有实际意义。

③迁善:向善的方向发展。

④任:凭借。

⑤务:致力,专力从事。

⑥匪懈:不要松懈。

⑦"敷政优优"二句:实行政令很宽和,百样福禄就会汇集。敷,传布,施行。优优,宽和的样子。道,聚集。

古文今译

治理国家,首先应该强调以德教治天下,这是治术中的最佳办法。那样民众就会不断地被教化,并不知不觉地向好的方面发展。强调用政策法律来管理政治的,是治术中的中等办法。因为民众是不得不按照规定好的条例去办,以求得向好的方面发展。那些用惩罚手段治国者,简直是治术中最差的办法了。它仅只是因为人们容易产生畏惧感,而不敢再为非作歹了。用刑的时候,应该尽量地减省它,只要达到适可而止的程度即可。奉行政令的好处在于它既简单而又见其能干。只有实行德治,是最好的办法,而且越广泛越长久越好。德治应该是统治下民的一切根本出发点。如果用政令法规去统治社会而不讲德治,就会使社会变得越来越轻薄。同样使用法治刑治,而不讲德教,就会变得残忍。因此,有道德品行的君子,首要的任务应该是以德化民,适度地辅以使用政令手段,而对刑罚处置则非常小心、认真。只要这种忠道是可信的,并且不断坚持,一点也不松弛、懈怠,那么哪儿还来什么没有统治、管理好的人?治世之境自然容易达到。《诗经》上讲:"布施、实行政教优优而又和美,那样,各种各样的俸禄都可以归属给它。"

武备章第八①

原典再现

王者立武,以威四方,安万人也②,淳德布洽戎夷③。禀命统军之帅④,仁以怀之,义以厉之,礼以训之,信以行之,赏以劝之,刑以严之。行此六者,谓之有利。故得师尽其心,竭其力,致其命。是以攻之则克⑤,守之则固,武备之道也。《诗》云:"赳赳武夫,公侯干城⑥。"

注释

①武备:军备,武装力量。

②安:使……安宁,动词的使动用法。

③洽:周遍。戎夷:泛指少数民族。

④禀命:受命。

⑤克:战胜

⑥"赳赳武夫"二句:武士英姿雄赳赳,公侯卫国好屏障。赳赳,勇武的样子。干,盾。城,城墙。

古文今译

王侯建立起一支强大的军队武装,就可以威震四方,从而安抚天下百姓,甚至可以使淳厚敦化之德布施化及边方少数民族。对于接受命令,驾驭军队的元帅,应该用仁慈手段去感化,用正义手段去严格要求,以礼仪之教去训导他们,用信义之法去实行、安排,用奖赏的办法去劝导,用刑法、律令去压制他们。按仁、义、礼、信、赏、刑这六项原则去处理事情,就会一切顺利。如此那样,就能使军队忠心不二,并全力以赴,甚至于不惜生命。在这种状况下,军队一进攻,就会取得胜利,即使是用来防御,也能坚固难攻,这就是军队忠道的巨大作用。《诗经》上讲:"威武不屈的将军,他们的才干既可以固守城邦,也可以保卫公侯。"

观风章第九①

原典再现

惟臣以天子之命②,出于四方以观风。听不可以不聪③,视不可以不明。聪则审于事,明则辨于理。理辨则忠,事审则分。君子去其私,正其色,不害理以伤物④,不惮势以举任⑤。惟善是与,惟恶是除。以之而陟则有成⑥,以之而出则无怨。夫如是⑦,则天下敬职⑧,万邦以宁。《诗》云:"载驰载驱,周爰谘诹⑨。"

注释

①观风:观察民风。

②惟:语气词,用于句首,无实义。

③聪:听觉灵敏。

④害理:伤害事理。

⑤惮:害怕。举任:举荐任用。

⑥陟:提升。

⑦夫:语气词,用于句首,以提示下文。如是:如此,这样。

⑧敬职:严肃认真地履行职责。

⑨"载驰载驱"二句:赶着车儿快快跑,遍访天下老百姓。周,普遍、广泛。爰,于,在。谘,问。诹,聚集讨论。谘诹,访问。

古文今译

　　作为大臣按照天子的命令,出使四方,以观察、了解民风世情。听觉不可以不敏捷,观察了解不可以不明白清楚。善听才能对事物清楚详审,视明才能真正分清、辨析问题。问题能辨析清楚、明白才能显现其忠道之心,事情详审、明白才会容易分辨。有道君子应去掉私欲私心,端正自己的本色气质,不去损害事理而使任何事物受到伤害,更不因为害怕权势而举任那些不才之人。只要是好的就举荐任用,只要是坏的差的,就免除他们。根据这样的原则任命安排,就会取得收获成绩;根据这样的原则免其职,去其官,别人也不会有什么怨恨。如果一切都这样行事的话,那么天下的人就会敬仰、崇敬,整个天下就都会安宁无事。《诗经》说:"辛苦勤劳地赶路,遍访天下足智多谋经验丰富的人。"

保孝行章第十①

原典再现

　　夫惟孝者②,必贵本于忠。忠苟不行③,所率犹非道④。是以忠不及之而失其守⑤,匪惟危身⑥,辱及亲也。故君子行其孝必先以忠,竭其忠则福禄至矣。故得尽爱敬之心以养其亲,施及于人,此之谓保孝行也。《诗》云:"孝子不匮,永

16

锡尔类⑦。"

注释

①保孝行:保证孝道的推行。

②夫惟:发语词,用于句首,无实义。

③苟:如果。

④所率:所从事的一切。率,做,从事。

⑤是以:因此。

⑥匪惟:不只是。

⑦"孝子不匮"二句:孝子孝心永不竭,神灵赐你好前程。匮,竭尽,缺乏。锡,通"赐",赐予。尔类,你们这种人。

古文今译

奉行孝道的人,必然也重视忠道。假若一个人连忠道都不能坚持的话,所做的一切都不会是正确、合道之举。所以在忠道尚且不能奉行的情况下,最容易失去其应有的东西,不仅仅危害自己,同时也会给他的亲人带来耻辱。所以有道德品行的君子奉行孝道之先,首先就是恪守忠道;只要尽心做到以忠道办事,那么就必然会获得荣禄富贵了。那样,也就能对自己的亲人尽到爱敬之心,并以之赡养他们,甚至可以广及于其他的人。这样做,就叫做保证了行孝的可能性。《诗经》上讲:"孝子是不会断绝、穷尽的,孝子永远都会受到嘉奖的。"

广为国章第十一①

原典再现

明主之为国也,任于正②,去于邪③。邪则不忠,忠则必正。有正然后用其能。是故师保道德④,股肱贤良⑤,内睦以文,外戚以武,被服礼乐⑥,堤防政刑⑦。故得大化兴行,蛮夷率服⑧,人臣和悦,邦国平康。此君能任臣,下忠上信之所致也。《诗》曰:"济济多士,文王以宁⑨。"

注释

①为国:治理国家。

②正:正直的人。

③邪:邪僻的人。

④师保:官名,负责辅佐帝王和教导贵族子弟,有师和保,统称师保。

⑤股肱:大腿和胳膊的上部。比喻辅佐帝王的得力大臣。

⑥被服:比喻蒙受某种风化或教益。

⑦堤防:防备。

⑧率服:全部臣服。率,一概,全部。

⑨"济济多士"二句:济济一堂人才多,文王安宁国富强。济济,众多的样子。

古文今译

明哲的君主治理国家大事,要任用那些正直的优秀人才,免去那些邪僻之人。邪僻就容易不忠,而忠良者必定会正直。用人首先要看他能行正道,然后才能使用其才能。所以老师们训之以道德规范,辅佐大臣都十分贤良公正,对内则以文治,对外则依靠武力,广泛地施行礼义之教,同时细心地施行刑律、法治。这样的话,就能使教化兴行,四类宾服,平民百姓和大臣都十分和睦喜悦,国家安定、兴盛,这都是一个君王会任用臣子,所出现的下忠上信乐观景况。《诗经》上讲:"有礼貌法度的大臣们,周文王就是依靠你们而获得大治的啊!"

广至理章第十二①

原典再现

　　古者圣人以天下之耳目为视听②,天下之心为心,端旒而自化③,居成而不有④,斯可谓致理也已矣。王者思于至理,其远乎哉!无为而天下自清⑤,不疑而天下自信,不私而天下自公。贱珍则人去贪⑥,彻侈则人从俭⑦,用实则人不伪,崇让则人不争。故得人心和平,天下淳质⑧。乐其生,保其寿,优游圣德⑨,以为自然之至也。《诗》云:"不识不知,顺帝之则⑩。"

注释

　　①至理:最高的道理。

　　②天下之耳目:指天下所有人的所见所闻。

　　③旒:帝王冠冕前后悬垂的玉串。自化:(国家)自然得到治理。

　　④居成:拥有成绩。

　　⑤无为:道家指清静虚无,顺其自然。儒家指不施刑罚,以德政感化人民。

　　⑥贱珍:轻视珍贵的东西。

　　⑦彻:撤除,撤去。

忠经·孝经

⑧淳质:敦厚,质朴。

⑨优游:悠闲自得。

⑩"不识不知"二句:好像不知又不觉,顺乎天意把国享。不识不知,不知不觉。顺,遵循。则,法则。

古文今译

　　从前的圣德明君把天下所有人的所见所闻都利用起来,作为自己的闻知,利用天下所有的人所想到的作为自己所想到的,连头上帽子的玉串也不用晃动一下,国家就得到治理,即使取得成就,也不归功于自己,如此可谓天下大治了。帝王思考着如何治理国家的谋略,涉及得极深极广。那样,一切无为,天下也自然、清静;不用怀疑,天下之人都值得信赖;不怀私意,世界一切会公正无欺。把珍贵的东西不再器重,人们心中的贪念就会去掉,改掉奢侈的习惯,世人就会变得节俭起来,崇尚实在,那么人们也就反对作假;推崇忍让退却,那么人与人之间就不会发生争执与吵闹。所以说,只要人心平和公正,天下也就趋于淳厚、质朴。喜欢他们自己的生活,自然也就能获得健康长寿,就能从从容容地走在既圣明又厚德的境地上,并且一切都是那样的自然。《诗经》上说:"虽然并不懂得并不知道什么是帝德帝道,但是却能自然而然地去做到那一切。"

扬圣章第十三①

君德圣明,忠臣以荣;君德不足,忠臣以辱。不足则补之,圣明则扬之,古之道也②。是以虞有德③,咎繇歌之④。文王之道⑤,周公颂之⑥。宣王中兴⑦,吉甫咏之⑧。故君子臣于盛明之时必扬之⑨,盛德流满天下,传于后代,其忠矣夫。

注释

①扬圣:弘扬圣明君主的美德懿行。

②道:法则。

③是以:因此。虞:即虞舜,传说中父系氏族社会后期部落联盟领袖。

④咎繇:即皋陶,传说中东夷族的首领。相传曾被舜任为掌管刑法的官,后被禹选为继承人,早死未继位。

⑤文王:即周文王,商末周族首领。

⑥周公:西周初年政治家。周文王子,周武王弟。

⑦宣王:即周宣王,他即位后,任用召穆公、尹吉甫等大臣,整顿朝政,使已

忠经·孝经

衰落的周朝一时复兴。

⑧吉甫:即尹吉甫,周宣王时著名的大臣。

⑨臣:为臣,役使。

君王道德高尚,圣哲明智,那么作为臣属的自然深感荣耀、幸运;君王品德不高,作为臣属的则会感到受屈。对于不足之君,忠臣们应该设法补所不及,对于圣哲明智者,则应该肆力弘扬,这是自古以来的法则。所以从前虞舜有德,他的大臣咎繇就用歌来赞美他的品行。周文王有道,周公旦就写诗来赞颂他。宣王时国家中兴,尹吉甫就吟咏赞美他。所以君子们在盛世时为臣一定会设法去弘扬、赞美他们的君王,使君王的盛德美名普天之下都知道,并且不断地传及后人。这才是真正的忠道啊!

辨忠章第十四

原典再现

大哉,忠之为用也。施之于迩①,则可以保家邦;施之于远,则可以极天地②。故明王为国③,必先辨忠④。君子之言,忠而不佞⑤小人之言,佞而似忠而非,闻之者鲜不惑矣⑥。夫忠而能仁,则国德彰⑦;忠而能知⑧,则国政举⑨;忠而能勇,则国难清。故虽有其能,必由忠而成也。仁而不忠,则私其恩;知而不忠,则文其诈⑩;勇而不忠,则易其乱。是虽有其能,以不忠而败也。此三者,不可不辨也。《书》云:"旌别淑慝⑪。"其是谓乎。

注释

①迩:近。

②极:通达。

③明王:英明的君王。为:治理。

④辨:辨别。

⑤佞:用巧言奉承人,奸伪。

⑥鲜:少。

⑦彰:明显,显著。

⑧知:有才能。

⑨举:推举。

⑩文:掩饰。

⑪旌别淑慝:识别好坏。旌别,识别。淑,好。慝,坏。

古文今译

忠道的作用是多么的伟大啊!从最近的方面来看,它可以用来保卫国家江山;从长远的角度来看,它是那样地充满整个世界,那样无边无际。所以圣明君王治理国家,首要的事情是认识、辨别真正的忠臣与伪装的或假的"忠臣"。真正的忠臣就像君子一样,所讲的话忠信不欺,可以信赖;而伪装的"忠臣",则像小人之辈一样,所讲之言虽貌似忠正,但实际不是忠信之心,而是一派欺人之谈,听到他们的话,还很少有人不惑的。任用那些既忠信又慈爱的人,那么国家的德业就会彰明、易知;任用那些恪守忠信,又颇富智识者去办事,国家大事一

忠经·孝经

定会获得成功;任用那些既十分忠贞,而又果敢勇毅的人,就一定能替国靖难平乱。所以说,既要有各方面的才干,同时必须又要以忠道处之,才能真正有所成就。虽有仁爱之心,但不守忠道,就容易把慈爱当作施予;虽有智识,却不行忠道,就容易把欺诈掩盖起来;虽十分英勇,却缺乏忠信,只会给社会增添祸乱。这些都足以说明,再有才干,不行忠道,也会招致失败。这三个方面,不可以不加认识、辨明。《尚书》上说:"区别好的和坏的吧!"大概就是这个道理了。

忠谏章第十五①

原典再现

　　忠臣之事君也②,莫先于谏。下能言之,上能听之,则王道光矣③。谏于未形者④,上也;谏于已彰者⑤,次也;谏于既行者⑥,下也。违而不谏,则非忠臣。夫谏始于顺辞⑦,中于抗议,终于死节⑧,以成君休⑨,以宁社稷⑩。《书》云:"木从绳则正,后从谏则圣⑪。"

注释

①谏:用言语规劝君主或尊长改正错误。

②事:服事,侍奉。

③光:光明。

④未形:错误尚未发生。

⑤已彰:错误已经出现。

⑥既行:错误已经造成。

⑦顺辞:顺心可意之辞。

⑧死节:以死相谏。

⑨休：美善，吉庆。

⑩社稷：国家。

⑪"木从绳则正"二句：木依从绳墨砍削就会正直，君王依从谏言行事就会圣明。从，依从。后，君王。

古文今译

忠良之臣侍奉君王，最主要的是要能直言相谏。下臣能大胆向君王进言，君王也能积极听取采纳，那么帝王之道就前途光明了。进谏，能在所谏之事尚未发生以前，使缺点、错误消失在萌芽状态，是最好的谏诤方式；事情或过失已经出现、发生了，再向君王进谏，则是等而次之的一种谏诤。在事情或错误已经造成，再向君王陈谏，那就是更为次要的进谏了。至于帝王们已经犯了过失，有悖常情，臣属却不去谏诤，那就不能算作是忠臣了。谏诤最好的方式是开始用可以使君王顺心可意之辞去劝说，以便让他能高高兴兴地接受。如果这样不能使其接受的话，就用据理抗争的办法去争取。如果这样君王仍然对所言不能加以采纳，最后的办法就是以死相诤了，即只有通过一死，以最后求得帝王纳谏，从而使帝王们不至陷于误失事业上美好的成就。这样最终实际上仍是利国利民之举。《尚书》上说："弯曲的木只要经过墨绳的检验，就可以改变为有用而又直长的材料；同样，君王只要善于择从臣属们的意见，就可以变成圣明之人。"

证应章第十六

原典再现

惟天鉴人①，善恶必应②。善莫大于作忠，恶莫大于不忠。忠则福禄至焉，不忠则刑罚加焉。君子守道③，所以长守其休④；小人不常⑤，所以自陷其咎⑥。

休咎之征也⑦，不亦明哉？《书》云："作善，降之百祥；作不善，降之百殃⑧。"

忠经·孝经

注释

①惟：发语词，无实义。鉴：鉴别。

②应：报应。

③守道：遵守忠道。

④休：美善，吉庆。

⑤不常：违反常规。

⑥咎：灾害，灾祸。

⑦征：征候，预兆。

⑧"作善，降之百祥"等句：作善事的，就赐给他百福；作坏事的，就赐给他百殃。

古文今译

　　只有上天时时刻刻在监视着世人，凡世人行善修恶都有报应。世上最大的善事再也没有比行忠道更好的了，最大的恶行再也没有比不忠更可怕的了。凡行忠道，则必然会得到福禄，凡所做所为不忠，就会有刑罚降于头上。君子能固守其道，所以能获得长期的福禄。小人由于不能持之以恒，常行不轨，所以往往是自己给自己带来灾难、祸害。这都是好坏的征兆。难道还不十分明白吗？《尚书》上讲："作善事上天就会降百福于你，作坏事就会带来无数祸害。"

报国章第十七

为人臣者官于君①，先后光庆②，皆君之德。不思报国，岂忠也哉？君子有无禄而益君，无有禄而已者也③。报国之道有四：一曰贡贤④；二曰献猷⑤；三曰立功；四曰兴利。贤者国之干⑥，猷者国之规⑦，功者国之将，利者国之用。是皆报国之道，惟其能而行之。《诗》云："无言不酬，无德不报⑧。"况忠臣之于国乎！

注释

①官：为君王治理(国家)。

②先后光庆：为祖先带来光荣，为后代带来幸福。

③而已：因而废止。已，停止，废止。

④贡贤：举荐贤才。

⑤献猷：献计献策。猷，计谋，计划。

⑥干：主干，即栋梁之材。

⑦规：规划，谋划。

⑧"无言不酬"二句：没有一句话不予以应答，没有一次恩德不予以回报。酬，应合，应答。

古文今译

作为人臣为君王当官治天下，给祖先带来荣誉，给后代带来幸福，都是由于受了君王的恩赐、降福。如果没想到报效国家，这难道还能算得上是忠义之举吗？君子只有不受俸禄却为国君服务的，没有受了俸禄却不报答君王的事情发

忠经·孝经

生。报国之道有四种：第一是举荐贤才；第二是出谋划策；第三是建立功业；第四是为民兴利。贤明之臣是国家主干，他们思想谋略是一个国家的大计，功业是国家维存的重要措施，兴利是为国家谋福。这些，都是报效国君的要道。只要是肯做而又能做到就是好的。《诗经》上讲："没有一句话不予以报答，没有一次恩德不回报。"何况作为忠臣对于国君效命而言？

尽忠章第十八

原典再现

　　天下尽忠，淳化行也①。君子尽忠，则尽其心；小人尽忠，则尽其力。尽力者则止其身②，尽心者则洪于远③。故明王之理也④，务在任贤⑤。贤臣尽忠，则君德广矣⑥。政教以之而美⑦，礼乐以之而兴，刑罚以之而清，仁惠以之而布⑧。四海之内，有太平焉。嘉祥既成，告之上下。是故播于《雅》《颂》⑨，传于无穷。

注释

①淳化行也：淳厚的教化风行。

②止：仅，只。

③洪：指本领大。

④明王：英明的君王。理：治理，管理。

⑤务：事情，任务。

⑥广：广大。

⑦以之：因此。下同。

⑧布：遍布，普及。

⑨《雅》：《诗经》中的一类，分《大雅》《小雅》。《颂》：《诗经》中的一类，包

括《周颂》《鲁颂》《商颂》,是统治者祭祀时配有舞乐的歌辞。

古文今译

　　天下都能尽行忠道,那么就会出现教化淳厚的可喜世态。君子行忠道,主要是尽其忠心。小人行忠道,主要是效力尽责。小人尽力效命,一般仅限于他个人方面,而君子尽心效忠者,则能影响作用于极远极大之处。所以明圣的君王治理国家天下的方法,最关键的是在选择、任用贤明的臣属。如果臣属贤明并又克尽忠道,那么君王之德泽就会被广泛地传播开来,从而达到天下大治。因此国家政治教化由于忠道的出现而产生彬彬之治,

礼治文化也由于忠道的推行而兴起、发达;国家刑罚治罪也由于忠道的贯彻而出现清明局面,没有什么严刑酷法;帝王给民众的仁政、恩惠也通过忠道的普及而得以普施、流布下来。那样的话,整个天下,就会出现真正的太平盛世。成功的喜讯与吉祥的场面得以生成,就把它敬告给天上的神明与地下的灵祇。所以说这以忠而治之世,能广泛地被《诗经》的《雅》《颂》之作所记述,并且长久而永远地传播下来了。

二十四忠

比干争死

原典再现

殷,比干,为纣少师,见纣淫佚,叹曰:"主暴不谏,非忠也。畏死不言,非勇也。过则谏,不用则死,忠之至也。君有过而不以死争,则百姓何辜。"乃强谏。纣怒曰:"吾闻圣人之心有七。"遂剖而视之。武王伐纣,封比干之墓。

姜履曰:"忠臣不畏死,以仁存心也。"比干谏而死,孔子与微、箕二子同称为三仁。夫仁也者,使人身名并全,微子是也。使人爱身而后名,箕子是也。使人杀身以成名,比干是也。录其谏死之忠,以觇其仁。

古文今译

比干给商朝的末代君主纣当少师(少师:即太子少师,是辅导太子的官),看到纣王如此地荒淫无度,叹气道:"君主暴虐成这样,不去劝谏,那就是不忠了。因为怕死就不敢说话,那就是不勇敢了。君主有了过失应劝谏,如不采纳那就死,这才是忠到了极点。君主有了过失,做臣子的不冒死力争,那么这些受害的百姓,他们又有什么罪呢?"于是比干就去大力劝谏纣王。纣王大怒道:"我听说圣人的心有七个孔,那就看看你有几个孔吧!"暴虐成性的纣于是真把比干的心剖开了。后来周武王带领天下诸侯讨伐纣王，最终灭了商朝。周武王就修造了比干的坟墓来纪念这位大忠臣。

忠臣之所以不怕死，是因为心存仁爱，爱惜天下百姓。孔子曾将比干连同当时曾竭力劝谏纣王的微子、箕子合称为三位仁人。这三位仁人中，微子以能让人既保全身体又成全名声出名，箕子以让人爱护身体而后扬名，比干则通过杀身取义而名垂千古，这则小故事记述的是他冒死进谏的忠心，由此可以看出他的大仁大爱确实非同一般。

张良复仇

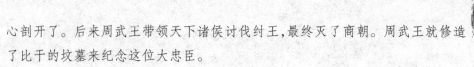

汉，张良，以五世相韩。秦灭韩，良散家财，为复仇计。得力士，狙击始皇于博浪沙中，误中副车。始皇大索不得。后从汉高祖灭秦。韩立成为王，良归韩为相。及成被项羽所杀，良复归汉。灭项羽，定天下，以功封留侯。

张良屡为汉高划策，以统一天下。其心实忠于韩，而假手于汉以灭秦、楚，为韩复仇也。不然，明哲如张良，岂不知汉高之为人，狡兔死，走狗烹乎？故汉业既成，韩王已没，即辞官辟谷耳。

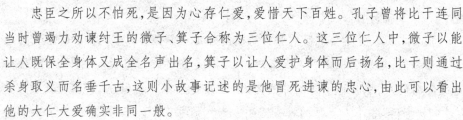

汉朝的张良，家里有五代人在韩国做宰相，所以当初秦国灭韩的时候，张良就把家里的财产都变卖了，做着复仇的打算。后来他找到了一个大力士，在博浪沙这个地方，指使这个大力士用一个大铁锤暗中袭击秦始皇，没想错击了一辆侍从坐的车子，秦始皇便下令全力搜捕疑犯，但无论怎样也抓不到他。后来张良跟从汉高祖刘邦灭了秦朝。原来属于韩国的地方就立了韩成做韩王。张良回到韩国做了宰相。等到韩成被楚霸王项羽杀死了，张良又回到汉朝，帮助刘邦消灭了项羽，平定了天下。因为他功劳很大。最终被刘邦封做了"留侯"（侯，古代皇帝赐封的一种爵位）。

张良之所以费尽心机屡次替汉高祖刘邦出谋划策，一统天下。是因为他内心忠于韩国，借汉高祖之手来灭秦楚，其实都是在替韩国报仇。要不然，像张良这样聪明的人，哪会不了解刘邦的为人，刘邦是个绝对会做出"狡兔死走狗烹""过河就拆桥"等小人之举的人。因此等到刘邦打下了天下，韩王也死了。张良马上就辞去官职，做了个闲人，日日只管颐养身心锻炼起气功来。

纪信代死

汉，纪信，事汉王为将军。项羽攻荥阳急，汉王不能脱，信乃自请与汉王易服，乘汉王车，黄屋左纛，出东门以诳楚。汉王乘间出西门而遁。信遂被焚。后立庙于顺庆曰"忠佑"。诰词云："以忠殉。代君任患，实开汉业。"

当荥阳围急之时，纪信不忍汉王束手就擒，愿杀身代之，仁也。知楚人之无识，乃易服诳之，智也。乘汉王车，坦然以赴死，勇也。一举而三达德兼全，岂仅忠而已哉！

古文今译

汉朝建立之前，纪信在汉王刘邦的手下当将军。楚霸王项羽猛攻荥阳城，汉王刘邦逃不出去，纪信就自告奋勇，和刘邦换了衣服穿，又坐在刘邦的车子里。这车厢的里子是用黄色绸缎做的。左边还竖起一杆牛尾做的大旗。纪信就坐着刘邦的车从东城门出去诱骗楚军，刘邦则乘机装扮成普通人，从西城门逃走了。纪信终于被楚兵俘获，被他们用火活活烧死了。等到刘邦打下了天下，为纪念纪信，就在顺庆建造了一座"忠佑"庙，诰词里是这样表彰他的："忠诚君王，以身殉国，有开创汉朝基业之大功。"

当初项羽猛攻荥阳城时，纪信不忍心刘邦束手就擒，愿意替他去死，这是仁爱；知道楚兵不认识刘邦，就同刘邦换了衣服以诱骗楚兵，这是智慧；坐上汉王的车子，从容赴死，这是英勇。一个举动竟包含了三种美德，这可绝不仅仅是忠诚了啊！

苏武牧羊

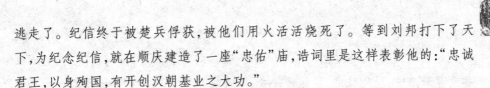

汉，苏武，持节送匈奴使归，单于欲降之，武引刀自刺，气绝，半日始息。幽置大窖中，武啮雪与旃毛，咽之。旋徙武北海上无人处。使牧羝，羝乳乃得归。武掘野鼠，去草实而食之。居十九年，得还。宣帝赐爵关内侯。

许止净谓苏公之忠义，真千古无两者。试思居北海上冰天雪窖中，人身必需之衣食住三字，一无所有，而积年既久，依然无恙，岂非忠义格天，有鬼神呵护耶？亦其心中浩然之气，有以致之耳。

汉朝时，苏武手持做使臣的节旄（旄，音 máo，用牦牛尾做成），送匈奴国的使臣北归（匈奴：我国古代北方的一个游牧民族），匈奴国王单于想招降他，但苏武坚决不从，胁迫之下，苏武竟拿出刀来毅然自杀了，却没有死成，过了老半天重新又有了呼吸。单于不信自己不能让苏武屈服，于是把他幽禁在一个大地窖里，不给他吃的，苏武便吃着雪和节旄上的毡毛充饥，居然活了下来，并且更加气骨傲然。不久,单于又把他流放到北海边上荒无人烟的地方,让他放牧公羊,并说他要想回来,那除非看到公羊产奶。苏武到了北海后,没有吃的,就挖老鼠和野草籽来吃;没有住的,就随便一躺,睡在雪地上。这样不知历尽几多千辛万苦,不知过了几多孤独无望的日日夜夜,直到挨了十九年后。这时汉朝与匈奴国重新交好,苏武才被接回到汉朝来。

许止净认为,苏武的忠诚正义可谓千古无双。试想住在冰天雪地的北海边上,人身体必需的衣、食、住三项都一无所有,而经过了十九年,他还能安然无恙,这难道不是他的忠诚正义感动了上天,有鬼神暗中护佑吗?这也是他心中的浩然正气所导致的结果吧。

李善乳主

原典再现

汉,李善,为李元苍头。元家死殁,惟孤儿续始生数旬,而资财千万。奴婢谋杀续分产,善不能制,乃潜负续逃隐。亲自哺养,乳为生湩。续虽在孩抱,奉之不异长君。续年十岁,善与归本县,修理旧业,后续为河间相。

许止净谓"奴隶"名词,令人轻贱者,亦自贱之也。若李善者,士君子见之,且当望尘而拜,孰敢轻视之。故光武拜为太子舍人,再迁太守,流芳千古居下者可以兴矣。

古文今译

汉代的李善,在李元家做仆人。李元家里的人相继死去,最后留下一个才生下来几十天的孤儿李续。李元留下大量的遗产,因此李家的奴仆们便纷纷预谋着干脆把李续也杀了,好瓜分财产。李善无法制止,便暗中背了李续逃走,隐居起来。没有乳汁喂李续。他就拿自己的乳头给李续含着，说也怪，双乳居然流出了乳汁。李续虽然还是个在褓褓里的婴儿，但是李善侍奉他和大主人没有两样。直到李续十岁时，开始懂事了，李善才带着他回到了家乡，教他重整旧日的产业。

许止净认为，"下人"这一名称，往往让人感到轻贱，就是本身做下人的人，也经常自己轻贱自己。但像李善这样的做法，就是自诩为高尚的读书人见了也甘拜下风望尘莫及，谁又敢轻视他呢？因此后来汉光武帝任命他做太子舍人（太子舍人：一种太子属官，跟随太子左右），又升为太守（太守：又叫刺史，原为巡察官名，东汉以后成为州郡最高军政长官），流芳千古。看来地位低下者只要有德行，也是能出人头地的呀。

嵇绍卫帝

原典再现

晋，嵇绍，字延祖，康之子也。事母孝，累官至侍中。会河间成都二王举兵，绍从惠帝与王战于荡阴，大败，百官皆奔，侍卫尽散，惟绍独以身捍卫，飞箭雨集，死之，血溅御衣。事定，左右欲浣衣，帝曰："此嵇侍中血，勿浣。"

古者求忠臣必于孝子之门。嵇绍事母至孝，故能移孝作忠，且秉其父忠烈之气，卒以单身卫帝而被害。史载，或谓王戎曰："昨于稠人中见绍，昂昂然若野鹤之在鸡群。"戎曰："君复不见其父耳。"

古文今译

晋朝的嵇绍是著名贤人嵇康的儿子，他侍奉母亲很孝顺，屡次升官直做到了侍中（侍中："侍郎"为宫廷近侍。后来把侍从皇帝左右、地位渐高、超过了侍郎的等级,称为"侍中"。魏晋以后,往往成为事实上的宰相)。有一年,正赶上河间王和成都王起兵造反,嵇绍就随从晋惠帝和他们在荡阴交战。没承想嵇绍他们打了大败仗,随从的百官全都逃跑了,侍卫们也都一哄而散,只剩一个嵇绍。还在独自用身体护卫着惠帝。从叛军那边飞来的箭矢如雨点一样密集,嵇绍被射死了,鲜血溅满了惠帝的衣服。不过最终还是平定了叛乱,亏了嵇绍的保驾惠帝也得以平安回朝。皇宫里,身边的侍从拿起血衣就要去洗,惠帝却哀伤地阻止说:"这是嵇侍中的血,我要永远保留着它。"

古时要寻找忠臣,是一定要到孝子当中去找的,因为古人认为人有孝道才会有忠义。嵇绍侍奉母亲极其孝顺,因此能将孝顺转化成忠诚,并能秉持父亲的忠烈气概,最终因独自护卫惠帝而牺牲沙场。关于嵇绍父亲的忠烈气概,史书上曾有记载,说有人对晋朝另一大贤人王戎说:"昨天我在大庭广众中看到嵇绍了,昂首挺胸,气势不凡,真个鹤立鸡群!"王戎却回答道:"那你还没见过他父亲的模样呢。"

敬德瘢痍

原典再现

唐,尉迟恭,字敬德。事秦王时,隐太子以书招之,赠金皿一车。固辞,秦王称其心如山岳,非金所能移。后谓恭曰:"人言卿反,何也?"对曰:"臣从陛下百战定天下,何反为?"遂解衣投地,出示瘢痍。上流涕抚之。

鄂国公之忠至矣。观其辞金器之言曰:"秦王赐再生之恩,唯当杀身以报。于殿下无功,不敢当重赐。若怀二心,徇利忘忠,殿下亦何所用之?"此书情词悱恻,忠言宛转,可谓万古千秋法。

唐代有个叫尉迟恭的官员,当初他在秦王李世民手下任职的时候,隐太子写了封信让他到自己手下做官,还送了他一车的金器。但尉迟恭坚决推辞不接受。秦王称赞他的德行像泰山一样,不是金子所能移动的。有一次,李世民听信谗言,问尉迟恭说:"我听说你要造反,这是为什么?"尉迟恭大为惊讶地回答说:"这是什么话啊?我跟随皇上出生入死,身经百战才赢得了天下,我为什么要起兵反抗皇上您呢?"说完还脱下衣服,给皇上展示身上为家国君王而落下的累累伤疤。皇上流着泪,轻抚那些伤疤,也伤感不已。

　　尉迟恭当初推辞不受隐太子送的金器时说:"秦王对我恩重如山,如再生父母,我就是牺牲生命,也不足以报答他的恩情。而我对殿下无功无劳,实在是不敢承受这些馈赠的。如果殿下硬要我收下。那么我就是一个胸怀二心、因私忘忠的人了,试问这样的人,殿下又怎么能用呢?"这封回信情真意切,语句委婉,足以做千秋万代的表率。

忠经・孝经

元方举知

原典再现

　　唐,陆元方,擢天官侍郎。或言其荐引皆亲党。武后怒,免官,令白衣领职。元方荐人如初。后让之。对曰:"举臣所知,不暇问仇党。"后知无他,复拜鸾台侍郎。临终,取奏稿焚之,曰:"吾阴德在人,后当有兴者。"卒如其言。

　　许止净曰:元方忠心报国,毫无城府,故虽残忍如武后,亦能以诚感之。

古文今译

　　唐代陆元方。升做天官侍郎(天官侍郎:即吏部侍郎,主管全国官吏任免、考课、升降、调动等事务的中央部门的副长官。唐武则天时一度改吏部为天官)。有人说他自私自利,专门喜欢引荐自己的亲戚同乡,武则天听后非常生气,就免了他的官职,命令他以白衣人身份管理职务。罢免官职后,元方还是像从前一样推荐人。武则天生气地责问他。元方回答说:"我只举荐我了解熟悉的人,又哪里会去管他是仇人还是同乡亲戚什么的呢?"武则天明白了他并无其他私念,就又任命他做鸾台侍郎(鸾台侍郎:掌管机要、参议国政的长官。武则天一度改掌管机要、参议国政的门下省为"鸾台")。陆元方临死之际,把以前上奏章的草稿全都烧掉了,说:"我已积下了阴德,我的后代中将来一定会有兴旺发达的。"后来的事实果然如他所言。

　　许止净说:"陆元方忠心报国,心中毫无城府,因此即使是像武则天这样残暴的女皇,也能被他的诚意感动。"

金藏剖心

原典再现

　　唐,安金藏,在太常工籍。睿宗为皇嗣,有诬其异谋者,诏来俊臣问状。金藏呼曰:"请剖心以明皇嗣不反。"引刀刺腹,肠出而仆。武后舆至禁中医治,阅夕而苏。后叹曰:"吾有子不能自明,不如汝忠也。"即诏停狱。

　　许止净曰:"按本传:金藏母丧,庐墓侧,躬造石坟石塔,昼夜不息。原上旧无水,忽涌泉自出。有李盛冬开花,犬鹿相狎。卢怀慎上闻,敕旌其间。"求忠臣必于孝子之门,信然。

古文今译

　　唐代的安金藏，被编在太常寺的乐工籍里。唐睿宗还是皇子时。有人诬陷他想造反，当时的皇帝武则天就下诏派来俊臣去审问他，正直的安金藏大声喊叫道："我可以把心剖开，来证明皇子没有造反的意图。"话一说完，就拿一把刀刺进了自己的肚子，肠子都流出来了，身子跟着就倒下了。武则天让人用轿子把他抬到皇宫里去治疗。整整过了一夜，安金藏才苏醒过来。武则天感叹道："我对自己的儿子都不能了解，赶不上你的忠心耿耿啊。"当即就下诏停止了这桩案件。

　　据史书记载，安金藏母亲去世后，他就在墓旁盖了间茅草屋，亲自建造石坟、石塔，日以继夜，一刻不停地守候。山坡上本来没有水，这时却突然有泉水自动流出，墓上的李树竟在严冬开出花来。狗和鹿也在墓旁的草地上一起嬉戏。卢怀慎把这些事报告给皇上，皇上下令在安金藏的乡里立了旌坊表彰他。

真卿劲节

原典再现

　　唐，颜真卿，为平原太守。禄山反，真卿独倡义讨之。玄宗方叹河北无忠臣，闻之曰："朕不识真卿作何状，乃能如是。"李希烈反，诏使劝谕。希烈欲降之，真卿叱曰："汝知吾兄杲卿骂贼而死乎？吾惟守节。"希烈谢之。

　　禄山反，杲卿起义兵。传檄河北。河北二十四郡，惟真卿一人倡义讨贼，无怪玄宗闻而奇之。杲卿为贼将史思明执送洛阳，大骂禄山为营州牧羊奴。禄山节解之，犹詈不绝口。一门双忠，流芳千古矣。

古文今译

　　颜真卿是唐朝大书法家,同时他还是平原的太守(太守:又叫刺史,原为巡察官名,东汉以后成为州郡最高军政长官)。安禄山起兵造反,只有颜真卿倡导要讨伐他。唐玄宗正感叹说河北地方没有一位忠臣,听说了这个消息,感慨道:"我都不认识颜真卿,不晓得他长啥样,他竟能这样忠心!"后来又有一个叫李希烈的也起兵造反,皇上下令派颜真卿去劝谕他。李希烈想要颜真卿投降自己,对他婉言相劝。颜真卿大声叱责道:"你知道我的哥哥颜杲卿就是骂贼骂到死的吗?我只晓得人要守得住气节,哪个会投降了你!"李希烈被震住了,自觉没趣,赶紧谢罪。

　　安禄山造反,颜杲卿发兵讨剿,传令河北各地,河北有二十四个郡,只有颜真卿一个人倡导讨伐,无怪乎唐玄宗听到这个消息会感到惊奇。颜杲卿被造反军将领史思明抓住送到洛阳去,他就大骂安禄山是营州放羊的奴隶。安禄山让人把他分尸肢解,他还在骂不住口。颜家出了这样两个忠臣,真是流芳千古啊。

李绛善谏

原典再现

　　唐,李绛,善谏。上欲罪白居易,绛曰:"陛下容纳直言,故群臣敢谏。居易志在纳忠,今罪之,恐天下钳口矣。"上悦而止。上尝责绛言太过。绛泣曰:"臣畏左右,爱身不言,是负陛下。言而陛下恶闻,乃陛下负臣也。"上怒解。

　　先君曰:"李丞相,良臣也。好直谏,不与小人为伍。李吉甫虽逢迎,宪宗每以绛言为是。盖以其知无不言,言无不中,故虽屡次犯颜,触怒上意,而仍能转辗陈言以启帝心,非立心忠正者,焉能至此。"

古文今译

　　唐朝时的李绛，忠信正义，善于进谏。有一次，皇帝想治白居易的罪。李绛知道白居易是无辜的，就上奏道："皇上能包容、接受正直的话，大臣们才敢进谏。白居易本意是要尽职效忠的，如今若是办了他的罪，恐怕全天下的人都该闭嘴不敢说话了。"皇帝知道自己错了，高兴地接受了他的建议，不再追究白居易那事。又一次，皇帝责怪李绛劝谏太过，话说过多了。李绛哭着回答："我怕皇上身边的人，明知皇上错了，也因明哲保身而不敢多说，这样就会延误了国家、辜负了皇上。反过来说，要是臣子们大胆说话而皇上却讨厌听，这就是皇上辜负了大臣们了啊。"皇帝听李绛说得有理有据，怒气顿消，此后还真耐心听取了大臣们的意见。

　　李绛的确是位好宰相，喜欢正直进言，不与小人为伍。当时皇上身边另有一位大臣叫李吉甫，时时刻意奉承、迎合皇上，但唐宪宗内心里还是认为李绛的话说得对。皇上这么认为，大概是因为每次李绛都能知无不言，且每次进言都能切中要害吧。因此虽然他屡次触怒了皇帝，但皇帝最终都能委婉化解对他的怒气。如果李绛不是忠心正直的人，哪能做到这些呢？

孟容制强

原典再现

　　唐，许孟容，为京兆尹时，神策军吏李昱贷富人钱，不偿。容收昱械系，立期使偿。上遣中使宣旨，送昱回本军。容曰："臣不奉诏。臣为陛下尹畿，非抑制豪强，何以肃清辇下。钱未偿，李昱不可得。"上嘉许之。京城震栗。

　　许止净谓富人重利盘剥，固为害，而贷者抗债不偿，尤为害。故祖护富民，自非良吏。若矫枉过正,袒护贫民,佃田抗租,欠钱赖债,致信用丧失,风俗败坏,更进一步,即为攘夺。此孟容所以抑制豪强也。

　　唐朝时,许孟容在京做兆尹,当时有一个叫李昱的神策军官(神策军:唐天宝十三年陇右节度使哥舒翰在洮州西设神策军,其势力非常之大,在诸禁军之上),借了富人的钱不肯还,孟容就把李昱抓了起来,上了枷锁,限定日期让他还钱。当时的皇帝派了太监传旨,叫许孟容把李昱送回本军里去。孟容回复道:"我不能奉行圣旨。我为皇上管理着京都地区,假使不能把豪强压制下去,还怎么整顿京城的其他地方呢? 钱不还清,李昱就不能放回去。"皇帝听了这话,大大地赞他正直忠义。后来这事传开来后,全京城的人都非常震撼。

　　许止净认为,富人重利轻义,大肆盘剥百姓,固然为害很大,但是借钱人要是欠债不还,为害更大。袒护富人的,当然不是什么好官,但如果矫枉过正,袒护穷人,租人田地却拒交地租,欠人钱财却赖账不还,这样就会导致社会信用丧失,风俗败坏,更进一步,就会演变成劫掠抢夺。这,也许就是许孟容之所以要以铁手腕压制豪强的原因吧。

李沆不阿

原典再现

　　宋,李沆,为相时,屡取四方之水旱盗贼直奏之。上问治道所宜先。对曰:"不用浮薄新进喜事之人,此最为先。"上尝谓之曰:"人皆有密启,卿何独无?"沆曰:"臣待罪宰相,公事则公言之,何用密启? 密启者,非谗即佞耳。"

　　李文靖,史称其内行修谨,居位慎密,不求声誉,遵法度,识大体。人莫能干以私。公退，终日危坐，未尝跛倚。观其奏对各语，及深恶密启之言，与史之所称品行相仿，足见其守正不阿矣。

古文今译

　　宋朝的李沆在做宰相时，屡屡将全国各处的水旱灾害、盗贼之类的坏事一一上奏，从不做粉饰太平、欺上瞒下的事。皇帝问他，治理天下哪件事应该最先考虑，李沆回答："臣认为，不任用那些性情浮躁、刚升官职、喜欢惹事的人，这是应最先考虑的。"皇帝曾经问他说："别人都有秘密的奏启，为什么惟独你没有？"李沆回答说："我蒙受皇上恩宠，当着宰相的官职。有关国家的公事当然应堂堂正正公开地说，哪还用得着藏着掖着秘密地奏启呢？那些采用密奏的，不是奸邪小人就是妄佞之臣啊！"

　　史书上称赞李沆修行严谨，当官慎重周密，不求名声，遵纪守法，顾全大局，没人能以私利打动他。就是在他退位之后，他都还能整日正襟危坐，安分守己。李沆可真称得上是刚正不阿的忠臣啊。

王旦荐贤

原典再现

　　宋王旦为相。寇準数短旦，旦专称準。上曰："卿称其美，彼专谈卿恶。"旦曰："臣在相位久，阙失必多。準无隐，益见忠直。"準私求为相。旦曰："将相之任，岂可求耶？"準深憾之。及除节度使，同平章事，上具道旦所荐，準愧叹。

　　魏国公从容大度，为国荐贤，己忠反称人忠。史称平日家人未尝见其怒，试以少埃墨投羹中，旦惟啖饭，问何不啜羹。曰："偶不喜肉。"后又墨其饭，曰："今日不喜饭，可别具粥。"即此小事观之，足见其度矣。

古文今译

宋朝的王旦当宰相时,当朝另一位叫寇准的官员,多次在皇上面前揭他的短,当皇上问及寇准的为人时,王旦却一味称赞寇准是如何如何贤达。皇帝对王旦说:"爱卿啊,你一味赞美寇准,你却不知,他在朕的面前却专门说你的过失不是哩。"王旦回答说:"我在宰相的位置上呆久了,缺点、过失必定很多,寇准毫不隐瞒,一一揭发,这更能显出他的忠诚与正直啊。"寇准又私下请王旦提拔、推荐自己做宰相。王旦严肃地说:"将相的大任是靠德行和才能任命的,哪是可以随随便便请求人担任的?"寇准自讨个没趣,心里恨死了王旦,总想着日后有了机会要好好地报这个仇。等他升做了节度使(节度使:唐朝在重要地方设置的总管数州军事的长官),当真做上了宰相后,刚想如何把王旦搞下去时,皇帝却详尽地告诉寇准,他的所有升迁都是王旦一手推荐的,寇准顿感异常惭愧,恨不得立马找个地缝钻进去。

王旦做人从容大度。为国家推荐贤才时自己忠诚反倒称赞别人忠诚。史书上说,王旦性情温婉可亲,平时家里人从未见他发过怒。有一回,家人为了试他,故意将少量尘土和黑墨放到肉汤中,王旦看见了,只吃饭,不喝汤,家人问他为什么这样,王旦回答说:"我有时不喜欢喝肉汤。"后来家人又把黑墨放到饭里,王旦说:"我今天不喜欢吃饭,可以另外给我点粥吗?"从这些生活小事可以看出,王旦的气量的确是很大啊。

岳飞报国

原典再现

宋,岳飞,善以少击众。朱仙镇之役,以五百人,破金兀术众十余万。秦桧与兀术通,矫诏召飞父子下狱,令中丞何铸推鞫。飞裂裳示铸,背涅"尽忠报国"四字。铸以白桧。桧改命万俟卨复鞫。竟以"莫须有"三字定案。

岳武穆,忠勇之将也。每出师,号令严明,秋毫无犯。凡有所举,尽召诸将谋之。故有胜无败,猝遇敌,无敢退者。每升官,必曰"将士效力,飞何功之有?"惟其有人无我,故所向无敌耳。

古文今译

宋代名将岳飞,精忠报国,英勇善战,军事才能一流,专门善于以少击多,以寡敌众。朱仙镇一役时,他率领五百官兵,攻破了金兀术十几万大兵。当时的奸臣秦桧一贯主和,与敌国的金兀术私通,假造皇帝诏书召回岳飞父子,把他们关进监狱,派御史台里检举非法行为的中丞何铸去审讯他们(御史台:封建国家的监察机关;中丞:御史台的长官)。岳飞撕开衣服给何铸看,背上岳母刻的"尽忠报国"四个字赫赫在上,异常醒目。何铸把这些情况禀报了秦桧,秦桧就改派万俟卨(万俟,姓,音 mò qí;卨,音 xiè)再去审讯岳飞,最终实在问不出什么罪了,就以"莫须有"的罪名给他定了案,把岳飞父子偷偷杀害了。

岳飞是一位忠诚英勇的大将。每次出兵,岳家军总是号令整齐,纪律严明,对老百姓爱护有加,秋毫无犯。每有重大举动,岳飞总是召集全体将领一起谋划,因此他的军队总能打胜仗。官兵们和岳飞一起,上下一条心,劲往一处使,即使是仓促遇上敌人,也没有一个人会后退逃跑的。岳飞每次升官,一定都会这样说:"我能得到嘉奖,这都是将士们尽力效忠的结果呀,岳飞我又有什么功劳呢?"正因为他心中只有别人没有自己,所以他率领的军队能够所向披靡,天下无敌。

忠经·孝经

洪皓就鼎

原典再现

宋,洪皓,使于金。至云中,金人迫事刘豫。皓曰:"万里衔命,不能奉两宫南归,恨力不能磔逆豫,忍事之耶?愿就鼎镬。"粘没喝怒,将杀之。旁一校曰:"此真忠臣也。"为皓跪请,乃得流冷山。绍兴十二年始归。卒谥忠宣。

皓为秀州司,时大水。白郡守发廪,损直以粜。浙东纲米过城下,白守留之,守不可。皓愿以一身易十万人命。人感之切骨,号洪佛子。

古文今译

南宋时,洪皓奉命出使金国,到了云中这个地方,金国人逼迫他在叛徒刘豫的手下做事。洪皓说:"我奉皇帝命令,不远万里而来,只恨自己不能把叛贼刘豫一刀刀剐了,好平了心中的怒气,叫我去侍奉他?还不如把我扔进大水锅里给煮了呢!"金国有个叫粘没喝的将领,听得洪皓这么一说非常生气,就要一刀杀死他时,旁边一个校官站出来说:"将军息怒!刀下留人!依我看,这才是真正的忠臣啊!"说完还跪下来替洪皓求情。最后洪皓被流放到冷山,忍辱负重,一直到绍兴十二年才被释放回宋朝。洪皓死后,皇帝赐他谥号,叫"忠宣"。

洪皓做秀州的司理官时(司理官:主管狱讼的官吏)。有一年遇上发洪水,他禀请郡太守打开官府粮库,降价粜米。浙江东部进贡的大米运经城下,他又禀明太守要求截留粮食。太守认为这两件事都不可行,不予同意,洪皓就甘愿牺牲自己一人的生命,来换取十万百姓的性命。全郡百姓都被他感动得泪水涟涟,称他是"洪佛子"。

孝孺斩衰

　　明,方孝孺,性刚直。燕王召用,不屈。令草诏,孝孺斩衰入见,悲恸彻殿。王曰:"我法周公辅成王耳。"孝孺曰:"成王安在?"王曰:"伊自焚死。"孝孺曰:"何不立成王之子?"左右授笔札。孝孺大书"燕贼篡位"四字。王大怒,夷十族。

　　方学士,真大忠臣也。同时御史景清,伏剑被收,漫骂。抉其齿,且抉且骂,含血直喷御袍。御史练子宁,出语不逊,断其舌,子宁手探舌血,大书"成王安在"四字。忠烈之气,至今闻之,犹凛凛在目也。

古文今译

　　明代的方孝孺,性格耿直,刚正不阿。燕王起兵造反时。当时的建文皇帝从皇宫里逃了出去,不知所踪。燕王朱棣就要做上皇帝了,他听得方孝孺的才华和美名,下诏要任用他,孝孺却说什么也不肯去。朱棣下令要他为自己起草诏书,方孝孺见再也躲不过,就披着麻戴着孝痛哭流涕地一路跑进来,哭声之大,竟响彻大殿。燕王说:"你也不必这样,我叫你来,无非也是效法周公辅佐成王罢了。"孝孺义正词严地质问:"成王在哪里呢?"燕王回答:"他自焚死了。"孝孺又质问道:"那为什么不立成王的儿子做皇帝呢?"燕王没答理他。身边的人递给孝孺笔和纸。要他起草诏书,没想孝孺大笔一挥,刷刷刷就在纸上挥下了"燕贼篡位"四个字。燕王非常生气,一声令下,马上就把方孝孺的全部亲人和学生都杀了。

　　方孝孺不仅是大学士,还是不折不扣的大忠臣。与他同时的另一叫景清的御史,也是位英烈。景清想刺杀燕王,暗藏利剑在袖,被抓住时,他毫不畏惧,破

忠经·孝经

口大骂,被挖掉牙齿后,他就含血直唾向燕王的龙袍。御史练子宁,对燕王出语不敬,也被割断舌头,他就用手蘸舌头的血,写下"成王安在"四个大字。这些忠臣们的忠烈气概,至今听来,还凛然不屈,如在眼前。

铁铉背立

原典再现

明,铁铉,官山东参政,屡破燕军。燕王篡位,执铉至京师。陛见,背立廷中,正言不屈。割其耳鼻,终不顾。蒸其肉,纳铉口,令啖之。问曰:"甘否?"铉厉声曰:"忠臣孝子之肉,有何不甘!"遂寸磔之。临死,犹骂不绝口。

铉死后,燕王纳尸油镬,顷刻成煤炭。使其尸朝上,展转向外,终不可得。王令用铁棒十余,夹持之,使北面,笑曰:"而今亦朝我耶。"语未毕,油沸,溅起丈余,诸内侍手糜烂,弃棒走,尸仍反背如故。呜呼!烈矣。

古文今译

明代的铁铉是山东的参政官(参政官:明代在为一省最高行政长官的布政使下设左右参政,以分领各道。左右参政都称参政官)。他屡次率领部队攻破燕王的军队,燕王对他又怕又恨。篡夺了皇位后,燕王便把铁铉抓到京城,故意要让他上朝拜见旧日的死对头,今日说一不二、威风凛凛的圣上大皇帝。没想铁铉上到殿台,却始终背朝燕王,大义凛然站着,正色讲话,一副绝不屈服的样子。皇帝大怒,叫人把他的耳朵和鼻子都割下来,但铁铉还是巍然站立着,始终不肯回头去殿上看一眼。皇帝又叫人把他身上割下的肉煮了,命令他吃下去。吃完又阴阳怪气地问他:"这肉应该还香甜吧?"铁铉呸了一声。厉声回答说:"对!这是忠臣孝子的肉,甘甜如蜜,流芳千古!"燕王气得要命。叫人把他身上的肉一寸一寸割下来。直到临死,铁铉就是不说一句投降的话,嘴里叫骂个不停。

铁铉死后,燕王下令把他的尸体投进油锅,烧成焦炭后想让他的尸体面朝上,身体向外,做出一副屈身朝拜的样子,但无论怎么努力,始终做不到。燕王又下令拿十余根铁棒夹持着他,使他面朝大殿的方向,狞笑着说:"这回你得乖乖地朝拜我了吧!"话还没落地,油突然沸腾起来,溅起一丈多高,那些拿铁棒的内官侍卫的手全都烫烂了,赶紧丢下铁棒逃走了。铁铉的尸体仍旧反过身背朝上。见过那些场面的人无不流着泪慨叹:"义士!义士!真是千古未闻,太壮烈了呀!"

于谦勤王

原典再现

明,于谦,谏止英宗亲征也先。不听,驾陷土木。京师大震,莫知所为。谦檄各军赴援,募民兵守御。也先遂拥英宗去。后也先愿归上皇乞和。谦谏景帝迎归。石亨等谮之。遂弃市。死之日,阴霾四合,天下冤之。

忠肃公,声绩卓著,及遭艰虞,缮兵固圉,身系安危,功在社稷。乃夺门变起,徐石辈力挤之死。然徐有贞、石亨、曹吉祥,相继得祸,皆不旋踵。而谦忠烈与日月争光,卒后得复官赐恤。公论久而后定,信夫!

古文今译

明代的于谦是个忠烈之士。有一年,皇帝英宗要亲自率领部队去征讨瓦剌部。瓦剌部是蒙古族的一支,领袖叫也先。于谦极力劝止,英宗就是不听,最后结果果如于谦所言,吃了败仗后被围困在土木堡。消息传来,京城上下大为震动,惊作一团,都不知道如何是好。于谦想好了计谋,镇定地传令各地军队前往救援,又招募民兵守卫京城。也先探得情况如此,就挟持着英宗逃走了。其实当时也先的心里也是希望归还英宗和明朝请求讲和的。于谦知道情况后,又劝谏景帝迎接英宗回来,当时朝廷有一帮以石亨为首的大臣,平日早就嫉妒于谦的得宠了,得了机会,乘机就诬陷于谦小人当道,卖国求荣,英宗因此判处于谦在闹市处死。处死的那天,阴风怒号,天空中密布乌云,几十公里都看不清楚,天下人都说于谦是个忠臣,死得太冤屈,连老天爷见了都悲伤哭泣呢。

于谦的一生,政绩卓著,声望极高,在国家危难之际,他修治军队,巩固边疆,一心为国,不顾个人安危。等到英宗驾还,重新登上皇位,以前造谣害人的石亨等人相继得到惩处,于谦被恢复官衔和声誉,老百姓都说他的忠烈可与日月争光辉,都说"群众眼睛最雪亮,人心自会定公论",事情的真相确实是如此啊!

樊姬进贤

周,楚庄王好猎,夫人樊姬谏不听,遂不食肉。王改过,勤于政事。王称虞邱子之贤,姬曰:"未忠也。妾事君十一年,求美女进于王,贤于妾者二人,同列者七人。今虞邱子相楚十余年,子弟宗戚以外,鲜有所进,贤者果如是耶?"虞邱子闻之大惭,乃荐孙叔敖而楚以霸。

吕坤曰:"国家不治,妒贤之人为之也。樊姬不妒于宫,而推治于国,惟无我心故耳。故我心胜者,不能容人。其终也,反不能容其身。然而妒者卒不悟也,可叹哉!樊姬女宗,可以训矣。"

古文今译

　　周朝时,楚庄王讲求排场,喜欢数千人一起浩浩荡荡去打猎,他的夫人樊姬劝他不能挥霍无度、铺张浪费,他始终不听,樊姬就坚决不吃肉。楚庄王这才改过自新,勤勉于国家大事。楚庄王曾称赞一个臣子叫虞邱子的十分忠诚贤明。樊姬却笑笑说:"他还算不上忠诚。我侍奉大王已经十一年,总是不断寻求国内美女来进荐给大王,这些美女中比我贤明的有两位,和我平起平坐的也有七个。而今,虞邱子在楚国已做了十几年的宰相,却除了自己的亲属外,很少推荐别的贤人来帮助治理朝政,这样的人,能称得上忠臣吗?"虞邱子在背后听到了樊姬这一番话,感到非常惭愧,于是改了私心,后来举荐的大臣孙叔敖,使楚国得以繁荣昌盛。

　　吕坤认为,国家没能治理好,都是嫉妒贤才的人造成的。樊姬在后宫中不妒忌,并且能将这种胸怀推广到治理国家上,这都是因为她心地无私。如果心气太盛,不能包容他人,就是有再大的本事,也难以在社会上立身啊!那些爱好妒忌别人的人,自私一时,糊涂一世,实在是可悲啊!樊姬一个女流之辈却能做到这样,她实在是世人学习的榜样。

女婧谏槐

原典再现

　　周,齐景公有爱槐,使衍守之。令曰:"犯槐者刑,伤槐者死。"衍醉而伤槐。公怒,将杀之。女婧造晏子请曰:"妾父犯令,固当死。第明君治国,不以物害人。今君以槐杀妾父,妾恐伤执政者之法,害明君之义。邻国将谓君爱树而贱人也。"晏子惕然,乃请于景公而免之。

忠经·孝经

古文今译

　　周朝时,齐景公有一棵心爱的槐树,派了一个叫衍的人去看守.并发布命令说:"凡是冒犯了这棵槐树的都要受刑,如果伤害槐树,不管是谁,一律处死。"一次,衍喝醉了酒后不小心伤害了槐树,齐景公大怒,马上就要处死他。衍的女儿婧听闻后,立即就去拜访当时有名的国相晏平仲,并请求道:"我父亲触犯了君王的命令,固然应当处死,但我听说贤明的君主治理国家,是不会因为某件物品而残害他人的。如今君王仅仅因为一棵槐树就要杀了我的父亲,我怕这会损害了君王道义的贤明,而邻国的人听了,也将会认为君王爱物而贱民。求大人救我父亲一命,同时也是挽救国家君王的声誉。"晏子听了这话后感到很有道理,尤其是从一个小女子口中说出,更是愕然和可敬,于是冒着危险向齐景公请求,终于免了衍的死罪。

钟离陈殆

原典再现

　　周,齐,钟离春,无盐邑之女。容貌鄙陋无双,臼头,深目,长壮,大节,卬鼻,结喉,肥项,少发,折腰,出胸,皮肤若漆,行年四十,无所适。乃白诣宣王,直陈君国四殆,正而有辞。宣王善其言,纳为夫人,尽反旧时所为,齐国大安。

　　吕坤曰:"无盐色为天下弃,而德为万乘尊,亦大奇哉!世之妇女,丑未必无盐,而为夫所弃者,当亦自反矣。以无盐之陋,出切直之语,而齐王犹尊宠之,狂惑之夫,不受妇人之谏者,当亦自愧矣。"

古文今译

　　周朝，齐国的钟离春是无盐县的女子，此人容貌丑陋无比，长着一颗像砸扁了的石块样的脑袋，眼眶深陷，身材像男人样粗大。又高又胖，鼻孔像猩猩一样外翻着，喉咙上长着结，脖子肥大，头发稀少，腰背弯曲，胸脯突出，皮肤像漆一样黝黑发亮，年近四十，谁也不敢娶她。一天，钟离春前去拜见齐宣王，直言国家的四种危险，说得铿锵有力，有理有据。齐宣王十分赞赏她说的话，竟喜欢上了她，几次接触后，更加喜欢她的智慧识见了，就把她纳为夫人了，并一改过去的坏习气，齐国因此得以安定。

　　钟离春的容貌确实算得上够丑的了，但她的品德却为君王所尊崇，这也真称得上是世间一大奇事了！不过那些丑陋未必如无盐女却被丈夫遗弃的妇女也确实应好好自我反省一番才对。另外，像无盐女这样丑陋的人，只要能说出恳切正直的话，就是贵如齐王也会尊重、宠幸她，世上那些狂妄迷惑、不能接受妇人规劝的丈夫们，也确实应当感到惭愧吧？

魏负匡君

原典再现

　　周，魏，曲沃负，大夫如耳母也。魏哀王为子娶妇，闻其美，将自纳焉。负谓如耳曰："君乱于无别，汝胡不匡之？言以尽忠，忠以除祸，不可失也。"如耳未得闲，会使于齐。负乃面谏哀王。王然之，遂还太子妇。而赐负粟三十钟，如耳归而爵之。

　　曲沃负教子以忠，子未及言，挺身往谏。陈纪纲之大，正人道之始，全贞女之行，绳愆纠谬，使王不敢败度，强邻不敢加兵，君子谓其知礼，岂特忠也已哉！

忠经·孝经

53

古文今译

　　周朝，魏国曲沃有个老太太，是大夫如耳的母亲。魏哀王替儿子娶媳妇，听说儿媳妇容貌美得很，就把她夺了过来，做了自己的夫人。如耳的母亲听到这事，对儿子说："国君已做出如此违反伦常的事，你一个做臣子的。为什么不去纠正纠正呢？进言以尽忠诚，尽忠以除祸害啊。"如耳也有此打算，但一直苦于没有机会，偏偏这时，他又作为使者被派遣到齐国去。如耳的母亲见儿子再也找不到机会进谏哀王了，就亲自去面见哀王，竭力跟他说清道理。哀王认为她说得非常正确，就把媳妇还回给了儿子。还赐给老太太二百石米。如耳回国后还被封了爵位。

　　曲沃的这位老太太，教育儿子要忠诚，儿子来不及进言，她就挺身而出，自己前往劝谏，陈述纲纪的重要性，匡正伦常，纠正过错，迫使君王不敢败坏法度，强大的邻国不敢出兵侵犯，大家都说她很懂礼教，她的品行，又怎么是一个"忠"字能概括得了的呢？

忠婢覆鸩

原典再现

　　周，大夫主父，自卫仕于周，二年归。其妻淫于邻人，封药酒待之。主父至，妻使媵婢取酒进之。婢知为鸩也，默计进之则杀主父，言之则杀主母，因佯僵覆酒。主父怒笞之。妻以他故，欲杀婢灭口。主父弟闻其事以告，主父遂出妻，欲纳婢以代之。婢固辞，乃厚币嫁焉。

　　吕坤曰："忠婢此举，无一不协于善者。不彰主母之恶，厚也；不忍主父之毒，忠也；佯僵覆酒，智也；笞将死，终不言，贞也；不敢居主母之处，礼也。此可以为士君子之法,而况妇人乎?。

古文今译

　　周朝时候,有个大夫叫主父。主父从卫国到周朝去做官,两年后回到原籍。这两年中,他的妻子和邻居通奸,怕事情败露,就准备好药酒,只等主父一到家就下毒。主父到家了,妻子故意装出兴高采烈的样子,让随嫁过来的婢女端着酒进献给他。婢女知道这是毒酒,心中暗自着急,心里想:如果送酒上去,就会毒死主父;如果把真相说出,主母必会被主父杀死,真是两难齐全啊!怎么办呢?忽然,这个婢女眉头一皱,心生一计,假装摔了一跤,把酒打翻了。主父大怒,把婢女结结实实打了一顿。他妻子借口其他原因,想把婢女杀了以免留下口实,主父的弟弟听说了这事,就把事情的真相原原本本告知了主父。主父把妻子休了,想娶婢女为妻,婢女却一再推辞,主父只好送了她丰厚的钱财,把她隆重地嫁了出去。

　　细看这个婢女的行为,真是无一处不合乎善啊。她不去揭发主母的恶行,这是厚道;但又不忍心看主父受害,这是忠诚;假装跌跤把酒打翻,这是智慧;被鞭打到都快要死掉却始终不肯说出真相,这是坚贞;不敢占据主母的地位,这是礼义。这些德行,就是君子男士都可以学习一辈子了,更何况是妇人呢?

忠经·孝经

孝经

开宗明义章第一①

原典再现

　　仲尼居②,曾子侍③。子曰:"先王有至德要道④,以顺天下⑤,民用和睦,上下无怨。汝知之乎?"曾子避席曰:"参不敏⑥,何足以知之?"子曰:"夫孝,德之本也,教之所由生也。复坐,吾语汝。身体发肤,受之父母,不敢毁伤,孝之始也。立身行道,扬名于后世,以显父母,孝之终也。夫孝,始于事亲,中于事君,终于立身。《大雅》云:'无念尔祖,聿修厥德⑦。'"

注释

　　①开宗明义:揭示全书的宗旨。邢昺疏:"开,张也。宗,本也。明,显也。义,理也。言此章开张一经之宗本,显明五孝之义理,故曰开宗明义章也。"所谓"五孝",乃指天子、诸侯、卿大夫、士、庶人之孝。

　　②仲尼:孔子的字。孔子(公元前551~前479年),名丘,字仲尼,春秋时鲁国陬邑(今山东曲阜东南)人。我国古代伟大的思想家和教育家,儒家学派的创始人。他对我国思想文化的发展有巨大贡献,影响极其深远。《论语》是研究孔子的最主要的资料。

③曾子：即曾参(公元前505～公元前434年)，字子舆。孔子的弟子。

④先王：先代盛德之王。

⑤顺：通"训"。引申为治理。

⑥参(cān)：即曾参。按照礼节，卑者在尊者面前，如果需要自称，不可使用"我""吾"一类人称代词，而应自呼其名。王引之《春秋名字解诂》说：曾参，字子舆。参，"骖"的假借字。骖是驾车的三匹马，舆是车。按照名字相应的规律，名骖字子舆，就是驾马用来拉车的意思。方以智《通雅·姓名》、王夫之《礼记章句》卷三、卢文弨《经典释文考证》、朱骏声《说文通训定声》等，持说皆与王引之同。

⑦《大雅》云二句：见《诗经·大雅·文王》。无：语首助词，无义。聿：述，遵循。

古文今译

孔子在家闲坐，曾子在旁边陪坐。孔子说："先王有一种至高无上的德和非常重要的道，用它来治理天下，以至于百姓和睦，上下无怨。你知道它是什么吗？"曾子连忙离席起立回答说："参资质驽钝，怎么能知道呢？"孔子说："孝这个东西，它是一切道德的根本，各种教化都是由它而生。你坐下，我来慢慢地给你讲。一个人的身躯、四肢、毛发、皮肤等等，都是从父母那里得到的，不敢使它们受到毁伤，这可以说是孝的开始。如果能够建功立业，实现圣人的主张，不但使自己扬名于后世，而且也为父母脸上增光，这可以说是孝的最终目标。孝，开始于事奉双亲，中间经过事奉国君，最后达到建功立业。《大雅》上说：'牢记你的先祖，继承并发扬他们的美德。'"

忠经·孝经

天子章第二

原典再现

　　子曰："爱亲者,不敢恶于人;敬亲者,不敢慢于人①。爱敬尽于事亲,而德教加于百姓,刑于四海②。盖天子之孝也。《甫刑》云:'一人有庆,兆民赖之③。'"

注释

　　①爱亲者四句:邢昺(xì)说:"所谓爱亲者,是天子身行爱敬也;不敢恶于人、不敢慢于人者,是天子施化,使天下之人皆行爱敬,不敢慢恶于其亲也。"
　　②刑:效法。
　　③《甫刑》云二句:《甫刑》是《尚书》篇名,亦称《吕刑》。一人:指天子。庆:善。兆:十亿曰兆。

古文今译

　　孔子说:"作为天子,不但要热爱自己的父母,而且要教育天下臣民都不敢厌恶自己的父母;不但要尊敬自己的父母,而且要教育天下臣民都不敢慢待自己的父母。天子首先对自己的父母极尽热爱、尊敬之能事,然后把这种德教加于百姓,使普天之下都向自己学习。这就是天子之孝的内容。《甫刑》上说:'天子一人做了好事,亿万臣民都跟着得到好处。'"

诸侯章第三

原典再现

在上不骄①,高而不危。制节谨度②,满而不溢③。高而不危,所以长守贵也;满而不溢,所以长守富也。富贵不离其身,然后能保其社稷④,而和其民人。盖诸侯之孝也。《诗》云:"战战兢兢,如临深渊,如履薄冰⑤。"

注释

①骄:唐玄宗注:"无礼为骄。"

②制节谨度:唐玄宗注:"费用约俭,谓之制节;慎行礼法,谓之谨度。"

③溢:唐玄宗注:"奢泰为溢。"

④社稷:社是土神,稷是谷神。社稷合在一起,常用作国家的代称。

⑤《诗》云三句:见《诗经·小雅·小旻》。引用这三句诗的用意在于说明为君恒须戒慎。

古文今译

孔子说:"贵为一国之君而不为无礼之事,那就能够身居高位而不倾危。节约费用,慎行礼法,虽然拥有一国之财富,但也不大手大脚。身居高位而不倾危,就可以长期保住高贵;拥有倾国的财富却不大手大脚,就可以长期保住财富。富与贵都能够长期保持,国家才不致覆灭,而百姓也乐于服从。这就是诸侯之孝的内容。《诗经》上说:'诚惶诚恐,提心吊胆,就像面临深渊,就像脚踩薄冰。'"

忠经·孝经

卿大夫章第四

原典再现

非先王之法服不敢服①,非先王之法言不敢道,非先王之德行不敢行。是故非法不言,非道不行,口无择言②,身无择行。言满天下无口过,行满天下无怨恶。三者备矣,然后能守其宗庙。盖卿大夫之孝也。《诗》云:"夙夜匪懈,以事一人③。"

注释

①法服:先王制定礼服五等,即天子之服、诸侯之服、卿之服、大夫之服、士之服。五等礼服的主要区别在于衣裳上面所装饰的章数(花纹图案的多少)不同。卿大夫只能穿卿大夫之服,既不得僭上,也不得逼下。

②择言:旧注解作选择之言,非是。今按:择言,即"殬言"。择,通"殬"。殬,败也,不合礼法也。

③《诗》云二句:见《诗经·大雅·烝民》。匪:通"非"。

古文今译

孔子说:"作为卿大夫,不是符合先王礼法规定的衣服就不敢穿,不是符合先王礼法的言论就不敢说,不是符合先王礼法的行为就不敢做。所以不合礼法的话不说,不合礼法的道不行,那就会口无失礼之言,身无失礼之行。话说得再多也挑不出什么毛病,事做得再多也不会招致怨恶。只有在穿衣、说话、做事这三方面都做得无懈可击,然后才能使自己的宗庙永远有人祭祀。这就是卿大夫之孝的内容。《诗经》上说:'早早晚晚都不敢懈怠,全心全意地事奉天子。'"

忠经·孝经

士章第五

资于事父以事母[①]，而爱同；资于事父以事君，而敬同。故母取其爱，而君取其敬，兼之者父也。故以孝事君则忠，以敬事长则顺。忠顺不失，以事其上，然后能保其禄位，而守其祭祀。盖士之孝也。《诗》云："夙兴夜寐，无忝尔所生[②]。"

注释

①资：取，拿过来。

②《诗》云二句：见《诗经·小雅·小宛》。忝（tiǎn）：通"舔"，辱，辱没。

古文今译

孔子说："把事奉父亲的态度拿过来事奉母亲，那么对父亲的爱和对母亲的爱就是一样的；把事奉父亲的态度拿过来侍奉君主，那么对父亲的尊敬和对君主的尊敬就是一样的。对母亲主要是个热爱的问题，对君主主要是个尊敬的问题，而对父亲则是热爱与尊敬兼而有之。把对父亲的那份孝心挪过来侍奉君主就是忠心，把对兄长的那份敬心挪过来事奉君长就是听话。既有忠心，又能听

忠经·孝经

话,用这样的态度来事奉国君和君长,然后才能保住自己的禄位,守住自己宗庙的祭祀。这就是士之孝的内容。《诗经》上说:'早起晚睡忙不停,不要辱没父母的名声。'"

庶人章第六

原典再现

"用天之道,分地之利,谨身节用,以养父母。此庶人之孝也。故自天子至于庶人,孝无终始,而患不及者,未之有也①。"

注释

①孝无终始三句:旧注于此纠缠不清,今姑以己意译之。

古文今译

孔子说:"根据春生、夏长、秋收、冬藏的天时规律,区别土地适合种什么庄稼就种什么庄稼;持身恭谨,节省开支,以供养父母。这就是所谓普通老百姓的孝。所以上自天子,下至老百姓,如果在履行孝道上有始无终,而又不遭受祸殃的,那是从来没有的事。"

三才章第七①

曾子曰:"甚哉,孝之大也!"

子曰:"夫孝,天之经也,地之义也,民之行也。天地之经,而民是则之。则天之明,因地之利,以顺天下②。是以其教不肃而成,其政不严而治。先王见教之可以化民也③,是故先之以博爱,而民莫遗其亲;陈之于德义,而民兴行;先之以敬让,而民不争;导之以礼乐,而民和睦;示之以好恶,而民知禁。"《诗》云:"赫赫师尹,民具尔瞻④。"

注释

①三才:天地谓之二仪,加上人就谓之三才。因为本章主要讲"夫孝,天之经也,地之义也,民(也就是人)之行也",故以三才为名。

②夫孝九句:出自《左传》昭公二十五年。所不同的是:本章的"夫孝",《左传》作"夫礼";本章的"因地之利",《左传》作"因地之性";其余完全相同。则天之明:则是效法。日、月、星辰,就是天之明。因地之利:此"利"字即上节"分地之利"之"利"。顺:通"训",训示。引申为治理。

③先王见教之可以化民也:句中的"教",司马光、朱熹都认为当作"孝"。可备一说。

④《诗》云二句:见《诗经·小雅·节南山》。此处引《诗》,意在说明大臣协助天子推行教化,百姓都在看着他。师尹:即姓尹的太师。太师,相当于后来的宰相。具:通"俱"。

忠经·孝经

古文今译

听了孔子所讲的五等孝道，曾子不禁感叹道："真了不起啊，孝的作用是如此巨大！"

孔子又接着说："孝这个东西，它是天上永远不变的常规，它是地上永远正确的真理，它是对人民品行的首要要求。因为它是天地的常规，所以人民就效法它。效法上天的明亮，依据大地的便利，用它来治理天下。因为是效法天地的常规来推行政教，所以先王的教化不用一再告诫就能得到贯彻，先王的政令不用三令五申就能得到推行。先王看到教育可以起到感化民众的作用，于是就首先带头热爱自己的父亲，这样一来，百姓就无不爱其父母；就陈说德义的重要性，而百姓被打动了，就纷纷起来实行德义；就带头实行敬让，而百姓被打动了，就再也没有你争我夺的那种现象；就用礼乐来引导百姓，而百姓也就和睦了；就向百姓昭示什么是好什么是坏，而百姓也就知道哪些事情是不可以做的了。《诗经》上说：'赫赫有名的尹太师，百姓都在盯着你的一言一行。'"

孝治章第八①

原典再现

子曰："昔者明王之以孝治天下也，不敢遗小国之臣，而况于公侯伯子男乎？故得万国之欢心，以事其先王。治国者不敢侮于鳏寡②，而况于士民乎？故得百姓之欢心，以事其先君。治家者不敢失于臣妾，而况于妻子乎？故得人之欢心，以事其亲。夫然，故生则亲安之，祭则鬼享之。是以天下和平，灾害不生，祸乱不作。故明王之以孝治天下也如此。《诗》云：'有觉德行，四国顺之③。'"

64

注释

①孝治章：因为本章的中心内容是讲明王以孝治理天下，故以"孝治"命名。

②鳏（guān）寡：老年丧妻曰鳏，老年丧夫曰寡。引申为孤弱者之称。

③《诗》云二句：见《诗经·大雅·抑》。觉：通"梏"，高大正直。四国：四方诸侯之国。

古文今译

孔子说："从前，明王在以孝来治理天下的时候，对于小国的臣子尚且以礼相待，更何况对于公侯伯子男这五等诸侯呢？所以能够得到万国国君的欢心，使他们修其职贡，前来助祭。作为国君，对于鳏寡尚且不敢欺侮，更何况对于广大的士民呢？所以能够得到全国百姓的欢心，使他们前来帮助祭祀先君。作为卿大夫，对于卑贱的奴婢尚且不敢失礼，更何况对于自己的妻子儿女呢？所以能够得到全家上上下下的欢心，使他们都来帮助奉养双亲。因为能够做到这一步，所以，父母在活着的时候能够得到舒心的供养，死后作为鬼神能够得到按时的祭飨。也正是由于这种原因，所以天下和平，既没有自然灾害发生，也没有人为的祸乱发生。由此可以看出，明王以孝来治理天下，其效果是如此之好。《诗经》上说：'天子德行正又直，万国顺从庆升平。'"

圣治章第九①

原典再现

　　曾子曰："敢问圣人之德无以加于孝乎?"子曰："天地之性②,人为贵。人之行,莫大于孝。孝莫大于严父③,严父莫大于配天,则周公其人也④。昔者周公郊祀后稷以配天⑤,宗祀文王于明堂⑥,以配上帝⑦。是以四海之内,各以其职来祭。夫圣人之德,又何以加于孝乎! 故亲生之膝下,以养父母日严。圣人因严以教敬,因亲以教爱。圣人之教不肃而成,其政不严而治,其所因者本也。父子之道,天性也,君臣之义也。父母生之,续莫大焉。君亲临之,厚莫重焉。故不爱其亲而爱他人者,谓之悖德;不敬其亲而敬他人者,谓之悖礼。以顺则逆,民无则焉。不在于善,而皆在于凶德⑧,虽得之,君子不贵也。君子则不然。言思可道,行思可乐,德义可尊,作事可法,容止可观,进退可度,以临其民,是以其民畏而爱之,则而象之⑨,故能成其德教,而行其政令。《诗》云:'淑人君子,其仪不忒⑩。'"

注释

①圣治章:本章阐述圣人以孝治理天下,因以"圣治"为名。

②性:生命,生物。

③严:尊敬。

④周公:西周初年的政治家。姓姬,名旦。文王之子,武王之弟,成王之叔。辅佐武王灭商。武王死后,成王年幼,周公摄政。平定内乱,营建东都,制礼作乐,天下大治。被后世看作是圣贤的典范。

⑤郊:谓祭天。因为祭天在国都的南郊举行,故曰郊。

⑥明堂：古代帝王宣明政教的地方。凡朝会、祭祀、庆赏等重大典礼皆在此举行。

⑦上帝：天。

⑧以顺则逆四句：语出《左传》文公十八年而有所改造。

⑨德义可尊七句：语出《左传》襄公三十一年而有所改造。

⑩《诗》云二句：见《经诗·曹风·鸤鸠》。忒：差错。

古文今译

　　曾子说："学生冒昧地请问，在圣人的德行中，难道就没有比孝更加重要的吗？"孔子回答说："在天地万物之中，人是最高贵的。而在人的诸多品行之中，没有比孝更加重要的了。孝道之中，最重要的是尊敬父亲，而尊敬父亲最重要的表现便是在祭天时以父亲配享。说到这方面，周公可以说是一个合格的人选。从前周公在南郊祭天时，以始祖后稷配享；在明堂祭祀上帝时，以其父亲文王配享。由于周公做到了这一点，所以四海之内的诸侯都各修职贡，前来助祭。由此来看，在圣人的德行之中，还有什么能比孝更加重要的呢！所以，子女亲爱父母之心，从孩提时期便已经有了；随着年龄的增长变得越来越懂事，这时候就对父母又添上了一种尊敬之心。圣人就根据子女对父母的尊教导他们对父母的敬，根据子女对父母的亲教导他们对父母的爱。圣人的教化不需要一再告诫就能得到贯彻，圣人的政令不需要三令五申就能得到推行，究其原因，就在于圣人抓住了孝这个根本问题。父子相亲，这是出于天性自然；如果加上尊严，那就又产生了君臣之义。父母生子，使其传宗接代，在人伦之中没有比这更重要的了。父亲既有为父之亲，又有为君之尊，有此双重身份，其恩义之厚，无人能及。所以，不热爱自己的父母而去热爱他人，就叫做不合人情；不尊敬自己的父母而去尊敬他人，就叫做不合常理。如果颠倒纲常，让合情合理的东西去效法不合情理的东西，百姓就会感到无所取法。这种行为不是什么优良品行，而完全是一种丑恶的道德，即令靠着它能够得志，也被君子所看不起。君子的作法就不是这样：说的话要考虑到人们能够奉行，做的事要考虑到人们能够快乐；其道德为人们所尊敬，其作事为人们所效法，其形容举止为人们树立楷模，其动静进退都合乎礼法。用这样的作派去领导百姓，百姓就不仅是敬畏他们，而且爱戴他们，事事效法他们。所以他们的德教能够得到贯彻，他们的政令能够得到推行。《诗经》上说：'贤人君子，他们的威仪没有半点差错。'"

纪孝行章第十①

原典再现

　　子曰："孝子之事亲也，居则致其敬②，养则致其乐，病则致其忧，丧则致其哀，祭则致其严③。五者备矣，然后能事亲。事亲者，居上不骄，为下不乱，在丑不争④。居上而骄则亡，为下而乱则刑，在丑而争则兵。三者不除，虽日用三牲之养⑤，犹为不孝也。"

注释

①纪孝行章：此章纪录孝子事奉父母的孝行，故以"纪孝行"为名。

②致：尽。

③严：指斋戒沐浴一类事情。实际上"严"也是敬。

④丑：通"俦"，指同辈。

⑤三牲：谓太牢。牛、羊、猪三牲具备，谓之太牢。在古代，太牢属于最高规格的食品。

古文今译

　　孔子说："孝子事奉父母，平时要尽量地尊敬他们，奉养时要尽量地使他们高兴，父母生病时孝子要整个身心地陷于忧虑，去世时要表现出最大的悲哀，祭祀时要表现出最大的严肃。这五条都做到了,然后才算是能够事奉父母。事奉父母的人,身居上位而不骄傲,身居下位而不捣乱,在同事中间不争强好胜。身居上位而骄傲,就会招致灭亡;身居下位而捣乱,就会招致受刑;在同事中间争强好胜,就会招致动武。如果以上三条不改掉,即令每天都用山珍海味来供养父母,也仍然是个不孝之子。"

五刑章第十一①

子曰:"五刑之属三千②,而罪莫大于不孝。要君者无上,非圣人者无法③,非孝者无亲,此大乱之道也。"

注释

①五刑章:此章的中心意思是要说明"五刑之属三千,而罪莫大于不孝",故以"五刑"为名。

②五刑:五等刑罚。五刑的名目在历史上有变化。据《尚书·舜典》,五刑是:墨刑(先在额上刺字,然后涂墨使之明显)、劓刑(割掉鼻子)、剕刑(断足)、宫刑(割掉男子生殖器,破坏女子生殖机能)、大辟(处死)。三千:极言其多,不是确数。

③非圣者无法:因为圣人是礼法的制作者,所以才这样说。

古文今译

孔子说:"五等刑罚包括的犯罪条款极多,而其中最大的罪名便是不孝。要挟国君的人是目无长上,诋毁圣人的人是目无法纪,非议孝道的人是目无双亲,这些都是导致天下大乱的根源。"

广要道章第十二[①]

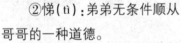

子曰:"教民亲爱,莫善于孝。教民礼顺,莫善于悌[②]。移风易俗,莫善于乐[③]。安上治民,莫善于礼[④]。礼者,敬而已矣。故敬其父,则子悦;敬其兄,则弟悦;敬其君,则臣悦;敬一人,而千万人悦。所敬者寡,而悦者众,此之谓要道也。"

①广要道章:在《开宗明义章》已经提到"先王有至德要道",但没有对什么是"要道"进行展开说明,本章要完成这个任务,所以以"广要道"为名。

②悌(tì):弟弟无条件顺从哥哥的一种道德。

③乐(yuè):古人所说的乐,包括音乐和舞蹈。

④礼:礼可以用来规定君臣、父子之别,明确男女、长幼之序,所以可以"安上治民"。

古文今译

孔子说:"教育百姓相亲相爱,最好的办法莫过于孝。教育百姓顺从君长,最好的办法莫过于悌。改变旧的、不良的社会风气和习惯,最好的办法莫过于乐。安定上边和治理下边,最好的办法莫过于礼。礼的根本问题,不过是个'敬'字罢了。所以,你尊敬人家的父亲,人家的儿子就觉得高兴;你尊敬人家的哥哥,人家的弟弟就觉得高兴;你尊敬人家的国君,人家的臣子就觉得高兴;尊敬一个人,就能使千万人觉得高兴。所敬的人很少,而觉得高兴的人却很多。因此,孝才被称作非常重要的道。"

广至德章第十三①

原典再现

子曰:"君子之教以孝也,非家至而日见之也。教以孝,所以敬天下之为人父者也;教以悌,所以敬天下之为人兄者也;教以臣,所以敬天下之为人君者也。《诗》云:'恺悌君子,民之父母②。'非至德,其孰能顺民如此其大者乎③?"

注释

①广至德章:第一章已经提到了"至德",但没有展开加以说明。此章要对"至德"加以展开说明,故以"广至德"为名。

②《诗》云二句:见《诗经·大雅·泂酌》。

③顺:通"训"。参见前章注。

孔子说:"君子在向百姓进行孝顺父母的教育时,并不是挨家挨户都要走到并且每天都要见面叮咛两句,而是自己首先做出表率,百姓自然闻风而动。以孝道教育百姓,是要使普天之下做父亲的都受到尊敬;以悌道教育百姓,是要使普天之下作哥哥的都受到尊敬;以臣道教育百姓,是要使普天之下作国君的都受到尊敬。《诗经》上说:'平易近人的君子啊,您是天下苍生的父母。'如果没有孝这种至高无上的德行,又有谁能够把百姓治理得达到如此崇高的境界呢?"

广扬名章第十四①

原典再现

子曰:"君子之事亲孝,故忠可移于君;事兄悌,故顺可移于长;居家理,故治可移于官。是以行成于内,而名立于后世矣。"

注释

①广扬名:首章虽然言及"扬名",但未阐发其义,此章将要阐发其义。故以"广扬名"为名。

古文今译

孔子说:"君子如果能够以孝事奉双亲,那么,把这种孝移过来事奉国君就是忠;君子如果能够以悌道事奉兄长,那么,把这种悌道移过来事奉官长就是顺从;君子如果能够把家庭治理得好,那么,把这种治家之道移过来也可以治理好官府。所以,具备了以上三种美德,美名也就流传到后世了。"

谏诤章第十五①

曾子曰:"若夫慈爱恭敬,安亲扬名,则闻命矣。敢问子从父之令,可谓孝乎?"子曰:"是何言与! 是何言与! 昔者天子有争臣七人②,虽无道,不失其天下;诸侯有争臣五人,虽无道,不失其国;大夫有争臣三人,虽无道,不失其家;士有争友,则身不离于令名;父有争子,则身不陷于不义。故当不义,则子不可以不争于父,臣不可以不争于君。故当不义则争之,从父之令,又焉得为孝乎③?"

注释

①谏诤:下级对上级、晚辈对长辈的直言规劝。

②争臣:即"诤臣"。诤,谏诤。

③故当不义四句:范祖禹说:"父有过,子不可以不争,争,所以为孝也;君有过,臣不可以不争,争,所以为忠也。子不争,则陷父于不义,至于亡身;臣不争,则陷君于无道,至于失国。"

古文今译

曾子又问道:"有关对父母要慈爱,要恭敬,要使父母活着省心,为其争光,这些道理学生已经听懂了。不过学生还有一个问题要问:做儿子的无条件地听从父亲的话,可以叫做孝顺吗?"孔子回答说:"你说的是什么话呀! 你说的是什

忠经·孝经

么话呀！从前,如果天子有七个敢于直言谏诤的臣子,即令他本人暴虐,也不至于丢掉天下;如果诸侯有五个敢于直言谏诤的臣子,即令他本人暴虐,也不至于丢掉其国;如果大夫有三个敢于直言谏诤的臣子,即令他本人暴虐,也不至于丢掉其家;士如果有敢于直言谏诤的朋友,那么,他本人就不会失去美好的名声;父亲如果有敢于直言谏诤的儿子,那么,他本人就不会陷于不义之中。所以,当父亲、天子、诸侯即将陷入不义的时候,就不可不对父亲进行直言谏诤,做臣子的就不可不对天子、诸侯进行直言谏诤。所以,当父亲即将陷入不义的时候,做儿子的就应该直言谏诤,如果这时候还盲目地听从父亲的话,又怎么能够称为孝顺呢？"

感应章第十六①

原典再现

　　子曰:"昔者明王,事父孝,故事天明;事母孝,故事地察②;长幼顺,故上下治。天地明察,神明彰矣。故虽天子必有尊也,言有父也③;必有先也,言有兄也。宗庙致敬,不忘亲也;修身慎行,恐辱先也。宗庙致敬,鬼神著矣。孝悌之至,通于神明,光于四海④,无所不通。《诗》云:'自西自东,自南自北,无思不服⑤。'"

注释

　　①感应章:此章言孝心感动天地神明、天地神明降福保佑之事,故以"感应"为名。又,据阮元《孝经注疏校勘记》,"感应"二字,石台本、《唐石经》、岳本皆作"应感",邢昺的《正义》本也作"应感"。

　　②昔者明王五句:司马光说:"王者父天母地,事父孝,则知所以事天,故曰

明;事母孝,则知所以事地,故曰察。"又《周易·说卦》:"乾为天,为父;坤为地,为母。"说明父道与天道相通,母道与地道相通。

③父:谓诸父。即伯父、叔父。

④光:通"广",充满。

⑤《诗》云三句:见《诗经·大雅·文王有声》)。思:语助词,无义。

古文今译

孔子说:"从前的圣明帝王,因为他们事奉父亲孝顺,所以也就知道该怎样事奉天神;因为他们事奉母亲孝顺,所以也就知道该怎样事奉地祇;因为他们能够处理好家庭的长幼关系,所以也能够处理好国家的上下关系。天神地祇洞察孝子的所思所行,感其至诚,于是降福保佑。所以,即令是贵为天子,也必有他所尊敬的人,这就是他的诸父;也必有他所礼让的人,这就是他的诸兄。在宗庙中举行祭祀表达敬意,表示没有忘记亲人;注意自身修养,做事谨慎小心,这样做是唯恐给祖先带来耻辱。在宗庙中举行祭祀表达敬意,感动了鬼神,鬼神就纷纷降临,接受祭飨。孝悌之心达到了无以复加的地步,它就会和神明相通,充满整个世界,没有达不到的地方。《诗经》上说:'从西到东,从南到北,普天之下,没有不服从的。'"

事君章第十七①

原典再现

子曰:"君子之事上也,进思尽忠,退思补过②,将顺其美③,匡救其恶,故上下能相亲也。《诗》云:'心乎爱矣,遐不谓矣。中心藏之,何日忘之④。'"

注释

①事君章:此章发明如何忠心事奉国君,故以"事君"为名。

②进思尽忠二句:语出《左传》宣公十二年。

③将:帮助,支持。

④《诗》云二句:见《诗经·小雅·隰桑》。退:远。

古文今译

孔子说:"君子在朝廷奉事君王,他们上朝时就想着怎样为国君竭尽忠诚;退朝以后,还想着怎样弥补国君的过失;对于国君的正确举动,总想着怎样帮助促成;对于国君的错误举动,总想着怎样匡正阻止;所以君臣之间能够相亲。《诗经》上说:'打心眼里热爱国君,虽然从他的身边离开,但也不以为遥远。忠君的念头深藏心底,没有一天能够忘记。'"

丧亲章第十八①

原典再现

子曰:"孝子之丧亲也,哭不偯②,礼无容,言不文,服美不安,闻乐不乐,食旨不甘。此哀戚之情也。三日而食③,教民无以死伤生,毁不灭性④。此圣人之政也。丧不过三年,示民有终也⑤。为之棺椁衣衾⑥,而举之;陈其簠簋,而哀戚之⑦;擗踊哭泣,哀以送之;卜其宅兆⑧,而安措之;为之宗庙,以鬼享之⑨;春秋祭祀,以时思之。生事爱敬,死事哀戚,生民之本尽矣,死生之义备矣,孝子之事亲终矣。"

注释

①丧亲章:亲,指父母。首先是指父亲。本章讲父母去世以后孝子应该做的一系列事情,故以"丧亲"为名。

②偯(yǐ):尾声从容有余。

③三日而食:按《礼记·问丧》:"亲始死,水浆不入口三日,故邻里为之糜粥以饮食之。"

④毁不灭性:毁,因丧亲过度悲痛而损害身体。按《礼记·檀弓下》:"毁不危身,为无后也。"

⑤丧不过三二句:按《礼记·三年问》:"三年之丧,二十五月而毕,哀痛未尽,思慕未忘,然而服以是断之者,岂不送死有已、复生有节也哉?"

⑥椁(guǒ):棺材外面套的大棺材。衣衾:小敛、大敛时所用的衣服和被子。

⑦陈其簠簋二句:既殡之后,下葬以前,每天早晨和傍晚都要在殡宫为死者设奠,同时哭泣,以寄托对死者的哀思。簠簋,这里指盛放供品的祭器。

⑧宅兆:宅是墓穴,兆是茔地。

⑨为之宗庙二句:下葬以后,回家接着举行虞祭;虞祭之后,接着举行卒哭之祭;卒哭以后,接着举行附庙(将死者神主按昭穆顺序安放到祖庙)之祭,从此以后才将死者当作鬼神看待。在此以前是把死者当作生人看待。

古文今译

孔子说:"孝子在父母去世的时候,哭得是上气不接下气,而不是尾声从容有余,平常举动进退应有的礼节此时就不再那么讲究,说话也不讲究文采,穿上美好的衣服也不觉得舒服,听着动听的音乐也不觉得快乐,吃着美味的东西也不觉得味美。这都是由于哀伤悲戚的心情而造成的。在父母去世三天以后,孝子就应开始喝点稀粥,这是教育百姓不要因为痛心死者而把活人也带累得身体受损,形容可以因悲哀而憔悴但绝不能走到危害性命的地步。这是圣人做出的规定。居丧的时间不能超过三年,这是告诉人们悲哀不能没有一个尽头。为死者置备棺椁衣衾,然后抬起尸体放入棺内;然后摆好祭器,朝夕祭奠,以寄托哀思;然后捶胸顿脚,哭天嚎地,十分悲哀地把死者送往墓地;通过占卜选择一块风水好的墓地,然后把死者安放进墓穴;然后把死者的神主放进宗庙,以对待神鬼的礼节进行祭飨;然后四时举行祭祀,表明做儿子的每逢季节变化都在思念亲人。父母活着的时候,孝子以爱敬之心事奉他们;父母去世以后,孝子以极大的悲哀为他们料理后事。人一生的根本问题都包括在这里边了,儿子对父母生前和身后应尽的义务都尽到了,孝子事奉父母也就到此结束了。"

二十四孝

孝感动天

原典再现

[虞]舜,姓姚,名重华,瞽瞍之子,性至孝。父顽,母嚚,弟象傲。舜耕于历山,象为之耕,鸟为之耘。其孝感如此。陶于河滨,器不苦窳,渔于雷泽,烈风雷雨弗迷。虽竭力尽瘁,而无怨怼之心。帝尧闻之,使总百揆,事以九男,妻以二女。相尧二十有八载,遂以天下让焉。

诗曰:队队春耕象,纷纷耘草禽。

　　嗣尧登宝位,孝感动天心。

古文今译

虞舜,即舜,姓姚,有虞氏,名重华。父亲是一个瞎子,天生就懂得大孝。他父亲脾气古怪,继母性情变化无常,同父异母的弟弟名字叫象,非常不懂事。舜每天去历山耕田种地,干活时有大象跑来替他拉犁,小鸟飞来为他播种。舜在黄河边制作陶器,制造的器物质量都很好。他到雷泽打鱼,虽遇到烈风雷雨也不会迷失方向。虽然竭尽心力与劳苦,却没有怨恨之心,帝尧听闻到舜的至孝,使他总管国家大事。还让九个儿子侍奉他,并将女儿嫁给他。经过多年的观察

忠经·孝经

和考验，最后把天下禅让给了舜。

故事扩展

很久很久以前，在离九曲十八弯黄河不太远的地方有一户人家，只有夫妻二人。农夫名叫瞽瞍，他老实巴交，但愚笨迟钝，顽固不化，且耳软心粗，极易被谎话欺骗。他的妻子名叫握登，心地非常善良，秀外慧中，精明能干，真的是里里外外一把手，这个家一大半是靠她支撑的。自从她来到这个家，日子才好过了一些，虽说不上富裕，但也衣食无忧。

可好景不长，没过几年就遭遇上了十年九不遇的大旱。那一年，赤地千里，颗粒不收。往年虽积存了一点粮食，但在这荒时暴月里无异于杯水车薪，难免饥肠辘辘。两人左思右想，毫无办法。无奈之下，只得忍着饥饿，爬山越岭，如同野兽一般在野外寻找食物，春天捋榆钱，夏天挖野菜，秋天摘野生植物的果实，冬天下套子捕捉野兔，再加上一顿稠、一顿稀的合理安排，周密调剂，还能凑合着度命。

难以预料的是一关未过，一关又至。他妻子有喜了。按理说，这应该高兴、庆贺。可他们俩无论如何也高兴不起来。遇上闹灾荒，两个人已度日如年，要是再添丁，多一张嘴，那日子更没法过了。两人为此愁眉不展。

满脸愁云未散，令他们愁苦的事情又接踵而至。妻子妊娠反应特别厉害，不用说到外面寻找食物，连家里的活也干不成了。稍微吃一点，就呕吐不止，甚至一闻到饭菜的味儿就反胃。可口的饭菜一点没有，勉强吃上几口又都呕吐了。这样一直折腾了近两个月，人一下子瘦了很多，与先前相比，简直判若两人。

家中积存的一点粮食即将告罄，可旱象依然严重。若不能尽快找到解决办法，那就非得饿死不可。

两人商量来商量去，觉得只有到远在二三百里外的深山老林一带采摘可食的野生植物的果实，才有活下来的可能。

瞽瞍背着简单得不能再简单的行李卷儿，妻子拖着日渐沉重且日益疲软的身子一路同行。一路上，他们看到尽是土地龟裂、田园荒芜、饿殍遍野、白骨累累的悲惨景象,伤心的眼泪直往下落,并产生了不想活的念头。转念一想,我们可以一死了之,可一个无辜的小生命不就被作践了吗?那可是造孽啊,天理不容!必须坚强地活下去,才能对得住那还在腹中的小宝贝。

到了深山老林,两人居山洞,饮泉水,食野菜、野果。若有剩余,都放在背阴处阴干。几个月下来,除了自己吃,还积攒了不少的干菜、干果。

天渐渐冷了起来,再待下去,虽然饿不死,却可能冻死在山洞中。就在打算回家的前一天,不幸的事发生了。握登在上山途中,一脚踩空,从山上滚了下去。一只胳膊的桡骨碰在了坚硬的石头上,断成两截,幸好胎气未伤。

回到家中养了一段日子,伤势倒有些好转,但仍时常隐隐作痛。此痛未消,又添新痛。腹痛一日比一日加剧,这是临产的前兆。她强忍着钻心似的疼痛,三天后才分娩,一个小男孩呱呱坠地了。

这个小男孩,就是后来的虞舜。父母为他起了个姚重华的名字。他浓浓的眉毛,大大的眼睛,活泼可爱,还不足三岁就懂得给疾病缠身的母亲端饭倒水,经常依偎在母亲的怀里,用他丰满而柔软的小手轻轻地抚摸着母亲的脸庞,显得十分亲昵。他的母亲凝视着如此聪明懂事的儿子,心里比喝了蜜还要甜。

小重华的母亲由于长期营养不良,病魔缠身,身体状况越来越差,瘦得皮包骨头,面色蜡黄,气力衰减。如同一盏残灯,随时可能熄灭,又好像风雨飘摇中的一只破船,随时可能沉没。

小重华的母亲在期盼儿子快快长大的幻想中顽强地同死神斗争着。可天公不作美,一场突如其来的流行病还是让她过早地离开了人世。

小重华刚刚四岁就没有了疼他爱他的娘,经常背着父亲偷偷哭泣。小小年纪的他哪里知道灾难和不幸正在悄悄降临。

小重华和父亲相依为命,虽然生活清苦,每日粗茶淡饭,几个月连一丁点儿荤腥也见不到,可仍能经常听到欢声笑语。

过了一年左右,他的父亲在别人的撺掇下张罗续弦。不久,娶来了一个如花似玉的女人,从外表

忠经·孝经

看,确实年轻貌美,比小重华生母要漂亮一些,但心地却不像小重华生母那样善良,而是蛇蝎一般的心肠,且又会花言巧语,背后捣鬼,阴一套,阳一套。成年人恐怕也对付不了,何况是年仅五岁的小孩儿!

但小重华生性孝顺,尽管是个继母,仍把她视为生母一般,一口一个娘地叫个不止。可他的继母从一进这个家门,就把小重华视为眼中钉、肉中刺,横挑鼻子竖挑眼,没有一样使她满意,差不多每天都得把小重华毒打一顿。开始是背着小重华的父亲打,后来是当着他父亲的面毒打。小重华被打得体无完肤,行动都有些不便,可继母还要让他干这干那,一会儿都不让他闲着。

继母如此待他,可小重华从来不在父亲的面前说继母的不是,而是反复检查自己,心里老是在想:自己哪一点做得不好?为什么总是惹得继母不高兴?……

又过了一年,小重华的继母有了自己亲生的儿子,起名象。继母对她的亲生儿子真是宠爱有加,视若掌上明珠,捧在手里怕掉了,含在嘴里怕化了。而对小重华的态度却更加恶劣,手段也非常残忍,非要把他置之死地。当她想到她的亲生儿子因为小重华的在世而不能享有财产继承权时,更是恨得咬牙切齿。

虐待小重华是她的第一招。她让小重华干非常繁重的体力劳动,稍微歇息,劈脸就是一个大嘴巴,打得鼻青脸肿,而流出来的鼻血还不准擦洗。挨骂那更是家常便饭了,粗话、脏话张口就能说得出来,每天最少也得骂上三五次。吃的是残汤剩饭,穿的是褴褛的衣衫。从外表看,和叫花子没有两样。

俗话说:"旱地的葱,后娘的心。"此话一点不假。小重华的继母刻毒的心比别的后娘有过之而无不及。她对瞽瞍的性格比谁都了解,知道他耳软心粗,非常容易哄骗。因此她就千方百计地编造谎言,在瞽瞍面前时常说小重华的坏话,挑拨离间,恶语中伤。渐渐地,父亲也站在继母一边,合伙折磨小重华。这是她的第二招。

第三招是更损的一招。小重华的继母为了免背恶名、骂名,施展了更损的一招,这就是背后教唆其亲生儿子象肆意羞辱小重华。象生来就是傲慢无礼之辈,再加上父母的宠惯,更为狂率不逊。小小年纪就好吃懒做,耍赖撒泼,平时就倚仗着父母欺负其哥哥小重华。这一回有其母亲明目张胆地撑腰,更加肆无忌惮。有一天,他按照母亲设下的毒计,坐在炕上干嚎,一边干嚎一边嚷着要骑马,其母亲乘机把小重华喊来,让他当马叫弟弟象骑上。这小东西心狠手辣,骑在小重华的身上还嚷嚷着快点爬,并用小木棍在小重华的屁股上使劲地抽打。不一会儿,小重华已汗流浃背,累得爬不动了。可象还是不依不饶,骑在小重华的身上赖着不下来。小重华只好缓慢地爬行,象十分不高兴,抡拳砸向小重华的后脑勺,接着从后面又打了小重华几个耳光,这才罢休。

如此泯灭人性的羞辱仍然不能解其继母心头之恨,她还要和其丈夫、亲生儿子合谋害死小重华。

有一天夜里,等小重华熟睡后,他们三个人来到一间黑咕隆咚的小屋里,在这里密谋烧死小重华。天刚麻麻亮,他们就迫不及待地把小重华喊了起来,令其在日上三竿前把粮仓修葺完毕。正当小重华专心致志地往仓顶上抹泥之时,小重华的弟弟象鬼鬼祟祟、蹑手蹑脚地进了粮仓,乘机把梯子搬了出去。接着小重华的继母就纵火烧起粮仓来,顿时粮仓变成一片火海。这突如其来的大火,把小重华吓呆了。稍过了一会儿,他才清醒过来,急忙用一顶斗笠遮挡向身边烧过来的大火,一只手拿起铁锹向仓顶捅去,不知是从哪里来的那么大的力气,竟然一下子捅出了一个大窟窿,他借机钻了出去,用力一蹦,蹦到了院墙外面,逃过了一劫。

小重华的继母看到小重华安然无恙地归来,气得差点儿背过气去。

一计不成,又生一计。小重华的继母阴险诡诈,花花肠子特别多。她又同丈夫合谋害死小重华,谎称地里要打井取水浇田,利用小重华下去挖井的机会往井里填土把小重华活埋。小重华特别乖顺,大人们叫干啥,他就去干啥,从来不往坏的方面想。在挖井的过程中,小重华一直就在井下面挖土,他父亲在上面用小筐子提土。在一上一下中,下面装土的人相对轻松一点,小重华从小就非常勤快,又好动,在闲着的那一会儿,突发奇想,从井筒旁往倾斜向上处挖了一个暗道,以供捉迷藏之用。挖好不久,小重华正在往小筐子里装土的时候,忽然从井口处掉下来一大堆土和小石头,砸在小重华的身上,接着又是一大堆。小重华急忙跑到为捉迷藏所用的暗道里躲了起来。

小重华的父亲把从井下提上来的土和石头全部推到井里,兴冲冲地回家向老婆报功。他老婆听他一五一十地说完,高兴得蹦了起来,并夸赞了她丈夫一番,同时允诺用过年时才能吃上的饭菜奖赏有功之人。

　　小重华的父亲、继母和弟弟象正狼吞虎咽地吃着美味佳肴、庆贺小重华被活埋时,小重华泥土满身地回到了家里。他们一个个目瞪口呆,脸色通红。

　　尽管如此,但小重华的继母仍然贼心不死,不善罢甘休。于是又密谋了一个更为残忍的淹死小重华的毒计。

　　小重华的继母暗中将这个毒计告诉她的亲生儿子,安排他要下毒手,在池塘里从后面突然推倒小重华,摁住头在水里淹上几分钟,管保让小重华见阎王。

　　象把小重华骗到河塘边,按照他母亲的鬼主意行事,很快就把小重华淹在了河塘里。在他看来,小重华必死无疑。

　　善有善报。小重华平时就善待他们家养的那条狗,宁肯自己饿着肚子,也要喂一喂狗。因此,那条狗也设法保护小重华。那天,狗就一直蹲在不易被人发现的地方看着河塘边发生的事情。它看见小重华被象淹在河塘里时,就想去救。待象离开后,它急忙冲进河塘里,用牙咬住小重华的衣服,把小重华拖到河塘边。幸好小重华不清醒,那会儿喝进去的河塘水并不多,拖到河塘边控了一阵水,就慢慢地苏醒了。

　　小重华回到家里,浑身还是水淋淋的。他不敢向父母亲说出事实真相,只说是自己不小心掉进了河塘里。

　　小重华一向是逆来顺受的。对父母从不怨恨,依然竭尽全力地孝敬父母,照样端饭送水,嘘寒问暖。他对小弟弟象比过去更关心,他觉得这是当哥哥的责任。多替父母分点忧,这也是孝敬父母啊!

　　即使这样,小重华的继母仍不放过小重华。她对小重华的父亲说:"小重华是咱们家的祸根,除不掉,也必须把他撵得远远的,不要让我看到。否则,这日子就没法过了。"

　　小重华的父亲也有此意,一拍即合。

　　翌晨,他们把小重华喊来。小重华的继母一脸怒色,对着小重华厉声喝道:"你这个小杂种,给我好好听着!从今天开始你就必须离开这个家,到历山(今山东济南东南)给我种地去。假如有一棵草没有锄掉,就要了你的命!"

　　小重华听完继母的怒叱,在向二老磕过头后,扛着锄头往历山走去。

　　历山地广人稀,几十里内没有人烟。但野兽成群,凶猛异常,一不小心,就有可能成为它们的食物。

在这种险恶的环境下,小重华从不担心自己的安危,而是日夜思念自己的父母和弟弟,担忧家里的活没人干,为父母的身体安康与否而担心,为弟弟如何才能走上正道而发愁。

在这里,他对虎豹豺狼虽然避之唯恐不及,但对大象之类的不伤害人类的动物却能善意地对待,相处和谐,关系融洽,连小鸟都在他的善待之列,一群一群地在他的田地上空不停地盘旋。

小重华在历山耕田种地时,大象从山上下来帮助耕田,小鸟从林间飞来帮助除草。为了防止凶猛、残暴的老虎、狮子伤害小重华,猴子在树上瞭望、放哨;为了给小重华消愁解闷儿,百灵鸟飞到树枝上不停地唱歌。

闲下来的时候,小重华仰望天空中朝着家乡方向飘去的朵朵白云,诚请它们代自己问候父母。

当春天小燕子飞来的时候,小重华就请它给弟弟带个话,希望他孝敬父母,明了事理。

假若遇到过往行人,他一定要麻烦人家给他的父母亲捎封信,婉言劝说他们不要干力所不及的活,待他回去由他来完成。

小重华在农闲的时候,就出外走村串户,了解民俗风情。当他得知周围的农户常常因为争夺田界而拳脚相向、邻里不和,更为严重的是部落之间因此发生过多次仇杀。小重华用自己的尊老爱幼、礼让他人的实际行动,感化了当地的人们,他们从此开始谦让起来。

有一次,小重华到雷泽这个地方打鱼,看到当地年轻力壮的小后生,都占着鱼较多的地方,而一些年纪大、身体弱的人却在鱼比较少的地方打渔。他带头把水深鱼多的地方让给这些老人,而自己却到水浅鱼少的地方打渔。小后生们见此情形,也都纷纷让出水深鱼多的地方给年老的人。

不到一年工夫,这里的社会风气彻底改变了,尊老爱幼、礼让他人已蔚然成风。很多外地人从几百里之外的地方搬到这里居住。

小重华的孝心和高尚的德行,不仅方圆几百里的人受到了感化,而且孝名得到了传扬,连尧帝的大臣们都知道了姚重华历经磨难而依旧孝心不改的动人事迹。

尧帝多年来一直在觅求德才兼备的人,尤其重视有孝心的人,希望将来能使仁孝行天下,尧帝也打算启用这样的人来辅弼自己治理天下。

当大臣们纷纷向尧帝举荐姚重华时,尧帝当时十分高兴。高兴之余,觉得有点不太放心,决定明察暗访一番。

尧帝到历山微服私访,沿途看到民风淳朴、生产发展的景象,十分欣慰。再细细一打听,农夫们几乎都对姚重华赞不绝口。老百姓的口碑,是一个人德行的最好的见证。

尧帝决定启用姚重华,令大臣把姚重华请到宫中来。

姚重华得到尧帝的召见,与尧帝一起纵谈天下大事,探讨治国之道。

姚重华的许多见解,尧帝非常赏识,并希望他留在朝中。

姚重华向尧帝述说了家中的情况,三番五次地请求尧帝让他回家服侍父母,照管兄弟。尧帝摇头不许。

姚重华无奈,便留在朝中辅弼尧帝。

姚重华在朝中对所有官员都提出上下谦让和宽容的要求,又极力提倡孝道,并带头执行。由此朝中风气大变,官员们相互尊重,和睦团结,尧帝感到十分满意。

从此,尧帝几乎就不再像过去那样为朝廷的政事而日夜操劳了,由姚重华主持朝政,大小事悉数由他全权处理。只不过有时过问一下,或者指点一下。

尧帝看来看去,觉得姚重华德高望重,值得信任。当时,尧帝有两个聪明伶俐、神采飘逸的女儿,一个叫娥皇,一个叫女英,姐妹俩正待字闺中,尧帝就决定把这两个可爱的女儿嫁给姚重华。

姚重华自主持朝政以来,殚精竭虑地处理多种政务,忙得不亦乐乎,很少有空闲。待晚上回到家里已筋疲力尽了。虽然困乏之极,但由于思念父母和弟弟,还是经常失眠。

尧帝发现姚重华瘦了,精神也大不如从前,便问其缘由,姚重华如实禀告。尧帝只得准其省亲。

回到家中,依旧向父母三跪九叩首,并把同他一起回来拜见父母的两个妻子介绍给父母亲。还未等两个儿媳妇给二老行大礼,姚重华的父母就破口大骂起来。

他们骂道:

"一个穷小子还竟然娶了两个老婆,还想当个花花公子,你撒泡尿照一照自己,配不配? 真的是个败家子!"

持续骂了很长时间,有些话简直不堪入耳。但他们仍然觉得不解气,又把姚重华狠狠地揍了一顿。

弟弟象妒火中烧,就想杀兄霸嫂。他以井里沙子和土太多,需要淘一淘为由,让其哥哥下去淘井。娥皇和女英从象凶恶的目光中看出下井是凶多吉少,便悄悄地将对策告诉了姚重华。当象投下石头妄图砸死其哥哥时,姚重华早已躲到安全地带,这才得以逃生。

父母和弟弟这样对待他,姚重华既无怨言,也不计较,而且还原谅了他们,继续履行为人之子的义务,担当起为人之兄的责任。

省亲期限已至,姚重华带着两位妻子恋恋不舍地离开家中,回到宫里。

姚重华继续主持朝政。为便于称呼,上上下下一律叫他舜。

尧帝用心栽培舜,派他治理夏地。他爱民如子,以高尚的德行感化人。舜的行孝天下,感动了天。夏地在他治理的几年内,风调雨顺,五谷丰登,六畜兴旺,经济繁荣。不久,四处的人闻风而来,人口数量骤然上升。夏地很快就由一个村庄发展成为一个大都。

舜在夏地期间,到一个地名为陶河的地方,用孝道教化人们,不但感化了人,而且还感动了地。这里用来做陶器的土质量不好,做出来的陶器格外粗糙。后来,土质渐渐变好,做出来的陶器质地细腻、光滑,质量上乘,成了远近闻名的陶都。

十年后,尧帝诏令舜回到都城平阴安邑,在朝中当了国相。

接着,舜把父母和弟弟都接到宫中。如同先前在家一样,清晨起来向父母跪请早安,晚上也要跪请晚安,端茶送水,照顾十分周到。舜的孝心终于感化了父母,继母的态度一百八十度大转弯,由原来的视同仇敌变为现在的亲密无间。弟弟对哥哥的态度也开始转变了,兄弟俩真是情同手足。

舜代理朝政二十八年后,尧帝经过对舜的各种考验,认为舜能够担当得起继往开来的大任,实现宏图大业,又因自己年事已高,神思困倦,因而作出了把帝位让给舜的决定。舜多次推让,但尧帝态度非常坚决,一定要把帝位让给他。

舜推让不掉,便接受了重托,从此便是舜帝时期。

忠经・孝经

舜帝果然没有辜负尧帝的重托，执政期间，重视教化，推行仁政，关心民生，体察民意。不几年工夫，孝行天下，财源滚滚，百姓富裕，社会安定，一派太平盛世的景象。

因此，他受到了人们的拥戴，成了人们心目中的圣人。

戏彩娱亲

原典再现

[周]老莱子，楚人。至孝，奉二亲极其甘脆。行年七十，言不称老。常著五色班蓝之衣，为婴儿戏舞于亲侧；又尝取水上堂，诈跌卧地，作婴儿啼，以娱亲意。

诗曰：戏舞学娇痴，春风动彩衣。

双亲开口笑，喜色满庭闹。

古文今译

老莱子，春秋时期楚国隐士，为躲避世乱，自耕于蒙山南麓。他孝顺父母，尽拣美味供奉双亲，七十岁尚不言老，常穿着五色彩衣，手持拨浪鼓如小孩子般戏耍，以博父母开怀。一次为双亲送水，进屋时跌了一跤，他怕父母伤心，索性躺在地上学小孩子哭，二老大笑。

故事扩展

老莱子,楚国人,春秋末年著名的思想家。他著书立说,传授门徒,宣扬道家思想,是名副其实的学富五车、才高八斗的一代贤人。

老莱子因看不惯尘世间的名利角逐和诸侯争霸,不愿受人官禄,为人所制,隐居山林。楚惠王五十年(公元前479年)发生了"白公胜之乱",继而陈国南侵,为避乱世,他携家人逃至纪南城北百余里的蒙山之阳,过着垦荒耕种、饮泉水、食杂粮、树枝架床、蒲草作垫的艰苦日子。

老莱子对父母特别孝敬,他生怕二老遭难受罪,始终不出门远行,不受聘居官。据说楚惠王很赏识他,欣赏他渊博的知识,看重他高尚的品格,曾亲自登门请他出山,他都婉言谢绝了。

他对楚惠王说:"一个人不能在家奉养双亲,只图高官厚禄,只贪自己享受,不是有违人性吗?"

楚惠王无言以对,只好打道回府。

老莱子蒙山自耕,用辛勤汗水换回了衣食丰足。他和妻子给双亲做最香甜可口的饭菜,给二老穿质地最精美的衣服。晨夕侍奉,天天问候,使父母心情愉悦,安度晚年。

老莱子不仅自己孝顺父母,还要求儿孙们也必须孝敬,做不到或做得不好的,竟按家规惩处。

有一年旱魃为虐,几十天滴雨未下,禾苗枯焦,致使颗粒未收。

尽管老莱子辛勤耕耘,子孙们也能勤俭节约,但天旱造成的深重灾难,使一家人缺吃少穿,经常处于揭不开锅,不能按时节换衣的困难境地。

为了免除两位老人的忧愁,老莱子想尽办法,尽量在老人面前假装出丰衣足食、衣食无忧的样子,也安顿儿孙们不要在两位老人面前说出实情。

一般情况下,都是老莱子陪着父母吃饭。老莱子每次都把三碗大米饭端到炕桌上,给老父母各一碗,自己留一碗。其实,他自己吃的那碗大米饭,只有上面那一点点米饭,下面的全部是野菜。一次,忙乱中出了纰漏,把一碗本应留给自己的饭错给了老母亲。当他发现时,立马要和老母亲换了过来。

老莱子的老母亲虽然是九十多岁的人了,但眼不花,耳不聋,也不糊涂,马上就明白了。她知道儿子的一片孝心,激动得泪流满面,同时也把儿子责备了一番。

他的老母亲情真意切地说:

"渡过灾荒不是一个人的事情,一家人都要共患难,齐心合力过难关。你每天还要干活,这样长期下去,弄垮了身体,这个家靠谁来撑呢?"

老莱子急忙向老母亲解释,他说野菜极富营养,对身体大有益处。说完,腰一挺,用力拍了拍胸脯,便问母亲他像不像个大小伙子,逗得父母开怀大笑。

自此以后,他再也不敢和老父老母一块儿吃饭了。他急急忙忙地吞完糠、咽完菜后,再给两位老人端饭,且边走边佯装打饱嗝。有时父母让他再吃点儿时,他便装作生气的样子,一边跺着脚,一边揉着肚子说:

"肚皮都快撑破了,还要让人吃,莫非想叫人真的撑死不可!"

老莱子说着躺在父母身边让二老为他揉肚子,还不停地撒娇,逗得父母几乎喷饭。

还有一次,老莱子想给父母亲改善一下伙食。他把家里稍微值钱的东西拿出去,在街上换回一斤猪肉。

香喷喷的猪肉菜做出来后,老莱子已饥肠辘辘,馋得哈喇子都快要流出来了。他怕父母强迫自己吃,便用猪油在嘴唇上抹了一圈,好似满嘴流油刚刚吃过的样子。之后才端着佳肴送给父母。

老莱子的父母看到他嘴上油乎乎的,又一次相信了他的善意的谎言。

经过千磨万难,终于熬到了年关,可过年的新衣服还没有着落。老莱子首先想到的是如何才能给二老做一身新衣服。

老莱子到离家一百多里的一个较大的村庄里,找到一个熟悉的人做保证人才在一户富裕的人家借到了一匹土粗布。

衣服总算做好了,可好说歹说父母就是不穿。

老莱子的父亲硬要把新衣服给儿子穿,声音颤抖地说:

"儿啊!你的心意我明白。我一个长年坐在炕头的人,穿啥都一样。你到外面,穿上破衣烂衫,让人笑话。"

老莱子的母亲接着说:

"莱儿,你爸说得对。给我做的衣服,你拿去给你媳妇穿吧。我一个老太婆有个穿上的就行,你媳妇难免抛头露面,穿得不体面,让人寒碜,也丢咱们家的脸!"

　　老莱子左说右说,父母始终不应承。子夜将近,老莱子突然穿起色彩斑斓的花衣裳、大红大红的布鞋,又把老虎帽戴在头上,耍着拨浪鼓,给父母唱起了儿歌:

　　　蹦,蹦,蹦高高,
　　　一蹦踩疼了爷爷的脚,
　　　二蹦碰伤了奶奶的腰,
　　　三蹦自个儿脑袋起了个
大包包,
　　　……

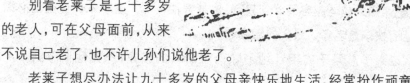

　　老莱子的父母听着儿子唱的儿歌,笑得前仰后合,老莱子这才乘机给二老穿上新衣。

　　别看老莱子是七十多岁的老人,可在父母面前,从来不说自己老了,也不许儿孙们说他老了。

　　老莱子想尽办法让九十多岁的父母亲快乐地生活,经常扮作顽童,以愉悦父母之心。

　　常言道:老小孩。人老了,就如同小孩儿一样。脸就像二八月的天,说变就变。这一阵儿还又说又笑,过不了一会儿,就大发雷霆。每当父母不高兴时,老莱子就把儿童的五色斑斓的衣服和大红鞋穿上,再把花帽子戴上,一手摇着拨浪鼓,戏耍于父母身边,一直把两个老人逗得开怀大笑为止。

　　有一天,不知是两位老人晚上没有睡好,还是因为天气恶劣,一大早就心情不佳。刚数落完了这个,又责备那个,好像不顺心全是儿孙们造成的。老莱子急忙上前,态度极其温顺地向两位老人检讨,并说些老年人爱听的话。可好话说了千千万,两位老人仍然还绷着脸,眉头紧锁,嘴撅得老高。

老莱子眉头一皱,计上心来。他赶紧把儿孙们打发出去,自己换上了五色斑斓的花彩衣,戴上了老虎帽,又把大红大红的布鞋穿上,在两位老人面前蹦了起来。

他一边蹦,一边唱起了儿歌:

"身穿花彩衣,

头戴老虎帽,

吓得妖怪掉头跑,

吓得恶魔嗷嗷叫!"

老莱子在唱儿歌的同时,还学着凶猛的老虎跳跃的动作,张牙舞爪,大声嘶叫。

二老连理都不理,好像没有看到、听到似的,纹丝不动。

老莱子急中生智,学起老鹰抓小鸡。他先学鸡扑楞扑楞扇着翅膀到处跑,又学大公鸡喔喔叫,再学母鸡咕咕叫,不一会儿他学起老鹰来,两臂张开,轻轻摆动,像是老鹰扑扇着翅膀,接着他学老鹰从天空俯冲下来,扑跌在地,并喊着:"抓到了,抓到了。"

至此才逗得两位老人扑哧一笑。

老莱子深知人越老越容易感到寂寞,也越害怕寂寞。在基本保证生活必需品的前提下,快乐是老年人最大的幸福。

因此,老莱子总是千方百计地消除两位老人的寂寞,不让他们感到一点孤单。

一次,十里八乡的人都到离老莱子家仅有二里的一个地方观看射箭比赛。按技艺说,老莱子虽然不敢与百步穿杨的杨由基相比,但十里八乡也是赫赫有名的了。

老莱子当然是应该参加比赛的最合适的人选,可他去参加比赛,家中留下双亲,他们肯定会觉得孤独。因此,他放弃了一试身手的良机,留在家中侍奉老人。

家人都去观看比赛后,原来你进我出相对热闹的家里一下子冷清了许多,两位老人的情绪也有些许变化。

突然间,老莱子挑着两只水桶,要去挑水。回到父母居住的屋子里,他故意跌倒,两桶水撒得一点不剩。

两位老人还没有完全反应过来,只见老莱子在地上又打滚,又哭闹,嘴里还不停地大声喊着:

"爹娘快来呀,孩儿跌倒啦,动弹不了啦,快来搭救孩儿呀! 呜,呜呜呜……"

两位老人信以为真,正准备动身下地搀扶儿子。再一看,老莱子早已爬起来,快跑到他们面前了,并哈哈大笑起来。与此同时,双亲也突然醒悟过来,也跟着儿子笑了起来。

老莱子的老伴下午回来后,知道了这件事,心里有点内疚,同时又认为其老头子太不爱惜自己的身体,做得有点过分,便好言相劝。她非常疼爱地对老莱子说:

"对父母孝顺是天经地义的,但也不能不爱惜自己的身体。为了博得父母的欢心,你在父母面前屡扮童子,故意作态,这么折腾自己你怎么能受得了呢?要是出个意外,这么大的一个家该怎么办呢? 再说你也是白发苍苍的老人了,又是儿孙满堂,应该是老有老相。现在你天天穿上五彩衣,儿孙看着别扭、外人知道也会寒碜你一顿……"

老莱子不等老伴说完,就正言厉色道:

"你这是说的什么话? 我就是一百岁也是我父母的儿子,报答父母之恩,从来就不分年龄大小。父母年龄越大,越需要儿女们的关心和照顾。消除老年人的寂寞,免除老年人的孤独之苦,是儿孙们能代替的了吗? 孝敬老人不能有一点私心杂念,只有不惜一

切,才能回报父母的养育之恩。儿孙们不能理解我屡扮童相的苦心,他们就成不了孝子贤孙。说闲话的外人,也是不明事理之辈。以后你再也不要说这套话

了,少讨没趣。"

从此,老莱子的老伴经常教诲儿孙们要以老莱子为楷模,做一个名副其实的孝子。

老莱子的孝名自此之后便很快地在天下传扬开来。

鹿乳奉亲

原典再现

[周]郯子,性至孝。父母年老,俱患双眼,思食鹿乳。郯子顺承亲意,乃衣鹿皮,去深山,入鹿群中,取鹿乳供亲。猎者见而欲射之。郯子具以情告,乃免。

诗曰:亲老思鹿乳,身挂鹿毛衣。

若不高声语,山中带箭归。

古文今译

郯子,春秋时期人,非常的孝顺。父母年老,患眼疾,需饮鹿乳疗治。他便披鹿皮进入深山,钻进鹿群中,挤取鹿乳,供奉双亲。一次取乳时,看见猎人正要射杀一只麋鹿,郯子急忙掀起鹿皮现身走出,将挤取鹿乳为双亲医病的实情告知猎人,猎人敬他孝顺,以鹿乳相赠,护送他出山。

故事扩展

在高高的马陵山的山麓下,有一户家贫如洗的人家在这里居住。

夫妻俩在山上特别贫瘠的几亩田地上终年辛勤耕耘,可由于自然环境恶劣,官府无情地剥夺他们的劳动成果,一年到头仍是经常愁了上顿愁下顿,日子过得十分清苦,两人常常相对泪语凄咽。

在这样悲惨的境遇下,添丁无疑是雪上加霜。自然规律真的是无法抗拒的,就是这样的一个家庭还是生下了一个男孩。人到中年,得子应是高兴的事情,可他们俩口子无论如何也高兴不起来,因此便非常随意地给这个男孩起了一个郯子(这个家庭的男主人姓郯)的名字。

一个小生命来到这个世界上,不管你喜欢与否,也不管你是否重视,他还是要张嘴吃饭的。一个本来就捉襟见肘、日益穷困的家庭,一夜之间又添了一张要吃饭的嘴,你说,轮到谁的头上,能不犯愁呢?

两口子整夜整夜地辗转反侧,愁得睡不着觉。他们在无法可想的情况下,也曾想过以死了断。在谁先走一步这一问题上,两个人争来抢去,最后还是觉得无论谁走这一步,都不能使困窘的生活得以改变,同时还会对这个小生命造成难以挽回的伤害。

因此,他们俩商定,吃多少苦也得把小儿子拉扯成人。

从此夫妻俩便早出晚归,没明没夜地在田里干活。虽然又苦又累,但看着小郯子一天一个样,长得十分可爱,心里也甜滋滋的。

小郯子长到五六岁时,就已经很懂事了。家里的一些活,他尽自己最大努力去干,挑不动一担水,就用小桶子往家里拎,扫地、扫院的活,他全包了,不让父母为此而再受苦受累。吃饭时,他总要把盛在自己碗里的饭菜分给父母一些,吃个大半饱时,就放下碗筷,说自己吃饱了,其目的是让到田里干活的父母多吃一点。

村子里的人都夸小郯子是个孝子。

小郯子还是个很有心计的孩子。别看只有五六岁,实际上他比十来岁的娃娃们想的事还要多。他看着人家地里的庄稼秆子粗壮,颗粒饱满,就探询其原因,回家就告诉父母;他看到人家喂养家畜、家禽,就向父母提出畜养牲口、喂养家禽的建议。

郯子的父母依照小郯子的建议,在田里开始施肥,并挖渠引水浇灌庄稼,再加上精耕细作,长势也是十分喜人,产量骤然猛增。院子里家禽、家畜也渐渐地多了起来,鸡鸣狗叫,牛羊撒欢,一派醉人的田园风光。

小日子逐渐好了起来,小郯子也长大了。

郯子并不满足现状。他要读书,不断增长知识,开阔视野,并树立了不仅要改变家境,而且要改变家乡面貌的远大志向,要使父母过上幸福的生活。

郯子的父母在长期的劳累中,原来很健壮的身体,现在已瘦骨嶙峋了。背驼了,腿脚也不灵便了。虽说才五十刚过一点儿,给人的感觉已和七旬老人差不了多少。

即便这样,郯子父母仍在不停歇地劳作着。他们都想让郯子腾出一些时间上学读书,以使其夙愿得偿。

谁知天不如人愿,郯子父母暮地患了眼疾,两眼红肿,见风流泪不止,看东西模模糊糊,下地走路都得有人搀扶,否则就有可能跌跤。

两位老人在家养了几天,不仅不见好转,而且还愈来愈严重了。

他们想到眼疾发展下去的可怕后果,不由得哭泣起来。

郯子闻声赶来,当听完父母悲痛欲绝的哭诉后,郯子心情十分沉重,作为父母的儿子,不能使父母从痛不欲生的悲苦中摆脱出来,不能为双亲消除病痛的折磨,还能算一个有人性的人吗?

他定了定神,紧握着父母长满老茧的手语气坚定地说:

"老爹老娘活着,是儿子我的幸福,绝不是累赘。你们养我小,我必须养你们老,这是天经地义的。你们二老怎么能舍得撇下我,让我一个人孤苦伶仃地活在这个世界上。再说,爹娘的病又不是不治之症,儿子我就是上刀山入火海,也要把根除眼疾的药物给你们找来!"

说罢,找到邻居家的一位大叔,向其说明缘由并托其照顾二老后,便急匆匆地、大步流星地上路了。

一路上,郯子跋山涉水,风餐露宿,吃尽了苦头。尽管见人就询问,逢人便打听,也走了好几百里,鞋底磨穿了,脚上打泡了,但仍未查访到一位名医。虽然也请教过几位乡间医生,听他说完情况后,一个个都直摇头,言称从未遇到过这样的病人,自然也不知什么药可以根除这种疾病。

郯子心情沮丧极了,恨不得放声大哭一场。不过,他突然想到了天无绝人之路这句话,立马又振作起来。

他沿着一条崎岖的山路急速行走。走到半山腰处,只见云雾缭绕,幻化作各种奇异景观。他无心欣赏这云海奇观,低头弓腰继续前行。忽然,在云雾的尽头处走来一位老者。这位老者鹤发童颜，背着一个布囊。郯子急忙上前向老者打了一躬，并述说了家中父母正处于人命危急、朝不保夕的时刻以及他寻找药物的整个过程。

这位老者别看是个采药的，其实学问很渊博，且精通医道，救过不少危重病人，只是隐姓埋名不再行医。今天听了郯子的诉说，他被这个十几岁的童子的一片孝心打动了。

老者知道郯子的父母患的这种病并不是药物能够治愈的，只能喝新鲜鹿奶。否则，性命难保，而且时日不多。

老者害怕这个小童心急上火，便用好言好语宽慰了一番。接着将用新鲜鹿奶汁治疗眼疾是他多年积累的经验这一实情告诉了郯子，让他赶紧回家寻找新鲜鹿奶汁。老者看他年幼，办法不多，又把披上鹿皮扮作小鹿混在鹿群中取奶汁的妙计也告诉了郯子。

郯子顿首谢恩，与老者作别而去。

回到家中，按照老者的嘱咐，去猎户家借了一张小鹿的鹿皮。

第二天，郯子就急着上山了。马陵山上有一泓清泉，这里是鹿经常来饮水的地方。可一连两天，连个鹿的影子也未看到。晚上，他只好在山洞里过夜。

钻进山洞，屁股刚一挨地，瞌睡就来了。刚打了一个盹，睡意蒙眬中听到"呦呦"的鹿鸣声。他一骨碌爬起来，披上鹿皮，三步并作两步地跑出了山洞。

一群梅花鹿往那一泓清泉处跑去，郯子紧随其后，并趁机混在其中。

郯子在这群鹿饮水时，瞅准一头又肥又壮的母鹿慢慢地靠了过去。他伏下身子，用嘴含住母鹿的乳头使劲吮吸，母鹿以为小鹿羔在吃奶，也就规规矩矩地站着不动了。郯子乘机拿出准备好的盛放乳汁的器具，两手毫不停歇地挤了起来。

不一会儿，盛放的器具就快流满了。这时候，郯子高兴得不得了。

他一边往外爬，一边在心里默默地念叨："二老有救了！"

正当他要站起来的时候，一支利箭从母鹿身边飞过，接着又是一支，母鹿随即倒下。同时远处还传来猎人们说话的声音：

"那个鹿羔子也不小，一起收拾掉算了！"

郯子从利箭射来的方向看去，其中一个人已经箭在弦上，拉满了弓。他飞

快地站了起来,张开两臂向猎人高声呼喊:

"猎人哥哥,我是人,不是鹿!"

郯子随即把鹿皮脱下,再一次对猎人大声说道:

"我真的是人,为救父母我才装扮成鹿!"

猎人们细细一端详,还真的是个人。他们立即放下弓,收起箭,慢慢地走到郯子的面前。

郯子惊魂未定,断断续续地向猎人们说了事情的原委。

猎人们听罢,都深深地懊悔。假如伤了这个孝子,那就等于要了郯子父母的命,这不是伤天害理吗?

郯子还是十分感谢猎人们手下留情,和猎人们告别后,端着盛乳汁的器具回家了。

郯子的父母自打喝了新鲜鹿乳后,眼疾就一天天好起来了。

一家人又开始在欢乐的气氛中生活。

郯子孝敬父母的言行感染了周围的黎民百姓,他们都以他为榜样,尊老爱幼,团结互助。不久,这里的社会风气大为改观,生产蒸蒸日上,人们生活富裕,一派安乐、祥和的景象。

郯子在帮助父母耕田种地之余,开始读书。由于其志向高远,因而在读书时非常刻苦。他记忆力特别强,能过目不忘。经过多年努力,便成为博古通今的大儒。据说,孔子都向郯子求教,以郯子为师。

郯子才华出众,人人钦佩。鲁昭公十七年(公元前525年),郯子受到鲁昭公的盛情款待。席间,一位鲁国大夫向郯子问起远古帝王少昊氏以鸟名命官之事,郯子当场数典述祖,滔滔不绝。

郯子说完,举座惊愕,对他的学识之渊博无不佩服,赞叹不绝。

郯子高尚的德行、出众的才华,受到了黎民百姓的拥戴,后来被推荐为郯国的国君。

郯子在执政期间实行仁政,孝行天下,百姓安居乐业,百业兴旺发达。虽区区小国,也令诸侯大国不敢小觑。

由于郯子治国有方,深受百姓拥护,因而威名远扬。在他离开人世后,人们为了纪念他,修建了郯子庙、郯子墓、问官祠。

郯子庙为历代文人墨客顶礼膜拜,不少游人也前来瞻仰,并留下许多脍炙人口的诗章。

在郯子庙大殿前精雕石柱上镌刻着一副楹联:

居郯子故墟纵千载犹沾帝德,

近圣人倾盖虽万年如座春风

郯子虽与世长辞,但他治国时制定的一些典章制度却都保存了下来,对后世产生了十分深远的影响。

百里负米

[周]仲由,字子路。家贫,常食藜藿之食,为亲负米百里之外。亲殁,南游于楚,从车百乘,积粟万钟,累茵而坐,列鼎而食。乃叹曰:"虽欲食藜藿,为亲负米,不可得也。"

诗曰:负米供旨甘,宁辞百里遥。

　　　身荣亲已殁,犹念旧劬劳。

仲由,字子路、季路,春秋时期鲁国人,孔子的得意弟子,性格直率勇敢,十分孝顺。早年家中贫穷,自己常常采野菜做饭食,却从百里之外负米回家侍奉双亲。父母死后,他做了大官,奉命到楚国去,随从的车马有百乘之众,所积的粮食有万钟之多。坐在垒叠的锦褥上,吃着丰盛的筵席,他常常怀念双亲,慨叹说:"即使我想吃野菜,为父母亲去负米,哪里能够再得呢?"

故事扩展

子路,是仲由的别名,他是春秋时期鲁国卞(今山东泗水县泉林镇卞桥村)人,又是孔子最得意的门生之一,在孔子三千弟子中的"七十二贤人"之列。

子路家境贫寒,过着衣不蔽体、食不果腹的艰难日子。遇到荒年,常常以野菜充饥,所以子路一脸菜色,瘦骨嶙峋。

不过,在父母的眼里,子路却是一个非常乖顺勤快、吃苦耐劳且心灵手巧的孩子。七八岁时,就跟随着父母在田地里干活。不几年的工夫,什么耕呀、种呀,锄呀、割呀,样样都会,成了务农一把手。

子路已经成了父母不可或缺的好帮手。就在这时,孔子办起了私塾这条爆炸性的消息传到了子路的耳朵里。子路按捺不住激动的心情,悄悄地告诉了村里的其他孩子。

慢慢地,子路的父母也得知了这个消息。乍一听到,他们老两口也很兴奋。这样,他们早已有之的美好的愿望就可以实现了。可转念一想,又发起愁来:一是家里穷,去哪儿筹措几束干肉,据说要的并不多,可这个一贫如洗的家里,无论如何也是难以办到的;二是子路若去上学,家里就少了一个帮手,那日子又该怎么过呢?

子路知道家穷,从未向父母提起过上学一事,但父母早就知道儿子的心事。

一天,父母把儿子叫到身边,哭泣着说:

"儿子,我们真的对不住你!本该让你去上学读书,你也知道咱们的家底,咋能筹借到老师所要的几束干肉呢? ……"

子路未等父母说完,也哭了起来。他一边哭一边说:

"爹娘!你们不要为难了,也不要伤心了。孩儿做梦都想上学,条件不允许,也就算了。再说,假如我去上学,那家里的活谁来干呢?你们一天比一天老,身体又都不太好,我去上学,心能安得下来吗?……"

从此,谁也不敢再说起上学的事来。

村子里能凑够几束干肉的孩子都到孔子的私塾里读书去了。子路用羡慕的眼光看着那些孩子。

不知是哪一个上学的孩子,非常遗憾地向孔子先生述说了事亲至孝的子路因凑不够几束干肉而不能来上学的实情。

孔子最重视一个人的德行。那个小孩说的关于子路的孝行,给他留下了深刻的印象。他觉得,年纪这么小的人就知道孝顺父母,将来一定可以成为栋梁之才。

一天,孔子来到子路的家里,向其父母说明了他的来意;子路不用送几束干肉,就可以到学堂读书;另外,农忙时可以回家帮助两位老人干活。

子路的父母连做梦都没有梦到过这样的好事,两个人都喜出望外,热泪盈眶。他们除了向孔子先生谢恩外,还急忙让子路拜师。

子路按照乡间的规矩,向孔子先生行了叩拜大礼,拜孔子为师。

自此,子路便开始了一边帮父母干活、一边到学堂读书的生活。

子路在学堂读书用心,在家帮助父母,下田干活卖力。尽管家中只有几亩瘠田,但在精耕细作下,每年收成还相当不错,再不用愁吃愁穿了。

刚刚有了点转机,不幸的是遇到了天灾。那一年,一场雨都没有下过。虽然播下了种,由于久旱无雨,秧苗枯萎,结果几乎是颗粒无收。

居家过日子,最难的是无米下锅。穿的相对好凑合,缝一缝补一补,倒也能过得去。可一旦没有吃的粮食,那日子可真的是不好过。挖点野菜,采摘些树叶仅可充饥,时间长了,身体强壮的人也扛不住。

子路的父母亲积劳成疾,落了一身毛病,特别是还有严重的胃病,疼起来满炕打滚,豆粒大的汗珠直往下掉。这种情况下,吞糠咽菜,更使病痛加剧。

疼在父母的身上,却疼在子路的心上。

子路要到集市上为父母换上一些大米,可家里又找不出值钱的东西。情急之下,想到了母亲一直珍藏却从舍不得用的妆奁,可那是母亲心爱的宝贝。他把这个主意告诉了母亲。看当时母亲的神情,子路知道母亲实在舍不得。不一会儿,母亲还是忍痛割爱从箱子底翻出来,把非常精美的妆奁递给了子路。

子路翻山越岭,到了集市一看,惊呆了! 空荡荡的,别说卖米的,来往的人也屈指可数。

一打听,这地方好长时间都不卖大米了。经一个慈眉善目的老人指点,才知道百里以外的一个地方还有个大集市,说不定那里有卖大米的。

抱着侥幸的心理,子路向百里之外的另一个集市心急火燎地走去。

一路上,渴了,找个水井灌上一肚子凉水;饿了,找点野菜吃上几口。子路心里只想着父母忍受病痛,把自己受的苦累早已抛之脑后了。

走了一天一夜,终于在东方露出鱼肚白的时候,子路来到了这个集市。

尽管这么早,他还是来迟了。集市上早已人头攒动,黑压压一片,长长的队伍早就排在半里之外。子路依照规矩站在了长长的队伍后面。

"卖开了!"前面队伍里不知谁吆喝了一声。子路延颈企踵,但队伍移动还是十分缓慢。他前面只剩下一二十个人了,突然,队伍散开了,听见前面的人说大米已卖完了。

子路焦急地等了半天,竟然落了空,心里十分懊丧。

又苦苦地熬了一天一夜,第二天运气还算不错,总算换上了大米,但只换回了 50 斤。

子路想到家中父母还等着吃,背上大米就急急忙忙往回赶。

刚一背上走,出气还很匀,不一会儿,就气喘吁吁,脚也抬不起来,全身上下直冒汗。

到烈日当头的时候,子路又饿又渴,身上一点力气都没有了,几乎是一步一步地挪着走。走到一片树林间,他就晕倒了。过了约摸半个时辰,他才渐渐醒了过来。

又走了一阵,突然狂风大作,卷起来的尘土让人连眼都睁不开。子路只好闭住眼睛凭着感觉走。一块大石头把他绊得跌了一跤,摔得鼻青脸肿,全身疼痛。

子路爬起来连步子也迈不开了,他强忍着疼痛继续前行。

老人们常说:风是雨的头儿,狂风刚刚停息,暴雨就接踵而至。瓢泼似的大雨劈头盖脸地浇下来,身上的大米不知一下子重了多少,几乎把子路压得趴在地上。

忠经·孝经

道路十分泥泞,子路深一脚浅一脚地走着,他根本记不清跌了多少跤了。

好不容易挨到雨过天晴,可他确实已筋疲力尽,连一步也挪不动了。本想歇息一会儿,一想到父母还在急切地盼着他回去时,似乎又来了点精神,背上的大米好像也轻了一些,加快脚步往前猛冲。

夕阳西下,轻烟缭绕。子路来到乱石岗前,乱石岗周围有一片大森林,森林里常有野兽出没,听老人们说不少人在这里丢了性命。子路心里嘀咕着:千万不要碰上。

俗话说:怕什么,偏偏还遇到什么。刚进林子,一条大灰狼突然出现在子路的面前。这条狼肚子瘪瘪的,显然是条饿狼。子路急忙放下大米袋,琢磨如何应对。

一眨眼工夫,这条饿狼就向子路猛扑了过来,子路急忙躲闪,才使饿狼扑了个空。子路忽然想起老人们说过的打狼办法,他趁饿狼还没有转过身的机会,捡起一根干枯了的粗大的松树枝条。

饿狼又一次扑向子路。子路按照老人们说的办法,抡起松树枝条向饿狼的前腿砸去。只听,一声惨烈的号叫,饿狼夹着尾巴瘸着腿落荒而逃。

打跑了饿狼,子路浑身瘫软,险些跌倒。可在这还未脱离危险的关头,松劲泄气就有可能再次面临险境。于是他立马背上大米,艰难地前行。

虽然离家只有二十多里,子路约摸又走了三个多时辰,才汗水淋漓地连走带爬地回到了家中。

卸下大米,子路仅仅歇息了一阵,就给父母做大米饭。

父母看着子路衣服上留下的一片片汗渍,看着子路青一块、紫一块的脸庞,手中虽然端着一碗白花花的大米饭,却一口也吃不下去,只是相对嘘叹。

子路的父母自打吃上了大米饭,胃病渐渐地好了起来,也有精神了,身子骨也硬朗了。

后来,人们都知道子路为父母从百里之外背回大米的事,都夸他是个大孝子。

子路虽然一边耕田、一边读书,由于天资聪敏,勤奋好学,再加上孔子的谆谆教诲,他成了孔子弟子中的佼佼者。

待父母相继寿终正寝后,子路守够了孝期,便随着先生孔子周游列国。子路多闻博识,孝名远扬。周游列国时,他所到之处,无一不受到热烈的欢迎,并争相聘他做宰相。

子路在楚国做宰相时,虽然出有百乘之车,进有僮仆使唤,穿的是绫罗绸缎,吃的是美味佳肴,喝的是玉液琼浆,坐的是绵软垫子,但他并没有欣喜若狂,而是常常为思念早逝的父母禁不住潸然泪下。

在宫中,当处理完政事时,子路总是暗自悲叹道:"我现在是一人之下,万人之上的堂堂宰相,可以要风有风,要雨有雨。但我却不能承欢膝下。我多么怀念和父母在一起吃野菜、树叶,且乐在苦中的日子,再为他们到百里之外背大米,可现在一切都是不可能的了!"

一想到未能让父母过上一天幸福的日子,子路就心如刀绞,万般痛苦。因此在他做官期间,就把孝敬父母的一片孝心变为孝敬天下人父母的实际行动,推行仁政,提倡孝道,到处呈现出一派长幼有序、家庭和睦、人民富裕、国家强盛的兴旺景象。

除此之外,子路还是一位"愿车马轻裘与朋友共之而无憾"的那种重友情、讲义气、古道热肠的君子,还是一位殉道尽忠、舍生取义的"卫士",也是被孔子一向夸赞并处处护卫孔子的好学生。

子路死后,一直受到人们的尊崇。唐开元二十七年追封"卫侯",宋大中祥符二年,加封"河内侯",南宋咸淳三年封为"卫公",明嘉靖九年改称"先贤仲子"。

啮指心痛

[周]曾参,字子舆,孔子弟子,事母至孝。参尝采薪山中,家有客至。母无措,望参不还,乃啮其指。参忽心痛,负薪以归,跪问其故。母曰:"有急,客至,

吾啮指以悟汝尔。"

　　诗曰：母指才方啮，儿心痛不禁。

　　　　　负薪归未晚，骨肉至情深。

古文今译

　　周朝曾参，字子舆，是孔子的弟子，非常孝顺母亲。曾参经常去山里打柴。一天，家里有客人来，曾母没有准备，等等曾参还不回来，就自己咬自己的指头。曾参在山里忽然觉得心痛，知道是母亲呼唤他，赶紧背着干柴回去，跪下问母亲原因。曾母道："有急客来，我咬指头叫你啊。"

故事扩展

　　相传曾参为夏朝少康子曲烈的后裔，孔子早期的弟子曾点的儿子。

　　到曾参出生后，家道中落，已经很难维持生计。无奈，他只好跟母亲一道，种田耕地，过着"三日不举火，十年不制衣"的清贫生活。

　　打小时候起，曾参就勤奋、好学，又特别懂事。俗话说，"寒门出孝子"。此话在曾参身上得到了验证。别看曾参小小年纪，到地里干活一天不误，生怕母亲累出毛病来；回到家里，不是收拾家，就是扫院子，尽量减轻母亲的负担。夜深了，他还要在昏暗的灯光下，陪着母亲说说话，才去睡觉；晨曦微露，他就起身给母亲热水，供母亲洗漱之用。

　　曾参时时处处心疼母亲，凡是自己能干了的活，他绝不让母亲去干，即使是

忠经·孝经

他力所不及的,他也不会袖手旁观,总是想办法尽力帮忙。

家里烧的柴火没有了,他就主动拿上斧头上山砍柴。

一天,曾参又一个人上山砍柴。母亲站在门口望着渐行渐远的曾参,直到望不见了才转身回家。

过了一会儿,家里来了客人。曾母礼节性地给客人端茶递水,相互问讯了一番,就急忙下厨房给客人准备饭菜。

到厨房一看,曾母傻眼了:米袋里仅剩一两把米,油瓶盐罐空空如也,煮饭的柴火也没有多少,恐怕都不够做一顿饭。

曾母在厨房里急得走来走去,寻思着怎样才能让客人不会感到怠慢,又不要让外人笑话。思来想去,曾母还是一筹莫展。

突然,曾母想到了儿子。要是儿子在跟前,或许不至于如此尴尬,能替我想出些办法来。

曾母情急之下,不由自主地咬了自己的指头,盼望儿子赶快回来,帮助她扭转这十分尴尬的局面。

曾参来到山上,找到茂密的丛林。他脱掉外面的衣服,挥着斧头一刻不停地在砍柴。不一会,已大汗淋漓,衣服都湿透了。

当他正打算稍微歇息一会儿的时候,眼前突然浮现出母亲倚闾而望的身影。曾参立即打消了歇息的念头,又挥舞起斧头加劲砍了起来。

正当他砍柴砍得特别欢实的时候,心一下子疼了起了,且疼得如此突兀。他觉得十分蹊跷,平时从来没有过这样的事。他忽然想到了母亲,很可能是老母想念我,让我回家。

曾参再未犹豫,三下五除二地把砍下的柴火捆绑好,立即大步流星地往家里赶。

一进院子,还未来得及放下柴捆,曾参就双腿跪在地上急切地向母亲问道:"娘,是不是家里有事了?"

曾母看到曾参汗流满面的样子,心疼地先让儿子卸下柴火,之后再向他说了事情的原委。

曾参知道母亲为客人的事非常焦急,就站起来赶快拜见客人。

他按照规矩向客人行了礼,问了好,简单地交谈了几句,就要告退。可忽然想起心疼这一谜团还未解开，由于不便问老母，就向客人请教起来。

客人听完曾参的叙说，向他解释道：

"十指连心，这句话你可能知道，其中的深刻含义人们未必都能了解。实际上，你娘的十指不仅连着她自己的心，而且也连着儿女们的心。儿女们即使远在天涯海角，只要母亲一咬手指头，他们立刻就会感觉到。"

客人说到这里，稍稍停顿了一下，然后语重心长地对曾参说：

"作为儿女，一定要孝顺父母。否则，苍天有眼，会遭报应的。"

从此，曾参更加孝顺父母。

曾参十三岁时师从孔子。在师侍孔子时，向孔子问安亲之道，侍亲至孝，每天有五次问候父母亲着衣的厚薄，还要询问枕头的高低，睡得是否舒服，生怕父母受苦受累。谁要是侍奉得不周到，曾参绝不宽恕。有一次，他的妻子为曾母蒸一个梨，妻子未能蒸得熟透，曾参一怒之下就把妻子赶出了家门，再也不要她了。

孔子周游列国时，本想把曾参也带上，只因其父母健在，不能远游，因此未将其安排在周游者之列。而他自己也严格遵照"父母在，不远游"的训诫，从未盘算随师远游。即使父母多次劝说，也未能打动他的心，仍不改其志。

他依旧在家耕田种地，侍奉父母，利用闲暇，潜心钻研。

由于曾参性格沉静，忠诚老实，谦恭勤敏，轻利重义，又有大丈夫之勇，因而深受孔子的喜爱。

在孔子的悉心教授下，加上自己勤奋刻苦，严格修身，曾参很快就学有所成。一时间，名声大噪。

当时的各个国家纷纷派出使臣前来游说，并用高官厚禄引诱。齐国允诺做"相"，楚国应许当"令尹"，晋国许允为"上卿"，同时馈以重金。

曾参都一一婉辞回绝。他对使臣说：

"请代我向国王禀报，我无法遵命。老父、老母已风烛残年，就是尽力侍奉也来日不多了。古人云：'父母在，不远游'，我不能背上不孝的罪名去为国王效力，还请你们替我多加解释，以免开罪国王。"

曾参说罢，又请使臣把带来的金银珠宝一并带走。他表示这样的礼物坚决不能接受。

忠经·孝经

从此以后，凡属持厚礼来的客人一概不见，在家悉心侍奉老人，从不在外过夜。

过了八年，曾参的父母相继离开人世。守丧期间，曾参仍哭得十分悲切，竟多日滴水未沾，一口不吃。

曾参在父母生前精心侍奉，在父母死后依然奉行孝道，连亡灵都怕伤害，他父亲生平喜欢吃羊枣子，在父亲去世之后，终身再没有吃过羊枣子。

曾参拒绝高官厚禄的诱惑，面壁三年，潜心研究，成为一代儒学大师。

曾参晚年，在家乡教书授徒，弟子达七十多人。其弟子中出了许多著名的人物，如乐正子春、公明仪、公孟子高、子襄、阳肤等人。春秋时著名的将领吴起，也是曾参的学生。

曾子不仅是个博学多识的人，而且笃实践履，特别注重修身养性。

有一次，他的妻子要到集市上办事，年幼的儿子吵着嚷着也要去。可妻子不愿带儿子去，便对儿子说：

"你在家好好玩，等妈妈回来，把家里养的那头猪杀掉煮肉给你吃。"

儿子听了，非常高兴，再不吵吵要去集市了。

妻子说的那些话是哄骗儿子的，是说着玩的，因此，不一会儿，她早把这事给忘得干干净净了。

不料，曾参却真的把家里的一头猪给宰了。

妻子从集市上回来后，发现曾参把猪真的给宰杀了，便非常气愤地对曾参说：

"我是哄儿子说着玩的，你怎么竟真的把猪杀了呢？"

曾参正言厉色地对妻子说：

"孩子是不能欺骗的！他年纪小，不懂事，还没有辨别是非的能力，他整天跟着父母学。你现在哄骗他，就等于教他学习欺骗，这怎么得了！再说，你现在欺骗了他，他以后就再也不相信你了，那你以后还怎么教育孩子？"

一席话，说得妻子羞愧难言。

曾参还是一个讲究礼仪，维护礼制的人，处处以身作则。

就在曾参弥留之际，鲁国季孙氏赠给曾参箦，箦是专指大夫所睡的竹席。若在箦上去世，那是违背礼制的。因此，曾参叫儿子将箦换成一般的竹席，并留下遗言,叫门人将他的尸体放在灶房里沐浴更衣,一切都按礼制的要求办。

曾参虽然从孔子游学最晚,但得道最早。当时,孔子关于孝的学说还只是停留在零散的言论上。曾参经过潜心研究,将孔子传给他的孝的思想以及搜集到的言论经过深化、加工、完善,最后形成孝的理论,这就是一部传颂千古的《孝经》。

曾参留下的著述还有《曾子》《大学》等,是孔门弟子中著述较多的一个。

曾参的思想学说所产生的影响是深远的,声誉卓著。历代统治者将曾参谥为"太子少保""郕伯""郕侯""郕国公",元代至顺元年,再被封为"郕国宗圣公"。

芦衣顺母

原典再现

[周]闵损,字子骞,孔子弟子,早丧母,父娶后母,生二子,衣以棉絮;妒损,衣以芦花。父令损御车,体寒,失纫。父察知故,欲出后母。损曰:"母在,一子寒;母去,三子单。"母闻,悔改。

诗曰:闵氏有贤郎,何曾怨晚娘。

尊前贤母在,三子免风霜。

古文今译

周朝闵损,字子骞,孔子的弟子,是个孝子。他生母早死,父亲娶了后妻,又生了两个儿子。继母经常虐待他,冬天,两个弟弟穿着用棉花做的冬衣,却给他穿用芦花做的"棉衣"。一天,父亲出门,闵损牵车时因寒冷打颤,将绳子掉落地上,遭到父亲的斥责和鞭打,芦花随着打破的衣缝飞了出来,父亲方知闵损受到虐待。父亲返回家，要休逐后妻。闵损跪求父亲饶恕继母，说："留下母亲只是我一个人受冷，休了母亲三个孩子都要挨冻。"父亲十分感动，就依了他。继母听说，悔恨知错，从此对待他如亲子。

故事扩展

闵子骞的父亲是个生意人，母亲是大家闺秀，知书识礼，且慈爱和善。闵子骞出生后，虽然父亲因做生意长年在外，但由于母亲的加倍呵护，生活得也相当幸福。

人们说，人生不如意事常八九。大约在闵子骞四岁那一年，一场灾难突然降临到了他们家中，身强力壮的母亲一下子得了大病。

母亲从此卧床不起。闵子骞在母亲的教育下，从小就不仅对长辈特别孝顺，而且还格外懂事。在母亲病重期间，他不时给母亲端水，喂水，还学狗叫，老虎跳，想着法子让母亲开心。母亲吐痰，他就拿来痰盂；母亲咳嗽，他就跑来捶背。

闵子骞母亲的病一天比一天严重，整日咳嗽不止，嘴唇发紫，常常是有上气无下气。闵子骞心里又着急又害怕，经常偷偷哭泣。

闵子骞母亲看到自己的病情几天来不见好转，也慢慢地知道痊愈是没有希望的，只能趁早安顿后事吧！

一天，她把闵子骞叫到跟前。她两眼满含泪花，双手不停地抚摸着闵子骞的头，然后泣不成声地说：

"儿啊！看来娘的病是没有指望了，说不好听的，也就是有今天没明天。娘多么舍不得离开你和你爹啊！你记住，日子多么艰难，你都要好好读书，这样娘就能含笑于九泉之下。别忘了孝敬你爹。假使你爹要给你娶回一个后娘，只能苦在心里，不要对你爹说，免得他两边为难……"

未等说完，母子就抱头痛哭，泪水湿透了两个人的衣衫。

忠经·孝经

又过了一天，闵子骞的母亲把闵子骞支走，对着丈夫愁肠寸断地说：

"夫君，看来我是来日不多了。我走了之后，你一定要把子骞培养成人。你一个人拉扯肯定很难，就再娶上一个，可无论如何要对子骞好啊，咱们的子骞多可怜啊……"

过了一阵儿，妻子呼吸突然急促起来，一口痰没有咳嗽出来，就停止了呼吸，撇下父子俩撒手西归了。

小子骞闻知，回到家中伏在妈妈身上号啕痛哭，怎么拉都拉不起来。闻者无不伤心落泪。

小子骞每天都在思念妈妈，但他心里始终记着妈妈弥留之际嘱咐过的话，从不敢在父亲面前哭泣，实在想得难以忍受的话，就跪到背旮旯里哭上一顿。

每当夜深人静的时候，总是丈夫思妻、儿念母，泪眼相对。

从此，父子俩艰难度日，相依为命。

小子骞的父亲照旧做生意，出外时就把小子骞托付给邻居家照管。

斗转星移，光阴荏苒，转眼就是两年。小子骞也长大了，该上学堂了。

小子骞的父亲犯了愁，他心里念叨着：

"儿子要是上学，无人照管该怎么办呢？总不能老是留给邻居家吧！"

村里的好心人看着小子骞的父亲过着又当爹又当娘，顾了家里顾不了家外的艰难日子，就常常到他家里提亲。

开始，小子骞的父亲都婉言谢绝了。后来思来想去，觉得这样下去对小子骞的成长有影响。于是就决定续弦，给小子骞娶个继母。

小子骞的父亲没有忘记妻子临咽气时说过的话，因此媒人来提亲时，他都叮嘱：

"我别的条件和要求都没有，唯一的一个条件，是她必须对小子骞好！"

按照女方父母的允诺，小子骞的父亲就把李氏娶进了家门。

谁能想到，这位李氏竟是人面兽心的一个女人。

开始，虽然她并不亲近小子骞，但也不算苛待，并不经常打骂。自从她有了亲生儿子后，态度和从前就不一样了。

小子骞的继母看自己的儿子样样好，常常把大儿子闵革搂在身边，把二儿子闵蒙抱在怀里，一会儿亲这个一口，一会儿又吻那个一下，如同心肝宝贝。对

忠经·孝经

小子骞则是横眉冷对,怒目相视,不是打,就是骂,如同仇敌。

小子骞的父亲长年在外做生意,并不知就里。有时候问一问小子骞,小子骞总是说:"继母对我可好了,比亲娘待我都好!"

小子骞的父亲听了儿子的话,就信以为真了,并从心底由衷地感激妻子。

世上没有不透风的墙,纸里永远包不住火。继母虐待小子骞的事终于败露了。

一天,彤云密布,北风呼啸,天气格外寒冷。不一会儿,大雪纷飞,原野变成了银色世界。小子骞的父亲想在大雪封山之前拉回一批货来,就和三个儿子一同冒着刺骨的寒风,顶着鹅毛大雪赶着马车向山里走去。

小子骞的父亲让小子骞驾车。阵阵寒风吹过,小子骞冻得直打哆嗦,马的缰绳从冻僵的手里滑落,掉在地上。驾辕的马踩到了缰绳,辕马趔趄了几下,差点儿跌倒。

坐在车上的父子三人前俯后仰,滚在一起。

小子骞的父亲一下子怒不可遏,扬起马鞭,狠劲地抽打小子骞,一边抽打一边还骂道:

"真是个没用的东西!硬是让你继母给娇惯坏了,连个车也驾不了,还能有什么出息!"

几鞭子打下去,小子骞的上衣有几处就像用刀拉开了口子,花絮马上飘起来了。

当时雪下得正大,纷纷扬扬,与芦花絮很难分辨出来。小子骞的父亲也没有发现。

小子骞一声未吭地继续驾着马车赶路。寒风一阵紧似一阵,雪越来越大。小子骞冻得全身颤抖,上下牙不由自主地磕碰着,发出特别难听的声音。

小子骞的父亲又想呵斥小子骞。回头一看,他脑袋嗡的一声,差点跌倒:

"刚才还穿着厚厚的棉衣，一下子竟变成单衣了，怪不得他直打哆嗦！"

他撩起衣服的口子一看，全明白了！小子骞的棉衣里装的是不能保暖的芦花絮，没有一个人用它来做棉衣。这么冷的天，再穿上这样的衣服，怎么能不全身颤抖呢？

他二话没说，把小子骞搂在怀里，掉转马头直驱家中。

小子骞的父亲坐在家中，想着发生的事情，心里十分内疚，又联想到亡妻对他说的那一番话和殷切期盼，他拍打着自己的脑袋懊悔不已。

稍微定了定神，他就问小子骞的继母：

"子骞的棉衣里絮的是什么东西？"

小子骞的继母一看事情败露，索性撒起泼来，哭诉她如何为这个家省吃俭用，一箩筐两簸箕地说个没完没了。

小子骞的父亲着实气恼，看见妻子毫无认错之意，就提起笔来写了一张休书。

小子骞看到父亲写休书，急忙向父亲跪下，两个弟弟也跟着跪了下来，请求父亲原谅母亲。

小子骞的父亲阴沉着脸，怒气未消，态度一点也没有转变。

小子骞长跪不起，哭泣着对父亲说：

"今天是一个儿子受冻，假如母亲离开这个家，我们三个儿子不是都要受冻的吗？父亲就宽宥母亲吧，她肯定会改！"

小子骞的父亲听完儿子求情的话，觉得儿子说得也有道理，就有点犹豫了。

李氏看见小子骞不仅不嫉恨她，而且还为她向自己的丈夫苦苦哀求，长跪不起。瞬间她为她的劣迹羞惭，觉得无地自容。

既然能知错，也有可能改错，小子骞的父亲也就原谅了李氏。

李氏哭着抱住了小子骞，且哭且说：

"真是娘的好儿子啊，是你给了娘第二次生命！要不娘就只有死路一条！被休后有何面目回去见自己的亲爹娘呢？"

从此以后，李氏对待小子骞如同亲生儿子一般。小子骞更加孝顺父母，关爱弟弟，一家人日子过得和和美美。

闵子骞从师孔子后，学业大有长进，孝名也传扬开来，尽人皆知。

后来,闵子骞走上仕途。鲁君派他做费邑宰。

闵子骞到任后,推行仁政,广施德治,不出一年,费邑就发生翻天覆地的变化,受到了费邑人民热烈拥护。

有一年秋天,秋粮刚刚下来,鲁国权臣季氏的家臣阳虎便来催缴赋税。

闵子骞对阳虎说:

"官税才收缴了一部分,等收齐后我会亲自送到国库里去,就免您鞍马劳顿了!"

阳虎摆了摆手,对闵子骞直截了当地说:

"费邑是季氏的私邑,官税直接交给季氏就行了。"

闵子骞是个直率的人,肚子里藏不住话,便有点惊诧地问道:

"我生在鲁国,长在鲁国,如今我又做费邑宰,怎么从没听说过费邑是私人的邑地呢?"

阳虎认为闵子骞是狗扑耗子多管闲事,便有些不耐烦地对闵子骞说:

"鲁定公继承兄位,也是不合理的,且这是季氏拥戴他的结果。如今国家大权掌握在季氏手中,这费邑还不就是季氏家的吗?"

忠
经
·
孝
经

闵子骞守身自爱,愿为国尽忠,始终不违夙愿。

听了阳虎的一番话,气得肚子都快爆炸了。他自己全心全意地治理费邑,原以为是替国家出力,为国尽忠,没承想干来干去竟是为私人卖命。

闵子骞左思右想,还是想不通。他决定辞去官职。

在递上去的辞呈中,他假托父亲年迈体弱,疾病缠身,要归家侍候老父,以尽孝道。因忠孝不能两全,故辞去费邑宰的职务。

鲁君闻知,急忙派人劝阻。

闵子骞是个主意打定九头牛都拉不回来的人,任来者说破天,就是主意不改。闵子骞对费尽唇舌的来者说:

"请痛痛快快地让我辞掉这个职务,也不要再安排其他职务,同时再不要派人来劝阻。如果再有人来劝说的话,我就离开鲁国到汶水去了!"

闵子骞怕再来人纠缠,于是不等鲁君批准,就匆匆离任,隐居到汶水之滨。

从此,他再也没有出山为官。

闵子骞孝行誉满天下,成为中华民族文化史上的先贤。

过世后,他受到历代统治者的推崇。唐开元年间封闵子骞为"费侯",宋朝时赠为"琅琊公",后又改称为"费公"。

亲尝汤药

原典再现

[前汉]文帝,名恒,高祖第三子,初封代王。生母薄太后,帝奉养无怠。母常病,三年,帝目不交睫,夜不解带,汤药非口亲尝弗进。仁孝闻天下。

诗曰:仁孝临天下,巍巍冠百王。

莫庭事贤母,汤药必亲尝。

古文今译

汉文帝刘恒,汉高祖第三子,为薄太后所生。高后八年(公元前180年)即帝位。他以仁孝之名,闻于天下,侍奉母亲从不懈怠。母亲卧病三年,他常常目不交睫,衣不解带;母亲所服的汤药,他亲口尝过后才放心让母亲服用。刘恒孝顺母亲的事,在朝野广为流传。人们都称赞他是一个仁孝之子。

故事扩展

高祖刘邦创立汉代基业,刘氏天下从此开始,延续了二百三十一年。

汉代建立时间不长,特功自傲的韩信、彭越二人,就有造反的企图。皇后吕雉在平定韩信、彭越中,立下了汗马功劳。

之后,吕雉就恃仗平定有功,渐渐地干预起朝政来。虽然刘邦对此大为不满,但考虑到吕氏和他同甘苦、共患难,陪着他一路走来,实在难以下定处置吕

忠经・孝经

后的决心。可不遏制住吕后的个人势力,说不定会毁了刘氏家族的天下。在万般无奈的情况下,只能以家法来规制吕后,于是便在朝中宣布了一条"不是姓刘的以后不能称王"这样的家法。

这样做,从当时看,是有效果的。但刘邦毕竟在一天一天地衰老,管了生前的事却管不了过世以后的事。果然在他驾崩后刘盈(汉惠帝)即位不久,朝政大权就掌握在吕后手里了。

吕氏是一个心狠手毒,不择手段的人,为了宣泄她受人辖制的愤怒和不满,对受到宠幸的东宫戚夫人下了毒手,先是剃去鼻子、耳朵和眼睛,这还不解她心头之恨,又把戚夫人的双手和双脚用刀剁去,然后扔在粪坑里。这样狠毒的人当了政,谁又能敢保大祸不降临到你的头上呢?

最得高祖刘邦宠爱的要数西宫薄妃。她为人谦恭平和,贤惠明达,生的儿子刘恒,勤奋好学,聪明伶俐,生性又仁义孝顺,父皇高祖也特别喜爱,年纪不大,就被封为代王。

凡是被高祖刘邦赏识的人,都被吕氏当成眼中钉,肉中刺。薄妃和儿子自然不会例外。

薄妃得知东宫戚夫人落了个如此悲惨的下场后,心中不免悲戚,同时也意识到大祸将要临头。让吕氏放下屠刀,立地成佛,那可真是比登天还要难!

吕氏在对东宫戚夫人下毒手后不久,又露出来了她狰狞的面容,密令她的心腹不留一点痕迹地使薄妃和刘恒母子俩葬身于火海之中。

一天晚上,外面黑黢黢的,什么也看不见。薄妃正给儿子讲故事。一宫女慌慌张张地跑了进来,惊恐万状地对母子俩说:

"不好了,不好了!咱们西宫失火了!"

情急之下,一向镇定从容的薄妃也有点慌乱,拉着刘恒就快速地向外面跑去。

宫门早就被人锁住了,宫墙高不可测,真的是插翅难飞。

大火迅速蔓延开来,母子俩几乎被熊熊烈火包围了起来。眼看着就要被大火吞噬,宫女猛不丁把梯子扛了过来,急忙扶着母子俩上了梯子,越过高墙逃离了险境。

吕雉的惨无人道,使汉惠帝绝望了,原本就体弱多病的汉惠帝一下子卧病不起。太医们悉心医护,穷尽医技,也未能挽救汉惠帝的生命,几天后就一命呜呼了。

吕雉乘机称王,而且还把其侄子吕产、吕禄也封了王,军权也由他们掌握,终于达到了窃取政权的目的。

人算不如天算。吕雉哪里想得到薄妃和刘恒竟能逃脱她的魔掌,她气急败坏地下令立即搜查,纵然把京城翻个底朝天,也得把她们两个找回来。

吕雉的暴行早已激起了上上下下的不满,手下也并没有多少人给她卖命,因此尽管兴师动众,闹得京城鸡犬不宁,还是不见薄妃和代王刘恒的踪影。

薄妃和代王刘恒并没有跑出多远,由于黑灯瞎火,磕磕绊绊,两个人的腿都受了伤,相互搀扶着,哪里能走得快呢?

可巧,母子俩在逃无可逃的情况下钻进了一个花园。而这个花园正是开国功臣陈平家的,后被陈平发现,保护了起来,才幸免于难。

吕雉坏事做绝,竟然敢冒天下之大不韪,变刘氏政权为吕氏政权。这时,忠臣们秘密联合,一举粉碎了吕氏政变,彻底击败吕氏势力。

在大臣的推举下,虎口余生的刘恒继承了皇位。

刘恒即位后,依照汉朝的制度,薄妃也被封为皇太后。

汉文帝在未即位时,孝名已在朝野上下传扬开来。

即位后,他不时想起母亲在父皇驾崩之后的种种遭遇和母子俩在火烧西宫后惨痛的经历,愈发觉得母亲抚育自己之不易,因此对母亲更加孝顺。

汉文帝每逢上朝时,总是先到母亲那儿请安,始终如一,从未改变。散朝后也总是先到母亲那儿,除问候外,就是守在母亲身旁一直侍奉。到了晚上,又总是给母亲捶背、洗脚,还要陪母亲说一会儿话,一直侍奉到母亲就寝歇息后,他才一步三回头地离去。

母亲看到汉文帝日渐消瘦,心疼不已。一次,紧紧拉着文帝的手说:

"儿啊,你每天忙国家的事,都怕忙不过来,国家的事可是大事,耽误不得。娘这里有宫女侍候,你就放心好了。有空的话,每天来看一看,忙的话,三天五日来一回就行了。比起国家的事来,这终究是小事!"

文帝又把身体向母亲身边靠拢了一下,然后亲切地对母亲说:

"国家的事是大事,尽孝心也

是大事。天子要是不能恪守孝道，破坏了规制，那他怎么能教化民众呢？再说，你生我养我的大恩大德就是我不管国家的事成天报答，也还是报答不完，要是你不让我这样做，我活着愧对天下黎民百姓，要是不在世上我也愧对列祖列宗，难道要我非得背上这样的恶名吗？"

母亲听了这番话，心中涌起一股幸福的热流。

尽管身边有宫女侍候，还有儿子的百般体贴，但由于过去受到的身心摧残过于严重，加之年事已高，抵抗力日益衰减，回到宫中时间不长，就病倒了。

文帝看着母亲苍老的面容，以及神思困倦的病态，心中痛苦万分。心里嘀咕道：

"苍天要是有眼的话，就把老母亲的病转移到我的身上，有什么苦难都要我来承受！"

文帝还背着人为母亲默默地祈祷。

几天后，依然不见好转。文帝就整天在母亲身边侍奉，一会儿问一问腿疼不疼，一会儿又问一问背痒不痒，只要感到不舒服，就立即派人把太医召来，给母亲诊治。

太医开过药后，文帝把原来煎药的人支出去，自己亲自煎，不让别人插手。他按照太医告诉的煎法一丝不苟地煎着，水放得不多不少，时辰上也几乎一点不差。

待到母亲喝药时，文帝每次都是自己先尝，做到既不热也不凉，稍有一点不合要求，他立马或重新再热，或放在一边凉一凉，绝不让母亲喝烫嘴的或冰凉的药汤。

母亲的病时好时坏，很不稳定，因此文帝就守在病榻旁。

这一守，就是三年。三年里，他没有睡过一个安稳、踏实的觉。母亲哪个地方不舒服，他都清楚，母亲夜间翻过几次身，他都知道。

皇天不负苦心人，不管是文帝用孝心感动了上苍，还是太医们的医术高明，总之经过文帝三年的没日没夜的侍候和调理，太后的病奇迹般地好了。

太后对宫女们感慨地说：

"有这样一个儿子，我这一辈子就知足了！哪一天走了，也没有什么可遗憾的！"

从此以后，太后感到每一天都很快乐，一直活到八十四岁，被誉为寿星。

汉文帝为母治病、亲尝药汤的事迹，不久就传遍了天下，也震动了朝野。

无论是朝廷官员，还是普通百姓，都纷纷效仿汉文帝孝顺父母，爱护亲友，社会风气一下子得到扭转，恪守孝道，善待他人成了社会时尚，出现了上下齐心合力，邻里团结和睦，百姓安居乐业，社会经济繁荣，财力雄厚、兵强马壮、夜不闭户、道不拾遗、欣欣向荣的新气象。

文帝从即位以后，除了推行仁政，还十分重视克己修身，改善民生。

文帝在生活方面崇尚俭约，反对奢侈。他在位二十三年，"宫室苑囿车骑服御无所增益"。他打算建造一个露台，令工匠计算后约需百金，文帝觉得花费太大，对属下说：

"百金，中人十家之产也。"

如此巨大的耗费，又不会给民众带来任何益处，只能加重百姓负担。文帝掂量来掂量去，认为此举有百害而无一利，便作罢。

文帝生活节俭，据说他穿的一件袍子，整整穿了二十年，补了又补，再没有添置新的。

他宠幸的慎夫人也很注意给人留下的影响，生活也很俭朴，据说"衣不曳地，帷帐无文绣"。

就连文帝为自己修造的陵墓，他也要求从简。据说："治霸陵，皆瓦器。"下令不得以金银铜锡为饰。

文帝在临终前，针对当时社会上盛行的厚葬风气，特下口谕薄葬。可谓为扭转社会不良风气竭尽全力，至死不渝。

汉文帝在位期间，用自己的嘉言懿行感动了朝中官员，教化了黎民百姓，从而使官员尽忠，百姓尽力，有力地推进了国富民强的远大目标的实现。

历史上把文帝时期和景帝时期，称之为"文景之治"，既是对文帝政绩的赞誉，也是对他推行仁孝的充分肯定。

于是，文帝便成了帝王中不可多得的重要历史人物。

拾葚供亲

原典再现

[汉]蔡顺,少孤,事母至孝。遭王莽乱,岁荒不给。拾桑葚,以异器盛之。赤眉贼见而问之,顺曰:"黑者奉母,赤者自食。"贼悯其孝,以白米二斗牛蹄一只与之。

诗曰:黑葚奉萱闱,啼饥泪满衣。

赤眉知孝顺,牛米赠君归。

古文今译

蔡顺是后汉人,少年丧父,孝顺母亲。当时遭王莽之乱,年景饥荒,粮食不足。蔡顺就拾桑椹供养母亲,并用两个筐子盛着。一天碰见赤眉军问他为什么用两个筐子。他说:黑的熟桑椹是给母亲吃的,红的生桑椹子是我自己吃的。赤眉军怜悯他的孝顺,送给他大米牛蹄等很多食物让他带回家,以表敬意。

故事扩展

蔡顺是汝南(今河南一带)东庄蔡岭人。祖祖辈辈都以种地为生,日子过得十分艰难。

到了父亲这一代,已家贫如洗。除了祖父给其父亲留下的一屁股债务外,家中唯一的财产就是两间破房子,三亩薄田。

直到三十多岁,父亲才成了家。父亲倒是为人厚道,也能吃苦,说起种地也是一个能手。母亲也是穷苦人家出身,从小家里就把她当成男孩子一样使唤,因此，无论耕田种地，还是洗衣做饭，样样精通，再加上心眼好，知冷知热，也是父亲的一个好帮手。

虽说日子清苦，但由于都是苦水里泡大的人，倒也没觉得什么。只是每天催要债务的人接二连三，好言好语说上千万，也很难顺顺当当地打发走。父亲整日愁眉不展，唉声叹气，而母亲只能背着父亲悄悄地抹眼泪。

蔡顺是在其父亲三十五岁那年出生的。当时还是多多少少地给父母带来了一点欢乐。但本来日子很苦的一个家，突然间又多了一张吃饭的嘴，轮到谁头上恐怕都得犯愁。

发愁归发愁。蔡顺的父亲照样日出而作，日落而息，辛勤耕耘。但无论怎样辛劳，一年到头还是交不清赋税，缺吃的，少穿的。尽管从年龄上说，蔡顺的父亲还不到五十岁，但从外表上看，背驼了，两腮深陷，脸上七纵八横布满了皱纹，牙齿都快掉光了，嘴也瘪了，看上去不够七十，至少也有六十大几了。

由于苦重，体力透支太多，终于积劳成疾，病倒了。

父亲病情一天一天地恶化，虚汗不止，夜间还经常盗汗，呼吸困难，咳嗽不止，吐出来的痰中带着大块大块的黑紫色血块，脸色惨白，眼睛呆滞。他自己也知道性命难保，就背着蔡顺向妻子交代了后事。

几乎是刚把后事交代完，蔡顺的父亲就停止了呼吸，一命归天了。

蔡顺和母亲放声痛哭，边擦泪边哭诉，闻者无不涕泪横流。

家中分文没有，东借西凑，草草地把父亲掩埋了。

家中的"顶梁柱"，突然间没了，剩下孤儿寡母，无依无靠，日子更苦，更难熬。

蔡顺和母亲一方面还得想方设法地应对天天上门逼债的人，一方面还得辛勤耕耘那几亩薄田。

看家中只有一母一子，势单力薄，一些泼皮无赖就经常来家里骚扰，砸门窗，逮小鸡。母子俩眼睁睁地看着让人欺负，敢怒不敢言。

等一伙泼皮无赖走后，母子俩抱头痛哭，惨厉的哭声惊动了周围的人们，他们纷纷跑来劝慰。可心中的伤痛，任凭谁来劝慰，也是难以消除的。

等到夜深人静的时候，母亲声声长叹，似乎是自言自语地说："这苦难的日子何时才是尽头啊！"

说完，不由得泪流满面。

蔡顺才十岁多一点，不过自小时候起就比较坚强，让别的孩子们打了，从来不在别人的面前掉泪。他看母亲神情抑郁，恍恍惚惚，心里别提有多着急了。为了安慰母亲，他充大人似的对母亲说："天无绝人之路，娘不用愁。只要我能弄来一口饭，那就是娘的，我一定会想尽办法不让娘挨饿。"

天不遂人愿。接着连旱三年，周围一二百里的人都投亲的投亲，靠友的靠友，离开当地找生路去了。

蔡顺和母亲既无亲可投，又无友可靠，眼看着活不下去了，母亲只好带着蔡顺到几百里地之外讨饭。

到了白天，母子俩就沿村乞讨；夜晚就住在破庙里或人家的院墙背风处，如若走在前不着村后不着店的地方，就来个地做床天当被，在荒郊野外露宿。

乞讨时，遭人冷眼那是常事。遇上好心人，还能既给饭吃又让到家里喝口水，暖和暖和；遇到心肠不太好的人，除了不给吃，还要羞辱你一番。还有更不堪忍受的，就是那些地主老财，不仅一点不给，还要放出凶猛无比的家犬咬他们。母子俩被恶狗咬伤的次数不下十来次。

母子俩为讨到一口饭，得吃那常人没有吃过的苦，得忍那常人无法忍受的痛。夏天，顶着如火的骄阳走；冬天，迎着刺骨的寒风行。手，冻得流脓淌血；脚，磨起串串大泡。一步一摇，两步一晃，艰难前行。

蔡顺母亲年岁大了，身体状况每况愈下。蔡顺时常担心母亲吃不消。

常言道：屋漏偏逢连夜雨。最怕的事情还是发生了：有一天他们住在破庙里，母亲突然发起高烧来，身上热得烫手，讨饭时出来携带的所有破烂行李都盖到了身上，还是一个劲地喊冷。

蔡顺看着母亲痛苦的样子，急得团团转。

过了不一会儿，母亲开始说起胡话来了，一会儿喊神来了，一会儿喊鬼来了。蔡顺本来是个小孩子，从来没有见过这种情况，小时候让大人们讲的有关鬼的故事就吓得魂不附体，如今听见母亲这样喊叫，越发害怕，吓得不敢挪动一步，浑身上下瑟瑟发抖。

等他稍微镇定了一点，跑过去看母亲的时候，发现母亲已昏厥过去了，连微弱的呼吸声也听不到了。

忠经·孝经

蔡顺一下子傻了。

他猛然记起老人们掐人中的办法,急忙跪下掐住母亲的人中。停了一会儿,母亲长长地出了一口气,才苏醒过来。

但高烧依然不退,母亲还是处在一阵昏迷,一阵清醒的状态。

离这个破庙大约十来里的地方,有一个村庄。他连夜跑到那个村子里,好不容易敲开一个也是贫困人家的门,向家里的老人说明情况,恳求救一救他可怜的母亲。

那位老人慈眉善目,听了蔡顺说的情况,已经判定病人处于危急状态,必须赶快救治,否则性命不保。他把老伴喊起来,并让老伴赶快煮一小盆姜汤,叮嘱里面再放一点辣椒。

按照老人家的嘱咐,蔡顺回到破庙里把姜汤热了热,便趁着热喂给母亲。

在蔡顺精心的护理下,母亲的病一天比一天好转。半个月后才康复,但由于多日高烧不退,耳膜穿孔,近乎聋了,成了残废的人。

之后,又讨了一年多饭。待旱情缓解后,才辗转回到了阔别了五年的家乡。

蔡顺和母亲回到家乡的时候,已经是开始播种的季节。

母子俩急忙拾掇家里那些残破的农具,要抓紧时间把种子播下去。误了农时,无异于坐等挨饿。

每天,村里的人还在酣睡的时候,母子俩已经下地开始劳作了。晚上夕阳落山的时候,他们才从地头往家里走。

皇天不负苦心人。一年下来,收成还算不错。刨去上缴赋税,也还有两个人一年吃的粮食。母亲紧皱的眉头舒展开了,脸上时不时也能露出笑容,尽管两鬓已经斑白了,但看上去还是比前几年又年轻了一些。

这样的日子又过了一些年,蔡顺已经二十好几的人了,到了谈婚论嫁的年龄了。母亲心里急得就像着了火一样,可蔡顺却并不着急。一有人来提亲,母亲就催促儿子去看一看。开始儿子也不说什么,只是不去见面。说得次数多了,蔡顺开口了。他坐在母亲的面前,态度极其温顺地对母亲说:

"娘,从年龄上说,是该娶个媳妇了。但从咱家的条件说,还显然不行。再说现在局势动荡不安,兵荒马乱,流寇横行,盗贼霸道,随时都有生命危险,还能顾得了成家的事吗?我只想让你平平安安过日子,生活得更好一些,别的事我

忠经·孝经

想也不想。"

母亲看儿子的态度这样坚决,自此以后不再提说这档子事了。

刚过了两年相对顺心的日子,让人闹心的事又来了。

又遇上了荒年。地里不仅没有收成,大旱之年后连草都枯死了。粮食吃完了,就只得挖些野菜,采摘些树叶子来充饥。

眼看母亲一天比一天消瘦,身子一天比一天单薄,蔡顺的心在滴血。要是再不想个办法,那老母亲说不定就扛不过去了。

蔡顺打算到深山老林采集果实。待他把母亲安顿好后,才拎着竹篮,拿着竹竿、铲子向目的地进发。

到深山老林一看,不仅野菜多,而且还有一大片桑树林,上面挂满桑葚,地上还落下来饱满硕大的桑葚,蔡顺高兴坏了,在荒时暴月能吃上这东西,就算烧高香了。他拼命地捡啊捡,不一会捡了一大竹篮。捡回家让母亲吃,母亲吃后,不住地说:"真香,真好吃!"

多日来,每当母亲吃桑葚的时候,蔡顺总是守候在母亲的身边,看着母亲津津有味地吃着,他心中涌出无限酸楚。

蔡顺心中想着:"一个七尺男儿,竟然不能供养母亲,每天只给吃些野菜、野果,有何面目活在这世上。而母亲是多么体贴儿子啊,从不让儿子作难。多伟大的母亲啊!"

不过,他也悄悄地发现,母亲吃的时候专挑黑桑葚吃,而把白桑葚放在另一边。

他问明母亲缘由后,出去捡时,先捡黑桑葚,把它放在一个竹篮里,然后再捡白桑葚,再放在另一个竹篮里。

这样做,自己捡的时候是麻烦一点,而且捡得慢,但可以给母亲省却不少麻烦。他心甘情愿这样做,做的时候也特别高兴。

蔡顺看见旱情不见好转,只好依旧到深山老林捡野果。

一天,正当他蹲下捡桑葚的时候,忽然间从山上跑来一大队人马,紧紧地把他包围了起来。一个看样子像个小头目的人下马大声地问他道:

"你这个竹篮里是什么东西? 黑的和白的为什么要分别装在两个篮子里?"

蔡顺虽然从小也没有见过这样的阵势,但他一个顺民,又没有做过什么亏心事，因此也不怎么惧怕，就如实地把因荒年家中无粮，只得到深山老林捡些野果，挖些野菜以供年迈耳聋的母亲充饥的事说了一遍，并向他们解释了黑白桑葚分别装在两个竹篮的原因，然后跪下向那个像小头目的人哀求道：

"官老爷，我老母亲在家焦急地等着我回去，我不回去，她老人家连吃的都没有，请你行行好吧……"

蔡顺的话没有说完，早已泪流满面。那个像小头目的人被蔡顺的一片孝心所感动，不由得落下泪来。悄悄抹泪的他正准备让弟兄们集合，一看弟兄们一个个也泪流不止，有的还抽噎着，竟忘了下令集合。

蔡顺越看越不明白，但官老爷没有说话，他也不敢站起来。

待小头目回过神来看见蔡顺还在那儿跪着，他急忙跑到蔡顺跟前，把他扶了起来，并对蔡顺语气和缓、态度温和地说：

"小兄弟，我们这些弟兄也都是贫苦出身，谁都不会干那些伤天害理的事。"

说罢，下令集合，并指派两个弟兄到山寨拿白米二斗、牛蹄子一只送到蔡顺家中。然后对着弟兄们高声说道：

"我们赤眉军就是替天行道，伸张正义，劫富济贫，扶危帮困的，今天在这里遇到一个尽心侍候年迈老母亲的孝子，不仅不能伤害他，而且还应该很好地相待他。弟兄们要记住，蔡岭是出孝子的地方，从此之后都不准到蔡岭打家劫舍。"

回过头来对蔡顺亲切地说：

"蔡孝子，以后你要是遇到贪官污吏和官军欺辱的事，一定要设法告诉我

忠经·孝经

们,让我们给你做主。"

不一会儿,那两个往蔡顺家里送米、送肉的赤眉军回来了,向小头目禀报。

人马到齐后,赤眉军的弟兄们都与蔡顺拱手告别,然后一溜烟地向山寨飞奔而去。

后来,蔡顺的孝名传扬天下。

又过了不几年,蔡顺盖了房,又置了地,娶妻生子,日子过得越来越好,至此,蔡顺才真的有了一个温馨的家。

埋儿奉母

原典再现

[汉]郭巨,家贫,有子三岁,母尝减食与之。巨谓妻曰:"贫乏不能供母,子又分母之食。盍埋此子?儿可再有,母不可复得。"妻不敢违。巨遂掘坑三尺余,忽见黄金一釜,上云:"天赐孝子郭巨,官不得取,民不得夺。"

诗曰:郭巨思供给,埋儿愿母存。

黄金天所赐,光彩照寒门。

古文今译

汉代隆虑(今河南林县)人郭巨,家境非常贫困。他有一个三岁的男孩,母亲经常把自己的食物分给孙子吃。郭巨对妻子说:"家里窘困不能很好地供养母亲,孩子又分享母亲的食物。不如埋掉儿子吧?儿子可以再生,母亲如果没有了是不能复有的。"妻子不敢违拒他,郭巨于是挖坑,当挖到地下三尺多时,忽然看见一小坛黄金,坛子上写着字:"上天赐给孝子郭巨的,当官的不得巧取,老百姓不许侵夺。"

忠经·孝经

故事扩展

郭巨出生在一个非常贫穷的家庭。在他很小的时候,父亲暴病而亡,临终连一句安顿的话都未留下就匆匆地走了。

孤儿寡母度日难,此话一点不假。寡母领着一个少不更事的孤儿,日子艰难,不言自明。光是闲言碎语,嚼舌,就让你有跳河、投缳的心思,这还不算那些指桑骂槐,打小的、骂老的欺负人的各种事。

郭巨的母亲几乎被口水淹没、吞噬,仅凭着一定要把儿子拉扯大的坚强信念,才能在既没有吃、又没有穿的艰难日子里顽强地生存着。

母亲为把郭巨拉扯成人,吃了多少苦,受了多少罪,连她自己也记不清楚了。一年到头,无论忙闲,都是吞糠咽菜,一年四季,无论冬夏,都是破衣烂衫。因此,还不到三十岁,白头发都快有了半壁江山,脸上的皱纹,和山水画中的沟沟壑壑相比的话,恐怕也不会逊色多少。

外地陌生人遇到郭巨的母亲问路时已经称呼大娘了。

窘困的日子把郭巨的母亲折磨得已不像人的样子了。即使是铁石心肠的人看到后,也会流泪的。

苦难总有尽头,苦海仍然有边。郭巨的母亲快把眼泪流干了,才总算盼到了儿子长大成人的那一天。

母子俩从此辛勤耕耘,省吃俭用,几年后慢慢地也有了一些积蓄。

穷的时候,连亲戚们也不上你家的门,生怕躲都来不及;稍微日子好过一些,不仅上门的亲戚多了起来,连说媒提亲的人也能把你家的门槛踏平。

媒人来家说，李家庄一户人家有个好姑娘，人样子也不错，贤惠能干，又能吃苦。郭母听后正好门当户对，脾气也相投，非常中意，这门亲事就这样定下来了。

彩礼凑足，由媒人转送过去，谈妥日子，就把李氏娶进了门。

李氏一进郭家门就侍候婆母，端饭送水，样样不落，把婆母当成自己的亲娘；婆母看儿媳如此孝顺，也把儿媳妇当成亲生的闺女。

照顾郭巨，在当时的社会，也是李氏义不容辞的责任。李氏除了精心侍候婆母外，对郭巨也照顾得十分周到。

郭巨看到妻子李氏又要侍候自己的母亲又要照顾自己，十分辛苦，开始心疼起妻子来。

有一天，郭巨背着母亲悄悄地给妻子说：

"你可能不知道，为把我拉扯大，老母亲不知吃了多少苦，遭了多少罪，因此我们俩都要尽心尽力地孝敬老母。你服侍老母已经够辛苦的了，以后再不要像以前那样百般地照顾我，那样你就太辛苦了，我心里也不好受。"

从此，表面上看，李氏还按当时的规矩照顾丈夫郭巨，实际上两个人相敬如宾，同甘共苦。

一家人和和美美，日子过得倒也舒心。

又过了一年，李氏坐了月子，生了个胖小子。

这个小家伙眼睛大大的，脸蛋圆圆的，眉毛浓浓的，鼻梁高高的，谁看了谁喜欢，一家人乐得合不拢嘴。

郭巨的母亲，亲这个小孙子比亲从自己身上掉下来的肉还要多出一百倍。一会儿抱一抱，一会儿亲一亲，几乎没有别人哄的空儿，就连黑夜睡觉醒来看不到小孙子，她都要掉眼泪。

三个人一天围着这个小家伙转，日子过得特别快。

不觉得这个小家伙已经长到两岁了。他已经闻得出饭的香味，不再好好地吮吸乳汁，而是要吃饭了。

这一下子就等于又多了一张吃饭的嘴。

就在这时，天灾人祸突然从天而降。

先是县里换了县令，这个县令比过去的县令更贪。搜刮民脂民膏的手段更多、更毒,巧立了不少名目,使百姓的负担越来越重,已到了不堪重负的地步。

接着就是百年不遇的一次大旱,从春种到秋收,就连一滴雨都没有下过,田园荒芜,颗粒不收。

郭家一下子陷入了灾难之中。一家四口人,不给哪一个人吃饭都不行,何况还有个两岁小孩在那儿嗷嗷待哺。

粮食被官府掠夺一空,只好靠挖野菜,剥树皮,捋树叶过日子。

日子过得真是艰难啊!

郭巨和妻子勒紧裤腰带,想的是省出点来使老母亲免受饥饿之苦。可老母每次总是把她碗里的饭菜拨出好多给小孙子吃。两岁的小孩,他怎能知道人生的艰辛,他又怎能明白父母的心意?祖母给他拨多少,他就吃多少,因此郭巨的老母总是忍饥挨饿。

郭巨和李氏看在眼里,疼在心里,他们不能说也不敢说老母,生怕老母生气,生怕有违孝道。

郭巨老母的身体原本就不怎么硬朗,现在又要把仅够充饥的一点点饭菜分给小孙子吃,她咋能受得了?

不几天,老母就有点扛不住了,面色一天比一天发黄,眼睛一天比一天发花,瘦脊嶙峋,有气无力。

小孙子尽管有祖母的百般呵护,有父母想方设法的照顾,但毕竟粥少僧多,本是一个人都不够吃的饭,四个人分着吃,这能管什么用。别说长身体了,连维持生命都够呛了,因而小孙子也瘦得皮包骨头,一天常睡不醒。

郭巨暗自喟叹:

"养母难啊养母难,世乱时艰难上难。"郭巨一家四口人继续在死亡线上挣扎。

夫妻俩背着母亲和小儿子不知哭了多少次了,可是哭能顶什么用呢?

他们俩整天思谋,可在这家境沦落时,在这世局动荡中,又能有什么治家良方呢?

两个人都陷入了难以言状的痛苦之中。

在无路可走的情况下,郭巨忽然想出了一个办法。

正当他要告诉妻子李氏的时候,李氏也想出了一个办法。

两个人谁都不想先说出自己的办法。无奈之下,说定各人都把各人的办法写在手上。

当摊开手掌时,两个人写下的字竟是一模一样的两个字:我死。

虽然是不谋而合,可两个人都是神色凄惶,满眼泪花。

为此,夫妻二人争执不下,各人都有一定的道理,但都经不起仔细推敲,又在对方的辩驳下站不住脚。

谁也说服不了谁,谁再也没有万全之策,只能是泪眼相对。

两个人每天都是愁眉不展,可在老母面前还得强颜欢笑,唯恐老母有一丝儿不高兴。可这毕竟不是解决的办法。

有一天,郭巨做出了一个惊人的决定:埋儿养母。

郭巨决心已下,但他还是不敢告诉妻子李氏。

躲是躲不掉,拖也是拖不了的。

郭巨忍着巨大的悲痛,背着母亲还是把他的惊人决定告诉了妻子。

待郭巨说完,李氏惊愕得张大了嘴巴。若是别人告诉她,即使把她打死她也是不会相信的。因为她知道丈夫郭巨是个古道热肠、心地善良的人,对外人都能那样善良,难道他会对家人如此残酷吗?

可眼前的事实明摆着,这个决定是她的丈夫亲口说出的,她耳朵也不背,她能不相信这个决定是真的吗?

李氏怔了一阵儿,接着哇的一声,放声大哭起来。

那凄惨的哭声,能使江河呜咽、鸟雀悲啼,可令大地动容、山川变色。

好不容易止住哭声,李氏一看丈夫郭巨也在伤心落泪。

李氏明明知道这个决定,她既无权更改,也是更改不了的。那时候男人的决定或主张,女人连过问一下都是不行的。但她还是想劝一劝丈夫,希望他不要这样绝情,免得背上一个恶名。便哀求般地说:

"他爹,儿子是咱们的亲骨肉,不能呵护他,至少不能摧残他!再说动物都懂得保护自己生下的小东西,我们这样做,不让人唾骂才怪呢!"

郭巨接过话茬,无可奈何地对妻子说:

"这只能怨咱们家穷。供养母亲就已非常困难,咱们儿子不懂事,每顿都要分吃母亲的饭菜,长此下去,母亲还能活下去吗?把儿子埋掉,就没有分吃母亲饭菜的人了,老人家兴许能多活几年。你我还年轻,日后还可以再生养,母亲万一有个三长两短,我们如何面对世人,死后也无法面对列祖列宗。"

妻子李氏一边听着,一边仍在哭泣。

过了两天,郭巨和妻子在母亲面前谎称抱着儿子到他姥姥家,就把儿子抱出了门。

来到了荒郊野外,夫妻俩禁不住放声大哭。

眼看太阳快要下山了,郭巨才拿起铁锹挖坑,妻子在旁边抱着儿子仍在哭泣。

约摸挖了二尺多的时候,郭巨狠劲踩锹,只听咕咚一声,上面一堆土掉了下去,露出来一个窖。

跳下去一看,窖里面有一口小锅。打开锅盖一看,郭巨一下子惊呆了。小锅里面装的全是黄金,上面还有十六个大字:天赐黄金,孝子郭巨,官不得夺,民不得取。

郭巨把这天大的喜事立即告诉了还在哭泣的妻子。

妻子立马破涕为笑,跪下向上苍谢恩。

郭巨夫妻把黄金带回家中,只留下一点作供养母亲之用,其余的都分给了村中家有老人的人家,让他们好好奉养老人。

忠经·孝经

卖身葬父

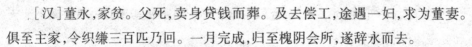

原典再现

[汉]董永,家贫。父死,卖身贷钱而葬。及去偿工,途遇一妇,求为董妻。俱至主家,令织缣三百匹乃回。一月完成,归至槐阴会所,遂辞永而去。

诗曰:葬父贷孔兄,仙姬陌上逢。

织缣偿债主,孝感动苍穹。

古文今译

汉朝时,有一个闻名的孝子,姓董名永。他家里非常贫困。他的父亲去世后,董永无钱办丧事,只好以身作价向地主贷款,埋葬父亲。丧事办完后,董永便去地主家做工还钱,在半路上遇一美貌女子。拦住董永要董永娶她为妻。董永想起家贫如洗,还欠地主的钱,就死活不答应。那女子左拦右阻,说她不爱钱财。只爱他人品好。董永无奈,只好带她去地主家帮忙。那女子心灵手巧,织布如飞。她昼夜不停地干活,仅用了一个月的时间,就织了三百尺的细绢,还清了地主的债务。在他们回家的路上,走到一棵槐树下时,那女子便辞别了董永。

故事扩展

董永出生在一个世世代代以种田为生的家庭里。父亲是一个老实巴交的农民,为人厚道,勤劳节俭,但由于土地贫瘠,虽日出而作,日落而息,但仍然是连饭都吃不饱,年年受穷。

由于家穷,已经到了成家的时候,依然没有一个媒人来家里提亲。

邻村有一户人家了解到这个小伙子忠厚老实,吃苦耐劳,愿把女儿嫁给这样的人。他给媒人说:

"不要看他现在穷,只要他能扑下身子干,不怕吃苦,将来的日子就赖不了。"

结婚一年左右,妻子生下了一个胖乎乎的儿子,起名董永。

董永小的时候就活泼好动,十分可爱,父母都特别喜欢他,经常因为想抱董永而没有抱上相互生气。

这样的日子仅仅过了三年,董永的母亲在一场突如其来的大病中撇下丈夫和儿子溘然长逝了。

从此,家里冷冷清清,父子相依为命。

好天气,董永的父亲下地劳动,就把他背到田间地头,让他在地里玩耍,碰

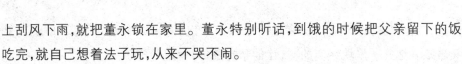

上刮风下雨,就把董永锁在家里。董永特别听话,到饿的时候把父亲留下的饭吃完,就自己想着法子玩,从来不哭不闹。

董永一天天地长大了,开始懂得心疼父亲了。等到半前晌的时候,董永就拎着一小瓦罐水到地头给父亲送水,遇到刮风下雨天,他就把遮风挡雨的衣物给父亲送去。

村里的人都夸董永是个疼他父亲的好孩子,特别听话的乖孩子。

可世事难料,汉灵帝中平年间,山东青州发生了黄巾起义,渤海发生骚乱,董永随父亲避乱迁徙至汝南(今河南省汝南一带),一路上风餐露宿,栉风沐雨,吃尽苦头,好在保住了性命。

在这里呆了不长时间,又因战事频繁,不得不离开这里到处流浪,沿村乞讨,最后流寓安陆(今湖北孝感市)。

来到安陆,人生地不熟,两眼一摸黑,董永的父亲只得给人家干零星的小活,养家糊口。不久,一家大商铺雇一个打更的,董永的父亲被大掌柜的一眼看上,进了商铺,并特许他带小孩进出商铺后院。

董永年龄虽小,但眼里有活。他除了帮助父亲拾掇后院的库房处堆积的废旧物资,还干些杂七杂八的事。有时候还替伙计打扫店铺,有时站在店铺里看伙计们怎样招呼客官,迎来送往。

董永的父亲实实在在地做事,认认真真地完成掌柜们交办的工作。时间不长,大掌柜就特别信任董永的父亲,把许多带有机密性质的事情也交由他去操办。

大掌柜从别人那里了解到了董永父亲的遭遇,顿生恻隐之心,忽发善事之举。他打发伙计把董永的父亲唤来,当面告诉他:

"这几年够你辛苦的了,我得感谢你。一会儿到算账先生那里领上纹银二

忠经·孝经

十两,自己出去开个小店,一者维持生计,二者也得再成个家,不能老是既当爹又当娘。你儿子是块经商的料,让他帮衬着你,肯定错不了。"

董永的父亲领赏后,就和儿子开始经商了。

父子俩开了个小店,门面虽不大,但百姓日用品应有尽有,品种齐全,货真价实。一开张,客官就络绎不绝,买卖还挺兴隆。

客官冲的是董永的童叟不欺、心眼好,而董永看到客官如此照顾他们的生意,往往反奸商之道而行之,买布多个一寸两寸,零头就不要钱了,看到穿着破衣烂衫的,索性连钱都不要了。

董永的父亲想,照这样下去,不但不能挣钱,弄不好还得把本钱也搭进去。他多少次苦口婆心地教诲儿子,看儿子听的时候好像也很用心,可一到做买卖时,还依然如故。

月底算账,还是进来的多,出去的少,除去一切开销,还有一点余头。见此情状,董永的父亲也就不再说啥了。

这买卖做得刚有点起色,突然父亲病倒了。老人家挺有骨气,从未见他有病呻吟过,这一回直喊爹叫娘,汗珠子豆粒般大,滚滚而下。

董永急忙把镇中最有名气的医生请来,望闻问后,一切脉,医生脸色变了,告知董永:

"你父亲得的是绝症,快准备后事吧!"

董永赶紧跪下磕头,哀求医生救一救父亲。医生一脸无奈,安抚了几句匆匆离去。

父亲也知道性命不保,便吩咐变卖家产,送他回老家,必须把他和列祖列宗埋在一起。

镇上的人知道董永遭到不幸,变卖店铺和其他家产,纷纷前来看望,并捐钱捐物。

董永雇了车带着病重的父亲就要上路了,那些客官闻讯急急忙忙地赶来,挥泪与董永告别。

董永忍着悲痛,马不停蹄地向老家前行。

俗话说,福无双至,祸不单行。刚刚走出一百来里,来到一个沟深林密的山谷里,从山上冲下来几个大汉,不由分说就把他父亲扔到地上,抢走所有财物纷纷逃窜。

董永的父亲此时还哪里能受到了这样的惊吓,一阵抽搐,便咽下了最后一口气。

董永心如刀绞,哭声响彻山谷。身无分文的他,只好背着已经含恨离开人世的父亲缓慢地行走在山间小路上。

好不容易看到一个村庄,他拿出吃奶的力气才算把父亲背到了有人烟的地方。

几经周折,找到了一个大户人家。董永向这家穿着绫罗绸缎的主人述说了自己的不幸,哀求予以资肋。

俗话说得好,门洞的风,老财的心。这种唯利是图的人咋会悲天悯人,听董永哭诉完后,只说了一句话:我还正为钱犯着愁呢,便关上了大门。

好心的人知道了董永的遭遇,纷纷慷慨解囊,但这无异于杯水车薪,哪够埋葬的费用。

他谢过那些好心人,向他们借来纸笔,写下了一份卖身契,上面写着:

"家父不幸西归,身无分文葬父。若愿帮我葬父,情愿当牛做马。立此契约,永不反悔!"

在场的百姓无不落泪。

董永已哀求过的那家穿着绫罗绸缎的主人,姓裴,是个大财主。他听到这一消息后,欣喜若狂,几乎跳了起来。他怕别人抢在前面,便三步并作两步,气喘吁吁地赶过来了。

裴财主来到董永面前,假惺惺地说:

"我这个人一看见可怜的人,就由不得发起善心来。你先拿上这些纹银,把你父亲埋了,办完丧事就来我家。你只要织上细绢三百匹,我就立即还你自由。你要不讲信用,到时候可不要怪我不客气。"

其实,按织绢的工钱算,裴财主手中的纹银顶多需织二十匹,比社会上借钱的利息已高出十几、二十几倍。

可董永已经全然不顾财主苛刻的条件,只要能把父亲葬到祖上的坟墓,即使再比这苛刻的条件,他也会连眉头皱也不皱地答应下来。因此他立马拿上了裴财主贷给他的钱安葬父亲。

董永了却了父亲的心愿，又守了七日孝，就往裴财主家赶。

走到一棵槐树下，董永遇见一位风姿美貌的少妇。少妇含情脉脉地说：

"你可能还没有娶妻，我是个被丈夫离弃的女人，愿与你永结同心！"

董永知道自己已是卖身为奴的人，这样的事必须禀告主人，自己是做不了主的。因此，他对这位少妇只好直说：

"这件事，我自己不敢做主，须禀告主人。"

少妇呵呵地笑了起来，之后说：

"未当奴仆前，已是忠顺的奴仆。即使这样，我愿与董郎一同前去拜见你的主人。"

董永同这位少妇来到裴财主家，诉说缘由，裴财主欣然为他们的婚姻做主，让他们在一百天内，织出三百匹细绢，即可赎身，做自由的农夫。

从这天起，夫妻俩日夜纺织。饿了，胡乱地吃上一口；困了，就在手摇的纺织机旁打个盹，忙得已不知白天黑夜，累得已腰酸腿疼。终于在一百天的前一天，将三百匹细绢交给裴财主。

裴财主把董永写下的卖身契还给了董永。

翌日，夫妻二人高高兴兴地离开了裴财主家。

又来到了一百天前相见的槐树下，少妇突然向董永告别。

董永哭着说：

"你为我赎身的恩德，我还没有报答，你怎能抛下我就走呢？"

少妇到这时才告诉董永事情的原委，少妇的泪花在眼眶中直打转，凄切地说：

"你我夫妻一场，我也舍不得离开你。我不是被丈夫离弃的少妇，我是银河旁的织女。是天帝念董郎一片孝心，令我下凡相助。今百日缘满，我必须回去向天帝缴旨。"

说完，织女恋恋不舍地凌空而去。

刻木事亲

原典再现

[汉]丁兰,幼丧父母,未得奉养。而思念劬劳之恩,刻木为像,事之如生。其妻久而不敬,以针戏刺其指,血出。木像见兰,眼中垂泪。兰问得其情,遂将妻弃之。

诗曰:刻木为父母,形容在日身。

　　　　寄言诸子女,及早孝双亲。

古文今译

东汉河内(今河南黄河北)人丁兰,幼年父母双亡,他没有机会奉养行孝,因而经常思念父母的养育之恩。于是用木头刻成双亲的雕像,对待雕像如同活人一样。他的妻子因为日久生烦,对木像便不太恭敬了,用针偷偷地刺木像的手指玩,木像的手指居然有血流出。后来木像见到丁兰后,眼中垂泪。丁兰查问妻子得知实情,就遂将妻子休弃。

故事扩展

丁兰,相传是东汉时期河内(今河南黄河北)人。

他父亲为人淳朴憨实,心地善良,是个务农的好把式,他母亲贤惠机敏,平易可亲。虽然只种着二亩瘠地,但由于夫妻俩能吃苦,肯出力,辛勤耕耘,一年下来起码口粮不用发愁,有时碰上好年景,还能有点余粮。

丁兰的父亲除了耕种自己的土地外,一有闲空,不是帮助东家修理农具,就是帮衬西家耕田耙地。因此,村里人一有事,首先想到的就是丁兰的父亲。

等到夫妻俩有了儿子丁兰后,虽说多了一张吃饭的嘴,但日子过得还不是紧巴巴的,比上不足,比下还有点余。

天有不测风云,人有旦夕祸福。丁兰的母亲平时也很结实,连个头疼脑热之类的也很少发生。可忽然得了一种医生也为之称奇的不治之症,药也没少吃,所知道的名医也没少请,结果越治人越没有精神,看过病的医生越多,病情越恶化。

丁兰的父亲看见没有指望了,也就不再找医生了。他心中暗自说:"再不要折腾她了,让她安静地离去吧! 不然,她要怨恨我的。"

丁兰的母亲在疾病的折磨下,形销骨立,连说话的一点气力都没有了。疼痛袭来时,怕丈夫难受,咬紧牙关强忍着,有时竟把嘴唇咬破,血肉模糊。丈夫看到后背过脸暗自抽泣。

就是这样的坚持,还是没有从死神的魔爪中挣脱出来。没过几天,丁兰的母亲就在难以言说的痛苦中,在千万要把丁兰拉扯成人的断断续续的殷殷叮嘱声中离开了人世。

丁兰只有两岁多。虽然他对死是怎么一回事并不知道,但他看到母亲双目紧闭、脸色苍白的样子,似乎也有一种不祥的感觉。再看母亲连话也不说,拼命喊她都不答应,丁兰着急了,他扑在妈妈身上,皮肤细嫩的两只小手用力地抓住妈妈身上的衣服,一边拉扯,一边哭喊,一声一声不住地喊着:

"妈妈,你醒一醒! 妈妈,你睁开眼……"

惨厉的哭声,谁听到了都会随之落泪。

丁兰的母亲走了,撇下父子二人。家里原本就空荡荡的,一下子变得就像空旷的原野,原本热闹的、有生气的家,一下子变得冷冷清清,毫无生气。

从此,父子两人相依为命,艰难度日。

丁兰小时候因缺奶,体质就差,经常闹病,好在有母亲时刻关心、教导,不让他乱跑乱蹿,跌伤、碰坏的情况从未发生过。

如今,只有父亲一人打里照外,又当爹又当娘,哪能照顾过来? 这样,跌伤、碰坏的情况时有发生。

丁兰的父亲心疼不已,但也无可奈何,总不能把地撂荒了吧,那不等于是要喝西北风了吗?

丁兰长到六七岁的时候,就懂得帮父亲了。凡是他能干的事情,尽量不让父亲干,有时候还能和父亲一起干活,帮父亲锄个草呀,撒个粪呀,多多少少地减轻了父亲的担子。

有一年,老天爷一个劲地折磨人。先是春旱。冬天没有下雪,墒情本来就不好,再加上春天一滴雨都没下过,地根本就种不下去。

眼看着要错过节气,父子俩只好肩挑手拎,把水弄到地里,采用点种的办法,才勉勉强强地把种子播在了地里。

后来老天爷手下留情,夏天还下了几场透雨,庄稼长得绿油油的。丁兰父亲望着滚滚的麦浪,别提有多高兴了。

还没有等到丁兰父亲高兴劲儿过去的时候,忽然天气变了。顿时狂风大作,吹得人都站立不稳。不一阵儿,天空中乌云翻滚,电闪雷鸣。雨点噼里啪啦地掉了下来,瞬间地面变成一片汪洋。

雨意还浓时,小石头块大小的冰雹又从天而降。庄稼随即被拦腰砸断,七零八落的,惨景目不忍睹。

一年一度的指望全部落空了。丁兰的父亲愁得整夜辗转反侧,人一下子苍老了许多。

丁兰刚过了十岁,但看见父亲整天焦愁而自己不能分担时,心里还是十分难受。

丁兰父亲在一次次的重大打击下,一天比一天瘦弱,稍微做点重活就气喘吁吁,汗流不止。

灾难终于发生了。一天,丁兰的父亲上山打柴。打了一会儿柴,突然觉得头眩目晕,一头栽倒,滚下了山,就再也没有爬起来。

等到人们发现时,已经断了气。

丁兰哭得死去活来,抱着父亲已经僵硬的尸体死活不放,村里的人怎么拉也拉不起来。

丁兰从下午太阳快落山时,一直哭到第二天清晨,泪也哭干了,嗓子也嘶哑了,人瘫软得也站不起来了。

村里人把丁兰和丁兰父亲的尸体抬回了村。在众人的资助下,丁兰才草草地把父亲掩埋在了山头上。

丁兰孑然一身,孤苦伶仃。他有好几次跳河、上吊,都被村里人发现,解救下来。

丁兰在村里好心人的帮助下,耕种着父母留下来的两亩薄田,过着饥一顿、饱一顿的艰难日子。

春天,他学会扶犁、耙地,在别人帮助下播下了种。

夏天,他经常起早摸黑地锄地,间苗。

秋天,他披星戴月地收割庄稼,别人一天能割完的庄稼,丁兰最少也得四五天。人们看见怪可怜的,路过地头时常常帮丁兰收割庄稼。自己不能拉,不会碾,不会扬,村里的人都来帮他。

冬天,寒风凛冽,他也得出去搂柴、拾粪,两手冻得红红的,十个指头都麻木了,有时就跑到牛刚拉出来的粪堆里暖冻僵了的手。

年复一年,月复一月,丁兰在不堪重负思念父母的煎熬中长大成人了。

后来,思念父母之情愈来愈强烈,几近于不由自主:

他看到别的人家儿孙满堂、几代同居、孙绕膝下,他就流泪;

他看到他人给父母烧茶递水、端饭送菜、洗衣晾衫,他就哭泣;

他看到年关前年轻人给父母添置新衣、购买糖果、制作糕点,他就肝肠寸断;

他看到老人们患病后儿女们跑前跑后、煎药熬汤、喂饭喂水,他就涕泗横流。

丁兰实在无法忍受这样近乎残酷的精神折磨,他要想出一个免于思念父母的痛苦的妙计。

他日思夜想,终于想出了一个刻木为像的办法,即把父母生前的形象刻在一块木板上，然后让它在自己心中活过来，不就可以天天见到父母，也可以天天孝敬父母了吗？

他开始回想父母生前的形象，但总是模糊的，怎么也清晰不起来；他开始缅怀父母那苦难的一生，但总是零星的、片断的，怎么也完整不起来。

丁兰为此感到十分苦恼。

有天夜里，他做了一个梦：有一位老人告诉他，他要做的事情，村里的老人都能帮他。

第二天醒来后，梦中老人说的话，他还记得清清楚楚。他只恨自己笨，怎么就没有想起这个办法来。

丁兰开始走东家问大爷，串西家问婶娘，碰见人便问，有影子就访。半个月以后，脑袋里装满了父母亲生前所做过的各种事情和遭遇的各种灾难，眼前呈现出了父母亲真真切切的形象。

他按照眼前呈现出的父母亲的形象刻在一块经过精心设计制作的木板上，摆放到屋内仅有的一个大红柜子上。

从此，丁兰每天早晨、中午、晚上三次在父母亲的像前下跪请安；一日三餐，每顿饭总是先盛上一大碗，放在父母亲的像前，并说：

"爹，娘，趁热赶快吃吧！"

之后，他才拿起碗筷吃饭。

刮风下雨天，丁兰总要用衣服包住父母亲的像，生怕着了寒，淋了雨。

有事情自己解决不了时，他总是跪在父母亲的像前，一个一个地都要问过。他暗自说：

"要是二老不知道我的情况，他们要着急的。必须告诉他们，让他们放心！"

丁兰刻木为像，待亡亲就像活着的那样侍奉的孝行，很快传遍了黄河南北。十里八乡的媒人纷纷给丁兰提亲。

邻村的一个姑娘也见过丁兰，在媒人的说合下嫁给了丁兰。

夫妻俩相敬如宾，和和美美。丁兰把刻木为像、侍奉亡亲的缘由讲给妻子听，并要求她和自己一样对待亡亲。

起初，妻子按照丁兰的要求，每天和丁兰一样尽心尽力地侍奉亡亲，丁兰特别高兴。

时间长了，丁兰的妻子就不大愿意每天那样侍奉亡亲。即使做了，也是马马虎虎，并不虔诚。

有一天，丁兰外出。中午时，他妻子很不情愿地下跪请安后，又把饭端到亡亲的像前。她突发奇想，何不在亡亲身上试一试他们有没有知觉。于是便拿来了做衣裳用的针，用针尖向亡亲的指头刺去。瞬间，殷红的鲜血从亡亲的指尖处流了出来。

傍晚时分，丁兰回来给亡亲请安时，发现父母眼泪不断，非常痛苦的样子。

丁兰有点不解，急忙问其妻子。

丁兰的妻子看见丁兰追问不休，只好照实说了。

丁兰不听则已，一听就火冒三丈，气愤地对妻子说：

"由此看来，咱们俩的缘分到今天也就结束了！和我同床共枕的人必须是对死去的父母极其孝顺的人。"

说罢，写了休书，就把妻子休了。

之后，丁兰还是一如既往地在木像前侍奉亡亲，至死不渝。

涌泉跃鲤

原典再现

[汉]姜诗，事母至孝；妻庞氏，奉姑尤谨。母性好饮江水，去舍六七里，妻出汲以奉之。又嗜鱼脍，夫妇常作。又不能独食，召邻母共食。舍侧忽有涌泉，味如江水，日跃双鲤，取以供。

诗曰：舍侧甘泉出，一朝双鲤鱼。

　　　子能事其母，妇更孝于姑。

古文今译

姜诗,东汉四川广汉人,娶庞氏为妻。夫妻孝顺,其家距长江六七里之遥,庞氏常到江边取婆婆喜喝的长江水。婆婆爱吃鱼,夫妻就常做鱼给她吃,婆婆不愿意独自吃,他们又请来邻居老婆婆一起吃。一次因风大,庞氏取水晚归,姜诗怀疑她怠慢母亲,将她逐出家门。庞氏寄居在邻居家中,昼夜辛勤纺纱织布,将积蓄所得托邻居送回家中孝敬婆婆。其后,婆婆知道了庞氏被逐之事,令姜诗将其请回。庞氏回家这天,院中忽然喷涌出泉水,口味与长江水相同,每天还有两条鲤鱼跃出。从此,庞氏便用这些供奉婆婆,不必远走江边了。

故事扩展

东汉时期在广汉雒县汛乡(今孝泉古镇,位于四川省德阳市旌阳区西北部,距德阳市区二十一公里)居住着姜诗一家人。

姜诗的母亲陈氏,年轻轻地就守了寡,带着儿子姜诗过着吃了上顿没下顿的凄苦生活。不过陈氏为人厚道、善良,左邻右舍看到她的日子过得艰难,时不时地也伸出援助之手,接济一点,因此,也能将就地过下去。

尽管吃了不少苦,但陈氏总算按照丈夫临终时的嘱咐把姜诗拉扯成人,并东挪西借地又给姜诗娶了个媳妇。

姜诗从小就知道家境贫寒,母亲吃的苦、受的罪,没有人能比他更清楚,包括他母亲,因为漫长的岁月早使她把一些没有切肤之痛的事给忘记了,而姜诗却还记忆犹新。因而姜诗从小就特别听母亲的话,从不惹母亲生气。长大以后对寡母更加孝顺。寡母爱吃的,想喝的,除了上天揽月,下海捉鲸,他都要想法子弄来满足母亲的要求。

妻子庞三春贤淑达礼,吃苦耐劳,心灵手巧,孝敬父母,在未嫁人前就有好名声。当嫁到姜家后,听姜诗给她讲婆母前半生的悲惨遭遇后,也决心同姜诗一起共同侍奉老母。

姜诗的母亲在生下姜诗后,养成了一种习惯,每日喝水只喝江中的水,又特别爱吃江中的鲤鱼。

庞三春自打进了姜家的门以后,就把这副担子挑在了肩上,即使一年后生了儿子(小名叫安安,大名叫姜石泉),她仍旧一如既往地挑水打渔。

江边离姜家有六七里远。庞三春每天都得很早就动身,待打捞上鱼,再挑水回家,至少也需半天时间。她忍饥挨饿地、长年累月地行走在这条路上,无论刮风,还是下雨,人们都能看见庞三春艰难地挑水的身影。

一次,庞三春走到离江边还有一二里的地方,就遇上了狂风暴雨。

狂风夹着暴雨,像一根一根鞭子似的抽打在庞三春瘦弱的身体上。好不容易到了江边,江上波涛汹涌,一排排巨浪拍打着江岸,连个鱼影儿都没有看见,更别说打渔。

直到下午,雨势未减。庞三春只得空手而归。

姜诗看到妻子既未打来鱼,也未挑来水,就以为是妻子侍候母亲侍候得腻烦了,故意这样做的。因此他既不看妻子一身泥水、灰头土脸那可怜的样子,也不听一听妻子的诉说,就把妻子劈头盖脸地打了一顿,逐出了家门。

当时社会的规矩,女人一旦被丈夫逐出家门,不是一死了之,就是剃度出家,回娘家也是一条不归之路。

死,庞三春也不是没有想过。

她能一死了之吗?

她当时想:即使丈夫真的情断义绝,还有婆母和才三岁多的儿子,他们靠谁来照顾呢? 万一有个意外,能心安吗?

她过了一阵儿又想:丈夫平时待她也不错,怎么会一下子就变脸了呢? 她非常纳闷。

又停了一会儿,她再一次想:丈夫不知情,冤枉了我,即使我不去和他说长论短,但其码也应该让丈夫知道我是无辜的。孝母之心,天地可鉴! 我不能带着一肚子冤枉话离开人间!

她越想越伤心,禁不住流下泪来。

最后她才下了决心:无论怎样艰难,我还没有尽完对婆母的孝心,我还没有把儿子拉扯成人,必须顽强地活下去。

她离开前一阵儿还是她的家,离开这个非常熟悉的村庄,满含泪水,三步一回头,漫无目的地向村外走去。

不知是不是天意,她走着,走着,就走到了尼姑庵,抬头一看,只见上面写着:白云庵。

正要敲门,出来一位尼姑模样的人,她上前施礼,诉说了自己的苦衷并哀求将她留下。

恰巧这位正是白云庵住持,听完了她的哭诉,就答应了她的请求。

庞三春剃度完毕后,就干起了庵中的零碎活,扫地、打柴、洒扫庭园、烧水端茶,一个人忙得不亦乐乎。

白天忙得什么也顾不上想,一到夜深人静的时候,庞三春就想起了婆母,想起了儿子安安,有时候也想起丈夫姜诗来。直想得泪流满面,一夜未眠。

有一次,庵里举行大道场,善男信女来得真不少。庞三春在这里遇到隔壁的王二婶,她急切地向王二婶打问家中的情况,特别是婆母的情况,并托王二婶给婆母带回两尾鱼,几斤肉,这是她省吃俭用省下来的。

王二婶悄悄地把庞三春流落在尼姑庵的消息告诉了安安。这时候,安安已经十岁了,到学堂读书已经三年了。

安安缠住王二婶不放,非要王二婶告诉他去白云庵的路线。

第二天,安安逃学了,他要找妈妈去。

母子相认后,抱头痛哭一场。

安安回到家里对父亲说:"爹,快把母亲接回来吧!"

姜诗听到儿子说起妻子来,胸中涌起一阵阵酸楚。他当时一气之下把妻子逐出了门,结果不仅使母亲、儿子受了苦,他自己吃的苦头也不少。

姜诗早就后悔当初的粗暴、武断,只是不好说出来,也没有机会说出来。趁儿子提起这个话题,他就顺水推舟地说:

"那我们就一起打听打听你妈的下落吧!"

小安安几天来就巴望着父亲的这句话。待父亲说完,他就一溜烟地连夜跑去告诉了还在愁肠百结的妈妈。

小安安说完,哭泣着求妈妈原谅父亲,求妈妈赶快回家。

庞三春这一回真的动了心,看在婆母日夜盼望媳妇归来的分上,她原谅了

忠经·孝经

过去也曾疼爱过她的丈夫,和儿子一起回了家。

庞三春回到离别将近七年的家:

抬头一看,院落破败得不像样子,房顶上荒草萋萋,院子里杂物横七竖八地躺着,连人下脚的地方都没有。

进屋后,看到婆母明显老了,也瘦了。眼神呆滞,脸色焦黄,丈夫的身体也大不如从前了,心中不由得一阵一阵地疼痛。

一家三代人又重新团聚了,有哭的,有笑的……

第二天,庞三春又早早地起来,拾掇好家后,照例挑着水桶,拿上渔网就要去江边。

婆母闻讯,连鞋都没有顾上穿,就出来拦阻,声音颤抖地说:

"媳妇家,你能回到这个家来,为娘的已经等于烧高香了。娘不喝那水,不吃那鱼,绝对死不了。累坏了你的身子,这个家可咋办呀!"

说着,说着,便抽抽搭搭地哭了起来。

庞三春赶紧放下肩上、手上的扁担、渔网,扶着婆母进了家,并对婆母说:

"好几年没有孝敬你老人家了,这都是儿媳妇的罪过啊!娘不能让人家戳着儿媳妇的脊梁骨骂儿媳妇吧!"

婆母只好让步。

庞三春依然是日复一日、月复一月地挑水打渔。

姜诗把鱼做好后,知道母亲不吃独食,就把四邻八舍的大娘、大婶们叫到家来,和母亲一同吃着味美香甜的大鲤鱼。

几位老人们一边吃着美味佳肴,一边说笑着,阵阵欢笑声飘荡在小村庄里。

有一天,当人们都已熟睡的时候,姜诗家的房舍东边忽然轰隆隆地响了起来,一家人吓得谁也不敢做声。等响声过后,姜诗壮着胆子往院子里一看,一下子惊呆了:离住房三步远的地方一股泉水正喷涌而出,水清冷冷的,泉水中还有两尾活蹦乱跳的鲤鱼。

姜诗把全家人都招呼出来看这一奇观,一家人乐得真的是合不拢嘴。

姜诗的母亲立即跪在地上,给上苍磕头作揖,并不住地说:

"感谢上苍,救苦救难,寡母孤儿,永世不忘……"

等寡母说完,姜诗赶紧把泉水中的两尾鱼捉回了家。

从此,他们每晚都来这里拎水,再也不用到远在六七里之外的江边挑水了;每晚都有两尾鲤鱼从泉水中跳跃出来,再也不用撒网捕鱼了。

姜诗夫妇孝感天地而致涌泉跃鲤的事不胫而走,越传越远。

怀橘遗母

原典再现

[后汉]陆绩字公纪。年六岁,于九江见袁术。术出橘待之,绩怀橘三枚。及归拜辞,橘堕地。术曰:"陆郎作宾客而怀橘乎?"绩跪答曰:"吾母性之所爱,欲归以遗母。"术大奇之。

诗曰:孝顺皆天性,人间六岁儿。

袖子怀绿橘,遗母事堪奇。

古文今译

东汉时,有一位孝子姓陆名绩,字公纪。六岁的时候,父亲带他去九江拜见袁术。袁术拿来橘子招待他。他悄悄把三个橘子揣到怀里,告别跪拜的时候,橘子掉在地上。袁术责问他为什么悄悄地揣了三个橘子。陆绩跪着说:"我母亲一向很喜欢吃橘子,我想把它拿回去孝敬母亲。"陆绩年仅六岁就知道孝敬母亲,袁术大为赞美。

忠经·孝经

　　东汉末年时,在镇压黄巾起义的过程中,割据一方的军阀势力不断出现,随之一批批在地方上有势力的家族也已形成,陆氏家族就是其中的一个。

　　陆绩的父亲陆康,当时就在庐江做官,虽然对儿子极其疼爱,但由于战乱不断,各地都不太平,出外一般都不带家眷。因此,陆绩和母亲就留在家乡吴郡(治所在今苏州市)。这样,陆绩的母亲就把抚养和教育陆绩的重担挑了起来。

　　吴郡一带天气特别炎热,为使儿子陆绩不受暑气的熏蒸,母亲常把儿子放在摇篮里,且一边摇,一边给儿子唱起了摇篮曲:

　　小宝宝,睡得好,

　　赶快长大上学校;

　　学虞舜,学唐尧,

　　为国为民当英豪。

　　小宝宝,跑得早,

　　文韬武略样样高;

　　能耍枪,会使刀,

　　南征北战立功劳。

　　小宝宝,心至孝,

　　天天跪问父母好;

　　日日祈,夜夜祷,

　　只盼老人疾病少。

　　小宝宝,……

　　陆绩听着听着,就进入了甜美的梦乡。

　　光阴似箭,日月如梭。不知不觉地就到了陆绩识字读书的年龄,母亲是大家闺秀,识文断字,女红针黹,样样皆通,且认真细心,她要把自己的儿子培养成栋梁之才。

　　每天五更天,母亲就把还在酣睡的儿子叫醒,教他识字,从"人""大""天""夫""夹""丈""尺""寸"到"日""月""山""川""父""母""兄""弟",母亲一字一字地教,儿子一字一字地读。

一到中午,儿子按照母亲的安排,开始写字。母亲从点、横字的笔画开始教,先易后难,循序渐进。儿子听从母亲的教导,一笔一画认真地练。

到了晚上,母亲就开始给儿子讲"老莱子戏彩娱亲""郯子取鹿乳奉亲""子路为亲百里负米"的故事,让儿子知道孝敬父母是做人最重要的德行的道理。

陆绩从小就聪明好学,也有悟性,因此在了解了孝道之后,就在实际行动中贯穿这一精神,在家里对母亲格外孝顺。

一开始是向母亲早晚请安,后来是吃饭时总是让母亲坐在炕上,由他来端饭舀菜,母亲不吃,他也不吃。如果母亲有个头疼脑热,他就急得不得了,一会儿问哪儿不舒服,一会儿又走到母亲跟前摸一摸母亲的头,再摸一摸自己的头,通过对比来看母亲是否发烧。如果需要请医生诊治,他就急匆匆地一路小跑找医生。之后又是买药又是煎,忙得团团转。

陆绩人虽小,但观察力还挺强的。他能发现母亲什么时候不高兴了,也能知道母亲现在心里正乐着呢。而当母亲不高兴时,他想尽办法非要把母亲逗乐。

陆绩不仅孝敬在他身边的母亲,他对父亲也时常想念。过几天,就要问一问母亲:

"妈,爹什么时候才回来看咱们呢? 他不是说过一二个月就来再看我们,这都三个月零八天了,他咋还不回来呢? 不是哄咱们吧!"

陆绩母亲听了儿子的话,暗自发笑。心里想,这小东西还真够精的,我都不记得的事,他还放在心里。为了不让儿子有错误的想法,她在儿子说完后,就笑着说:

"是不是又想你爹了? 你爹不能按照说的时间回来,肯定是有许多事情缠着他,让他脱不开身。再说现在局势动荡,老百姓生活在水深火热之中,你爹不得帮助百姓渡过难关吗?"

陆绩知道误会了父亲,也就不再吱声了。

可过不了几天,陆绩又向母亲提议:

"妈,是不是得给我爹捎去几件衣服,是不是得给我爹买上几双袜子……"

陆绩的母亲笑着点了点头,心里在说:

"这小东西已把他父亲挂在心上了。"

陆绩在母亲的精心抚育下,渐渐长大了。

陆绩在母亲的谆谆教诲下,学业长进了。

陆绩也成了远近闻名的神童。可陆绩的母亲由于日夜操劳,耗费心血,身体已不如从前了。

她经常感到口干舌燥,浑身乏力,虽然也找过医生,也吃过不少药,但效果不佳。

有一天,陆绩的母亲忽然想吃橘子(平时也爱吃橘子),据人们说,病人想要吃的东西,正是病人身体内所缺乏的,吃了没准儿就能去掉病。

陆绩听说后,就提上一个小篮子到了市场。市面上卖橘子的倒也不少,但究竟哪一个摊主的橘子新鲜、甘甜,吃起来又爽口,他是看不出来的。为了给母亲买到最好的橘子,他从东走到西,从南走到北,又给摊主说了好话千千万,才允许他在买之前先尝一尝。

陆绩先后尝过二十多个摊主卖的橘子,最后选准了一家。

他整整买了一小篮子橘子,一色的黄,个头大,滚圆滚圆的,煞是好看。

陆绩本以为母亲吃了以后一定会很满意,因此兴冲冲地跑回了家。谁知母亲吃了一口,就吐了出来,并且连声说:"又酸又涩,不好吃!"

又过了一两年,他和母亲被父亲接到庐江。父亲为使陆绩增长见识,丰富阅历,经常带他到外面接触那些有识之士,有时拜访社会名流,也把陆绩带在身边。

陆绩的父亲陆康和袁术是老交情。俩人虽不在一地做官,但经常书来信往,称兄道弟,甚为亲密。

一次,陆康带着年仅六岁的儿子陆绩,到居住在九江的袁术家里做客。

袁术早已耳闻陆康的儿子有才气,就想见一见。袁术看见陆康把儿子也带来了,心里格外高兴。相互谦让一番,才分别就座。

袁术和陆康也很长时间没有见过面,自然是畅叙别情,纵论天下大事。陆绩知道大人们说话,小孩子是不能插嘴的,坐在一旁,聚精会神地听着两位大人们的谈话。

袁术不时地看一看陆绩,一见陆绩举止端肃,目不斜视,静心候教,便生了考一考陆绩的念头。

经过深思熟虑,袁术和陆康打过看一看陆绩的才气的招呼后,便正襟危坐,俨然一个主考官,头转向陆绩,开始发问。袁术一连提了五个问题,陆绩都不假思索地对答如流。

袁术连连夸赞,不住地说:"奇才呀,奇才!"

不一阵儿,仆人端上一盘子金橘,招待陆康和陆绩。

陆绩在一番礼让后,才拿起金橘,慢慢剥开用心品尝起来。

这种金橘皮薄、肉多、无籽、汁甜,一入口,感觉就不一样。本来想说一句"好吃",可怕人家笑话,只好暗自赞叹。

当他正要再拿一个吃的时候,忽然想起了母亲,他想,这种橘子母亲肯定爱吃,于是缩回手,再没有舍得吃。

陆绩在父亲和袁术亲密交谈之际,就乘机把盘子里剩下的三个金橘揣进怀中。

等到父子俩准备告辞的时候,陆绩两臂夹紧,双手抱在胸前,小心翼翼地从椅子上滑下来,随同父亲走到主人面前鞠躬施告别礼。

不料当陆绩双手作揖,毕恭毕敬地弯下腰躬身施礼的时候,三个黄灿灿的橘子突然从他的衣襟里"咚咚咚"地掉了出来,滚落在地上。

袁术见此情景,不可理解,便问:"贤侄是名门望族出身,志向又远大。今日做客到我家,为何要怀揣三个金橘呢?"

陆绩见露馅了,慌忙跪下说:"愚侄见伯父家的金橘好吃,家母爱吃这样的橘子。要是吃了这样的橘子,家母的病就会好了,敬请伯父体谅!"

袁术听完陆绩的解释,激动不已。心里想,六岁的小孩就能时刻惦念生母,难能可贵呀! 接着竖起大拇指,夸赞道:"贤侄不仅有才,而且有德,将来必成大器!"

说完,吩咐仆人挑了一篮子个又大味又美的金橘,送给陆绩。

陆绩的母亲吃了陆绩从袁伯父家带回来的金橘,口不干了,舌也不燥了,食欲大增。时间不长,身体就康复了。

此后,陆绩六岁,怀橘遗母的感人事迹被广为传颂。

后来,陆绩在郁林(今广西境内)做了太守。在任期内,他极力提倡孝道,施

忠经·孝经

行仁政,人民安居乐业,社会秩序井然,在朝野声望也很高。

扇枕温衾

原典再现

[后汉]黄香,年九岁失母,思慕惟切,乡人皆称其孝。躬执勤苦,事父尽孝。夏天暑热,扇凉其枕簟;冬天寒冷,以身暖其被席。太守刘护,表而异之。

诗曰:冬月温衾暖,炎天扇枕凉。

儿童知子职,千古一黄香。

古文今译

东汉江夏的黄香,九岁时母亲去世,终日思念感怀,极其感切,乡党们都夸他孝顺。他见父亲劳作辛苦,伺候父亲非常尽心。夏天酷热,他用扇子为父亲扇凉枕席;冬天寒冷,他用身体为父亲温暖被褥。太守刘护大为惊喜,特意表彰了他。

故事扩展

东汉时期,在江夏郡(治所在今湖北云梦县东南一带)住着一户姓黄的人家。

这一户人家只有一个年龄在二十五左右的孤苦伶仃的小伙子。这小伙子家境贫寒,虽然世世代代以种地为生,但家中却连个像样的农具都没有,蓬门荜户,家徒四壁。

由于家寒,这小伙子三十岁之前连个上门提亲的媒人影子都未曾见过,直到三十出头,才娶了一个媳妇,也算成家立业了。

这小伙子自从娶了媳妇,更能吃苦了。他是风里来,雨里去,一年到头没有歇息过一天。晨曦微露,他已经开始在地里干活;夜幕降临,他才从田间地头往回走。因为地少,他不得不精耕细作,人家锄两遍,他最少锄三遍,人家耙一回,他起码耙两回。

由于苦重,茶饭不好,年轻轻的一个人,给人的感觉已经苍老了。脸上沟沟壑壑纵横交错,背弓起来了,两手皲裂,皮肤又粗又涩,简直就像松树皮。

妻子是个良家女子,但岁数也二十五六了。在那个时候,这个岁数嫁人的女子是少之又少,除非是瘸胳膊拐腿,斜鼻子歪嘴,也就是五官不正,肢体残缺的人。可要说妻子的相貌,在这周围的十里八村,也敢和那些漂亮女子决一雌雄,她鹅蛋脸,柳叶眉,杏核眼,高鼻梁,一口白牙,脸色白里透红,还有一对非常明显的小酒窝,楚楚动人。妻子性情温和,热情大方,耕田种地,养蚕织布,哪一种都懂,哪一样都会。

既然这样,为何比当时女子嫁人的年龄大了将近十岁时才嫁人呢?原来他妻子家里也是穷苦人家。父亲早逝,母亲一身病,她舍不得离开母亲,怕母亲一个人孤苦伶仃,难以为生。于是拖了一年又一年,一直侍候到母亲寿终正寝,她才谈婚论嫁。

由此看来,这一对夫妻也真的算是门当户对,天造地设。两个人相互体贴,互相照顾,虽说日子艰苦,倒也和和美美。

第二年春天,妻子生了个又大又胖的小儿子,起了个名字叫黄香。这小儿子一天一个样,会笑了,能爬了,扶着人可以走路了,牙牙学语了……把无穷的欢乐带给了这个家。

夫妻俩看着儿子渐渐长大,开始琢磨如何培养儿子,让儿子将来不要像他们一样,斗大的字认不了二升,字认得他们,他们不认得字。两个人一有空,就盘算如何多打粮,多增产,如何养牛养羊、喂猪喂鸡,好有些积蓄,供儿子读书。

小黄香也非常聪明可爱,是那种心里说话的人。甭看平时少言寡语,不多说话,他小心眼里琢磨着的事情多着呢。

平素他就注意观察,看父亲如何喂牛喂羊,看母亲如何喂猪喂鸡。等到父母亲下地干活时,家里喂牲口的事,他就悄悄地担当起来了。家里的这些牲口渐渐地和他有了感情。猪呀,鸡呀,一见到他,就跟在他屁股后面,一直不离;牛

忠经·孝经

呀,羊呀,一看到他,就"哞哞"地、"咩咩"地叫个不休。

小黄香也开始用他能想得到的方式孝敬起父母来了。有点好吃的,父母都舍不得吃,专门给他留着。他拿上好吃的自己不独吃,而是想着法子让父母吃,一会儿捂住父亲的眼,让父亲把嘴张开,把好吃的东西塞到嘴里;一会儿又用小手捏住母亲的鼻子,叫母亲张开嘴,再把好吃的东西填到嘴内。

当小黄香七八岁的时候,就懂得尽自己最大的努力分担父母亲生活的重担,他能把水缸挑满,把房子打扫干净,打扫时够不着的地方就踩上小板凳。

小黄香的父母亲看见小儿子这么懂事,心里甜滋滋的。

就在一家人齐心协力地改变家境窘困的状况已经有了一线希望的时候,厄运突然降临。

黄香的母亲在地里正锄地,忽然腹部疼痛起来。

她忍着疼痛继续锄地,可一阵疼似一阵。头上的汗珠不断沁出,脸一下子变得特别苍白。黄香的父亲见此情状,放下手里的锄头,背上妻子急急地向家里跑去。

黄香看见母亲疼痛难忍的样子,背过脸哭了起来。

黄香在家照顾母亲,父亲急忙去十里地之外的一个集镇上请医生。

等到医生来到家时,母亲疼得已昏厥了过去。

医生号脉后,面带难色地对父亲说:

"在咱们这些小地方是治不了啦,赶快准备后事吧!"

黄香的母亲连一句安顿的话都没有给父子俩留下,就撒手人寰了。

黄香扑到母亲身上,哭得死去活来,泪水湿透了母亲的衣衫。黄香的父亲死拉硬拽才把黄香拉了起来。

黄香的父亲怕小儿子伤心,只得偷偷地哭泣。

黄香自母亲走了以后,一下子变了许多。茶不思,饭不想,父亲把饭端给他,他好像都不知道,饭已经凉了,他都没有动筷子的意思。整天神不守舍的样子,人也瘦了不少。

白天,坐在院子里思念母亲,经常伤心地落泪;夜晚,觉也睡不踏实,经常在呼喊妈妈的哭叫声中惊醒。

他清楚地记得给妈妈上坟的时间,未等父亲动手,他早早地把上坟用的纸钱、香火以及供品都准备好了。每次上坟时都哭得特别伤心,哭诉着对妈妈的思念。

人们见了黄香,都说他真是个孝子。

从母亲去世后,黄香就和父亲相依为命。

黄香发现父亲白头发越来越多,几近花白了,皱纹比从前更多了,更深了,连性情也变了,变得孤独怪僻了。黄香看着父亲悲苦的神情,心里一阵一阵地发痛。他要加倍孝顺父亲,把思念母亲变为孝顺父亲。

自此,黄香就把家里的活几乎全包了。天一亮,黄香就起来打扫屋子,担水做饭。等父亲醒来时,他早已把饭做好。

白天,黄香跟着父亲到地里干活,重活干不了,就干些力所能及的活,在田里拔一拔草,松一松土。

晚上,黄香从来不自己一个人早早地睡觉,要是父亲缝补衣裳,他总是给父亲纫针打结。或者坐在父亲身边,听父亲讲述动人的故事。

江夏这一带,夏天特别热。尤其是盛夏时节,家里就像蒸笼一样,坐上一会儿,就浑身是汗,就连炕上、枕头、席子都像小火炉一样,挨也不敢挨,哪里还敢躺下睡觉呢!

黄香知道,父亲若是晚上休息不好,长期下去,非得累垮不可。于是他顾不得酷热难熬,拿上扇子就在父亲睡的地方扇了起来,他扇啊扇,左手累了,换到右手,右手酸了,再换到左手,一直扇得炕上凉丝丝的,枕头凉飕飕的,才让父亲上炕休息。

数九寒天,大雪纷飞。家里冷得像个冰窖,说笑话的话,恐怕连猴子都拴不住。父子俩冷得直打战,哪敢脱掉衣服钻到被窝里呢!黄香咬着牙,脱光衣服,就钻进父亲的被窝里,一直到用自己的体温把父亲的被窝暖得热烘烘的,他才叫父亲过来睡觉。

一个年仅九岁的小孩竟能如此孝敬已是鳏夫的父亲,人们自然要赞不绝口。时间不久,他的事迹就传遍了全国各地。

江夏太守刘护听到了黄香的孝行后,惊诧不已。之后,便把当时只有十二岁的黄香召在江夏郡衙内,专设"孝子"门署,又特意选派博学多识的老师重点予以培养。

黄香尊敬老师,刻苦学习,不久就学有所成,文章天成,堪称妙手。京师洛阳(今河南洛阳)就流传着这样的民谣:

天下无双,

江夏黄童。

后来,黄香位及人臣,坐上了东汉总揽朝廷一切政令的首脑——尚书令这一把交椅。

行佣供母

原典再现

[后汉]江革,少失父,独与母居。遭乱,负母逃难。数遇贼,或欲劫将去,革辄泣告有老母在,贼不忍杀。转客下邳,贫穷裸跣,行佣供母;母便身之物,莫不毕给。

诗曰:负母逃危难,穷途贼犯频。

哀求俱得免,佣力以供亲。

古文今译

江革,东汉时齐国临淄人,少年丧父,侍奉母亲极为孝顺。战乱中,江革背着母亲逃难,几次遇到匪盗,贼人欲杀死他,江革哭告:老母年迈,无人奉养,贼人见他孝顺,不忍杀他。后来,他迁居江苏下邳,做雇工供养母亲,自己贫穷赤脚,而母亲所需甚丰。

故事扩展

　　江革从小失父,家里只有他和母亲。母子二人相依为命,在苦难中拼命挣扎。

　　当时正逢王莽新朝,政治腐败,战争频仍,天下大乱,为躲避战乱,村里的人几乎都逃难去了。

　　江革不能逃,母亲恰好生病,在逃难的路上若有三长两短,他对谁都怕对不住;江革也不怕盗贼,他家里穷得快连锅都揭不开了,要啥没啥,还怕盗贼抢? 再说盗贼,他们是抢财主之类有钱的大户,在穷百姓这里能抢到什么呢?

　　江革的母亲心知肚明,儿子不走,就是因为有她拖累着。为此,母亲多次劝江革,你赶快逃吧,要不咱娘俩都会死无葬身之地。

　　母亲左说右劝,江革就是不走,他不能把母亲一个人扔下。

　　好在时间不长,江革母亲的病就有所好转了。这时,风声也越来越紧,江革就只得背着母亲逃难。

　　大路不敢走,江革就只得走山高坡陡的羊肠小道。一个人空身儿走就够艰难的了,背着老母走,不一会儿,就汗流浃背,近半天才走了不到十里。此时,江革已饥渴难忍,他估计母亲也又渴又饿了,就把母亲放在一个隐蔽的地方,准备到山下找点吃的和喝的。

　　刚走到一个小山岗子前,突然蹿出来几个手持大刀的家伙,他们一个个横眉立目,个个就像凶神恶煞。江革吓得浑身打哆嗦,一步也走不动了。

　　这几个家伙并不管江革惊恐失色,其中一个上前就抓住江革的衣领,喝问道:

　　"你把金银财宝藏到哪里去了? 我们早就看清楚了。从实招来,或许能留下你的小命! 要不然,叫你立马见阎王!"

江革跪下,哭诉道:

"大老爷,我是背着年迈有病的母亲出来逃难的,我老母守寡三十年,含辛茹苦才把我拉扯大。我到山下给老人找点水,找点吃的。我实在没有能奉献给大老爷的。我死不足惜,可我死了以后,老母的性命也就难保了,请大老爷开恩,手下留情!"

江革的母亲听到盗贼说要儿子的命,立即从隐蔽的地方站了起来,一步一颤地走到几个盗贼前,哭着说:

"大老爷,要杀,你们就把我老太婆杀了吧!"

这几个盗贼一看他们母子穿的都是破衣烂衫,听了孤儿寡母的诉说,动了恻隐之心,眼圈都红了,他们不忍心杀了母子二人,便放过了母子俩。

以后母子二人还遇到过几次盗贼的拦劫,有一次还被劫持到盗贼的山寨里,终因江革泣不成声的哭诉和江革对母亲的一片孝心,使盗贼们无法强迫江革入伙,也不忍心让江革母亲无依无靠。

江革背着老母一路辗转,来到了下邳。

客居他乡,他们母子两人举目无亲,连个落脚的地方都没有,夜晚只能在那些无人居住的连房顶都没有的烂房子里居住,或者露宿荒郊野外。

江革必须给人做工,才有生路。他原来穿的鞋已经破烂不堪,可现在母亲也无法做鞋,自己又无钱买鞋,只得赤着脚到处给人家做工。

今天给人家打水劈柴,明天给人家淘米磨面,后天要给人家放牛牧羊,大后天又可能是喂猪看狗。不论什么活,他都干,不管难易事,他都做。有时这家干完又去那一家干,连轴转,尽管累得腰酸腿疼,有时还两眼直冒金星,为了年迈有病的母亲,他不叫苦不喊累,默默地低头苦干。

江革不舍得穿,不舍得吃,赤着脚给人家做工,可母亲却要吃有吃,要穿有穿,母亲所需的生活物品,应有尽有。他从不用母亲张嘴说需要什么物品,一看到不多了,他就早早地买了回来。

刘秀称帝后,国内局势稳定下来。江革又背着母亲跋山涉水,回到了故乡临淄。

当时,百姓每年必须到县衙"案比",即每个人都要亲自到县衙与官府登录的画像对照,以核实户籍。

忠经·孝经

江革的母亲已年迈体衰,自己已不能走着去了。江革想雇个车,又怕牛车、马车颠簸,母亲受不了。于是,江革自己拉车载着母亲去县衙。一路上,他缓步行进,看到路上有石头,他捡起来扔在路旁才继续前行,遇到车辙较深的地方,必须用土填平才肯拉车走过,生怕因车子颠簸而使母亲感到不舒适。

百姓看见江革如此孝敬自己的母亲,非常敬佩,都称他为"江巨孝"。

母亲去世后,江革悲痛欲绝。他在母亲的坟地里搭了个草庐守墓。服丧期满,他仍不肯脱去孝服。

江革孝敬母亲的感人事迹在临淄很快就传了开来。

汉明帝永平初年,他被推举为"孝廉"。

江革走上仕途,既清正廉洁,又敢于弹劾权贵,虽几经波折,但忠心、孝心不改。

闻雷泣母

原典再现

[魏]王裒,事亲至孝。母存日,性怕雷。既卒,殡葬于山林。每遇风雨,闻阿香响震之声,即奔至墓所,拜跪泣告曰:"裒在此,母亲勿惧。"

诗曰:慈母怕闻雷,冰魂宿夜台。

阿香时一震,到墓绕千回。

古文今译

战国时魏国有一个名叫王裒的人,侍奉他的母亲特别孝道。他母亲在世的时候,生性胆小,惧怕雷声。母亲去世后,王裒把她埋葬在山林中寂静的地方。一到刮风下雨听到震耳的雷声,王裒就奔跑到母亲的坟墓前跪拜,并且低声哭着告诉道："儿王裒在这里陪着您,母亲不要害怕。"

故事扩展

　　魏国政权到了曹髦即位的时候,实际上已大权旁落,曹髦已成了司马懿、司马昭父子的傀儡。曹髦对司马昭打击皇室力量,迫害忠臣,企图取而代之的狼子野心早已看出,但已无能为力,最终还是被窃国大盗所杀害。后虽立曹奂为皇帝,也只不过是掩人耳目。

　　这时候,王裒的父亲王仪在朝中任司马一职。他性情耿烈,为人忠厚,文武兼备,忠孝两全,并不理司马昭的茬。

　　一次,王仪率兵与敌军在东关(今安徽含山西南)开战,由于司马昭从中掣肘,致使战败。

　　司马昭借题发挥,专门召集文武大臣,要追究战败责任。

　　众大臣一看不妙,个个噤若寒蝉,都怕招灾惹祸。只有王仪毫不畏惧,一身浩然正气地站出来,眼睛死死地盯着司马昭说:

　　"依末将看来,大将军应负东关之败的主要责任。"

　　众大臣听后,都替王仪捏了一把冷汗。

　　司马昭气急败坏地大声吼道:

　　"大胆王仪,自己不但不请罪,反而把责任推到我的头上!来人哪,给我把王仪拉出去斩了!"

　　卫兵拥上来,架着面不改色、心不跳的王仪朝外走,王仪扭回头向着司马昭冷笑。

　　王仪的儿子叫王裒,字伟元,身高八尺四寸,雄姿英发,声音清亮,谈吐文雅,博学多才,为人厚道,待人热情而有礼貌,是当时不可多得的一个人才,父母对他寄予厚望。

　　自父亲因刚直惨遭杀害后,他对当朝已心灰意冷,痛恨无比。从此他再也不面向西坐,除表示永远不做司马氏的臣民外,也表示永不忘杀父之仇。

　　后来司马氏阴谋得逞,代魏建立了晋朝。在朝野舆论的压力之下,司马氏多次派人征召王裒,都被他回绝了。

王裒不仅是饱学之士,而且还是极其孝敬父母的孝子。

他严格遵守孝制,并在父亲的坟墓地搭了一间草屋,长年在这里守墓。

他每天都要到父亲的墓前痛哭流涕,诉说父亲的忠诚、冤枉,怒斥司马昭的滔天罪行,哭说自己一定要为父报仇雪耻。

他从春哭到夏,又从秋哭到冬,一年四季抱着一棵树在痛哭流涕,泪水流到了柏树根,树叶落了,树枝枯了,人们就把这棵树叫做"孝子树"。

王裒哭得眼泪干了,身子瘦了。直哭得江河同他一起呜咽,直哭得天地同他一起流泪。

王裒为父守墓整整一年。

依照他的想法,还要继续守下去,至少也要守上三年。

可白发苍苍的母亲担心这样下去会使儿子的身体受到伤害,因此一步一颤地拄着拐杖来到了墓地。

母亲对泪迹未干的儿子深情地说:

"裒儿,你父亲假若地下有知,他一定会得到莫大的慰悦。儿啊,快跟老娘回家吧!"

王裒这才想到年迈的老母还需要自己来赡养,光守墓而不侍奉老母还不是不孝吗?因此在坟地叩拜后,就搀扶着腿脚已不灵便的母亲回家了。

随着父亲的惨死,家道中落,等到王裒从墓地守墓回来时,家中已是既无余粮,也无分文。

王裒面对家中窘迫,既未唉声,也未叹气,除了激起他对司马氏的仇恨外,也激发了他重振家业的雄心壮志。

王裒弯下腰开始耕种田地。他把斗笠戴在头上,把草绳缠在身上,脱掉鞋袜跣足走在田间地头。有时扛着锄头,有时拿着镰刀,到什么节令干什么活,从来不误农时。

他白天在田地里干活,肯出力气,和老天爷比试高低,根据天象预测天气的变化,在天灾来临前作好防范,并告知百姓,使肆虐的狂风暴雨无法发威,夜晚回到家里尽力服侍老母,嘘寒问暖,洗脚捶背,即使夜半时分,母亲一呻吟,他准能听得到,赶紧跑来问讯,要不就去请来医生。

王裒除了耕田种地,还要把自己学到的知识传授给求知若渴的农家子弟。

忠经·孝经

他不论贫富，一律不收学子们的学费，而且农忙时学子们还可以帮助家里耕地锄草。

王裒只种够母子二人口粮的地，只养够母子二人穿衣的桑蚕，其余的地全部让给地少的人去种，从来也不积蓄。

王裒从来不允许别人替他在地里干活。有的乡亲和学生看到他又要耕田又要教授十分辛苦，都想帮他一点忙，结果都被他婉言谢绝。

学子们在夜阑人静时，把自家的庄稼运到老师的麦场。王裒一看粮食比先前多了，就把余出来的那一部分放置在另一边。一位旧友托人给他送来钱物，他分文不取，一件不要，通通原封不动地让来人带了回去，并让来人带去一封长达十几页的信，除表示感激外，还表明了自己对此的看法和一贯主张。

一到农闲时节，王裒就给学子们教知识、讲授多种道理。当他讲授《诗经》中的"哀哀父母，生我劬劳"时，总是悲痛难忍，哽咽得说不出话来。从此之后，学子们再也没有在王裒面前读过《诗经》中的"哀哀父母，生我劬劳"这一句，干脆连《蓼莪》也不读了，生怕老师伤心过度。

他的一个弟子被县衙抓去服劳役，请求王裒给县令写封信说说情。王裒对自己的弟子开诚布公地说："你的学问不足以保护自我，我的德性也很浅薄不足以庇荫你，写了也没有什么意义，况且我已经四十年不执笔了。"说完，王裒徒步挑着干粮，让他儿子背着盐、豉和草鞋，送这位服劳役的学子到县衙，随同着王裒来的学子有千余人。安丘县县令以为王裒带着弟子们来拜访自己了，于是穿好官服出来迎接。王裒却走到衙门口，弯腰而后站直，说："我的弟子来县里服役，所以来送别。"然后拉着这个弟子的手挥泪而别。县令立马决定放了这位弟子，此事传开后全县的人都把这件服役的事当作耻辱。

王裒在耕种、教授之余，更加孝顺日渐衰老的母亲，生怕没有机会侍奉老母。

王裒的母亲在他精心而周到的服侍下，心情愉悦地走完了人生最后的一段历程，母殁后，王裒把老母葬于山林，将父母合葬在一起。

王裒的母亲一直就胆小，对雷声更是恐惧得不得了。一见电闪雷鸣，就吓得缩作一团，脸色苍白。

母亲生前，一有电闪，还不等雷声响起的时候，王裒就急急忙忙地跑到母亲的身边,用身体遮挡住母亲的视线,用手捂住母亲的耳朵,不让母亲受到惊吓。

母亲撒手人寰后,只要看见天上乌云翻滚,特别是电闪雷鸣时,他就立马放下手中正在做的事情箭一般地飞奔到母亲的坟茔地,用身体护住坟墓,求告母亲不要惧怕,跪请老天爷不要打闪响雷,吓唬母亲。

有一天,乌云布满了天空,王裒就急忙向茔地跑去。

轰隆隆一声雷响,仿佛地动山摇,爬在母亲坟地上的王裒的耳朵都被震得嗡嗡直响。王裒不顾一切地冲上坟墓,用身体尽力遮挡,并哭喊着说:

"儿子王裒在此,母亲千万不要惧怕!"

王裒的哭喊声在这寂静的山林里传得很远,很远……

哭竹生笋

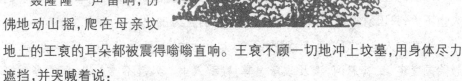

[晋]孟宗,少丧父。母老病笃,冬日思笋煮羹食。宗无计可得,乃往竹林中,抱竹而泣。孝感天地,须臾地裂,出笋数茎。持归作羹奉母。食毕,病愈。

诗曰:泪滴朔风寒,箫箫竹数竿。

　　　须臾冬笋出,天意报平安。

古文今译

　　晋代江夏人孟宗,少年时父亡。母亲年老病重,冬天里想喝鲜竹笋汤。孟宗找不到笋,无计可施,就跑到竹林里,抱住竹子大哭。他的孝心感动了上苍,不一会儿,忽然地裂开了,只见地上长出几根嫩笋。孟宗赶紧采回去做汤给母亲喝。母亲喝完后,病居然痊愈了。

故事扩展

　　三国时江夏有一个姓孟的大户人家,家道也曾殷实,祖祖辈辈读书识字的人也不少,只因豺狼当道,恶霸横行,都不愿居官为宦,助纣为虐。

　　这家主人是个饱学之士,满腹经纶,上至远古,下至近代,几乎无所不晓,说起治国之道,口若悬河,谈及政坛之弊,鞭辟入里。只是不愿入世,痛恨当朝奸佞专权,因此一直闲居。妻子出身名门望族,仪容俊秀,举止端庄,且又知书达理。

　　主人虽因忧国忧民而整日闷闷不乐,但妻子通情达理,不因丈夫闲居,生活日渐困顿而抱天怨地,火上浇油,而是多方开导,更加体贴。因此,两人还能同舟共济,患难与共。

　　可愁绪萦怀终究要伤身损体的。日子一久,主人终于积郁成疾,缠绵病榻。他在安顿完妻子和儿子孟宗之后就溘然长逝了。

　　孟宗才三岁,身体又单薄,这让母亲愁上加愁。丈夫说走就走了,撇下这孤儿寡母该怎么办呢?

　　丈夫临终前说的"一定要把宗儿带大,教他好好做人,教他读书识字"这些话至今仍萦绕在耳边。她知道靠自己也无力重振家声,只有把儿子培养成人,使他成为丈夫所希望的栋梁之才,才能挽回颓势,才有希望重新过上幸福的生活。

日子过得十分艰难,孟宗的母亲由于思念丈夫,为生活发愁,免不了经常以泪洗面。

为给生活找出路,她放下架子,扑下身子,白天,经常出外给人家干点零活,贴补家用,夜晚,在昏暗的灯光下,给人家缝衣补裤、纳鞋底子,以买杂品。

日子有了一点转机,孟宗的母亲就腾出手来琢磨教育儿子的大事。

她把深闺中学过的知识重新梳理了一番,谋划教育儿子。

她从孝道入手,一边让儿子读书识字,一边灌输尊老爱幼、孝敬父母的道理,注重由浅入深,循序渐进。

孟宗的母亲满脑子是历朝历代流传下来的孝子贤孙的故事,她几乎天天在茶余饭后给儿子讲一两个故事,在欢乐的笑声中一点一滴地滋润着儿子的心田。

孟宗读书也很用功,爱动脑筋,总要打破沙锅问到底,有时还能当场把自作先生的母亲问得答不上来。虽然一时使母亲陷入尴尬境地,但孟宗母亲的心里还是乐开了花。

尽管母亲在不遗余力地教诲儿子,但面对儿子强烈的求知欲望,以及知识面的不断扩大,她已经感到力不从心了,无法满足儿子对知识愈来愈高的要求,她要把儿子送入学堂。

在学堂里,孟宗更加刻苦学习,又能不耻下问,学习长进很快,入学不久就博得老师的喜爱。教孟宗的先生是李肃,李肃才高八斗,学富五车,威望高,声誉好,对孟宗的吸引力更强。因此,孟宗在羡慕先生李肃的博闻强记之余,就是加倍努力,晚上要常常学到午夜才去就寝。

在母亲的培养下,在先生的教导下,孟宗不仅学业有了很大的长进,而且对孝道有了更为深刻的认识,并开始付诸行动。

他知道心疼母亲,给母亲端水端饭,送茶递水,还帮母亲打水扫院,洗锅涮碗。母亲稍有一点不舒服,他就急得如同热锅上的蚂蚁,坐卧不安,一旦有了病,他更是着急,求医买药、煎药汤,忙得不亦乐乎。

他还知道尊敬师长,逢年过节,他总要让母亲做点好吃的饭菜,不怕山高水长,路途遥远,连蹦带跳地给恩师送去。

皇天不负苦心人,母亲和老师教育儿子的辛苦没有白费,儿子成了当地小有名气的"才子",也成了一个"小孝子"。

孟宗的先生李肃在教学过程中,发现孟宗是个人才,就极力推荐他。

孟宗后来虽被推荐为贤良方正,可以参加京师的考试。但孟宗却坚守"父母在,不远游"的信念,坚决不去。

地方官为此犯愁,也为之惋惜。

母亲的一番话,才使孟宗改变主意。孟宗的母亲对儿子深情地说:

"儿啊,忠孝自古不能两全,时值国家急需栋梁之才,学以致用报效国家方是正道,不能只顾小家忘了大家!"

孟宗知道,违背母亲的意旨,就是"大逆不道"。因此,只好挥泪告别母亲到京师。

母亲和恩师的心血、汗水化成了孟宗走向政坛的层层阶梯。

孟宗当了县令,他极力提倡孝道,自己又能廉洁从政、恪守其职,对贪官污吏严惩不贷。时间不长,就有了很高的声望。

过了一段时间,孟宗被擢升为监盐池司马,全国盐业的生产、销售等全部由他负责。

从当时来说,盐是国家的重要财政来源之一。因此,监盐池司马这一官职被当时的官宦们认为是肥缺,企图捞取这一职位的人如过江之鲫。同时,责任也十分重大。孟宗走

马上任以后,采取了一系列整顿措施,杜绝多种漏洞,消除了大商人、大官僚、大地主相互勾结、牟取暴利,从而影响国家财政收入的弊端,使国家财政收入得以增加。他个人生活节俭,不贪不占,铁面无私,奉公守法,对下属要求严格,若有敢徇私舞弊或克扣食盐者,一律严惩不贷,撤他们的职,罢他们的官。

孟宗光明磊落，也从不惧怕挟嫌报复。一次，孟宗托人买了几斤鲤鱼给母亲带去，有人向朝廷写了奏折，奏孟宗接受贿赂。孟宗坐得端，走得正，心里没有鬼，不怕半夜鬼敲门。他不惊不惧、坦然面对朝廷对此事的查处。经调查，纯属诬告。朝廷为孟宗洗刷了罪名，并惩处了那一帮诬告的人。

孟宗为官很多年，从来都是奉公守法的。一旦知道自己违了法，犯了罪，就立即去投案自首。嘉禾六年，孙权禁官奔丧（特殊时期的诰命），孟宗得知母亲去世，悲痛欲绝、立即奔丧。待安葬老母后，他才想起禁令一事来，便自拘于武昌听候发落。陆逊向孙权陈言孟宗一向的品行，为他请求开恩，才减罪一等。

其实，孟宗的母亲对他的奉公守法也起过很大的作用，促其严格守法，精忠报国。就在孟宗托人带回几斤鲤鱼后，孟宗母亲就担心来路不正而拒收，不仅退了回去，而且附了一封信，信中写道：

"宗儿：

托人所带的鲤鱼已看到，但未收。理由有三：一是所带的鱼是不是别人送给的，有受贿之嫌；二是你实权在握，是不是低价购买的，有权钱交易之嫌；三是不知是不是上贡朝廷的鱼，你从中拿了几条，有假公济私之嫌。如果是这样，你再别回来见我。

你要精忠报国，不做半点贪赃枉法的事！

切切！

母不具名

接到母亲的信后，他认真反省了半天。之后，他工作更负责了，对自己的要求更加严格了。他决心不辜负母亲对他的期望。

孟宗就职期间，白天一心扑在处理公务上，忙得有时忘记了吃饭。可等到处理完公务后，由不得自己就想起了远在故乡的母亲。虽说有儿媳妇的侍奉，但年岁大了，谁能保准不生病呢？

这样的煎熬，孟宗实在受不了啦。于是就告省亲假，待批准后，他就马不停蹄、昼夜兼程地往家赶。

回到家后，他想把没有在家侍候母亲所欠缺下的"功课"全部补上。因此，日夜伺候老母，连外面必要的应酬都一概婉言谢绝。

一天，母亲突然病了，并且说想吃新鲜竹笋。找医生看过后，医生说也只有鲜竹笋才能治好母亲的病。

孟宗安慰了母亲一番后,就心急火燎地往市场上奔去。他走了一天连个鲜笋影子也没有看到。

他仍然不死心,就恭恭敬敬地向一个摊贩打问。这个摊贩把情况向他一说,他才恍然大悟。是啊,寒冬腊月,哪儿有卖鲜笋的呢?

回到家向母亲简单地说了一下市场上的情景,就再也不作声了。母亲仍在炕上呻吟,他急得抓耳挠腮,但仍无良策。

第二天天刚亮,他就去了竹林。他要看一看竹林里有没有新鲜竹笋。他仔细地找啊,看啊,从竹林的东头走到西头,又从北头走到南头,每一根竹竿他都找了,也看了,就是连竹笋的影子都没有找到。落日西下,周围已模糊不清,他才拖着疲惫不堪的身子往家走去。

空手而归的他进家一看,母亲的病情似乎比昨日又严重了。

他二话没说,掉头走出了家门,他要到竹林里采鲜竹笋。已是二更天了,外面黑黢黢的,他打着灯笼到了竹林。

在竹林里,他也记不清找了多少遍了,反正是脚上已大泡连着小泡,衣服也撕得一条条、一缕缕的,身上刺了无数个口子,依然没有找到新鲜竹笋。

孟宗已无计可施了,最后只好向天地祈祷了。他双腿跪下,祷求神佑,并说道:

"天神爷,地神爷,可怜可怜我那老母吧!她不舍得吃,也不舍得穿,为我吃了那么多的苦!如今她有病了,就得吃上鲜笋才有望痊愈,求你们赏给一点吧!……"

未等祷告完毕,孟宗的眼泪已簌簌地落了下来,滴在了竹子的根蒂上,渐渐地,竹子附近的冰雪融化了,泥土开始松软了,土地裂开了细小的口子,不一会儿,竹子下边竟长出了数茎鲜笋。

孟宗急忙采收下来,飞奔回家。

孟宗的老母自打吃了用鲜竹笋煮成的油食粥,病真的好了起来。

孟宗抱竹泣笋救母的事迹传遍了天下,朝廷上下惊叹不已。

不久,孟宗就因此接连升迁。永安五年冬,迁右御史大夫,宝鼎三年,任司空。

卧冰求鲤

原典再现

[晋]王祥,字休征。早丧母,继母朱氏不慈,于父前数谮之,由是失爱于父。母欲食生鱼,时天寒地冻,祥解衣卧冰求之。冰忽自解,双鲤跃出。持归奉母。

诗曰:继母人间有,王祥天下无。

至今河水上,一片卧冰模。

古文今译

晋代琅琊人王祥,表字休征。生母早丧,继母朱氏对他不慈爱,多次在父亲面前说坏话污蔑他,因此使他也失去了父爱。继母有次想吃新鲜活鲤鱼,当时适值天寒地冻,冰封河面。王祥却解开衣服趴在冰上寻找鲤鱼。冰面忽然自行融化了,两条鲤鱼跳了出来,王祥就逮了鱼回家供奉继母。

故事扩展

王祥一出生,父母就把希望寄托在他的身上,因而十分疼爱他。特别是母亲,只要小王祥一哭一闹,立即就把他抱在怀里,不是抖,就是颠,再不就是挠他的痒痒,几乎不让他哭一声。

小王祥也特重感情,别看他还不会说话,他能知道谁更亲他,因此他总让母亲抱,很少让父亲抱。不过对父亲虽然不像依偎着母亲那样的亲昵,也时不时用柔嫩的小手抚摸着父亲的脸庞或抓他的胡子。夫妻俩逗弄着小儿子,日子过得也挺快。

谁能料到,小王祥三岁那一年,他的母亲暴病身亡,撇下了王祥和他父亲。

父亲把对母亲的思念变成了更多关心小王祥的实际行动,生怕孩子受苦、受罪,出外背着,回家抱着,想吃什么就赶紧给小王祥做什么。

小王祥这样快乐的日子没过上半年,苦难就降临到了他的头上。

王祥的父亲经不住亲戚朋友的劝说,给王祥娶回了一个继母。

这个继母姓朱,是个笑里藏刀、阴险毒辣的女人。当着王祥父亲的面对王祥关心备至,可一等到王祥的父亲出门不在时,就开始下毒手,不仅要骂,还要毒打,有时故意找茬,然后罚王祥头上顶着土坯下跪。

一年以后王祥的继母生下了一个儿子,起名叫王览。

从王览生下那天起,王祥的苦难就更深重了。继母把她亲生的儿子当成宝贝,整天亲个没完没了,而把王祥恨得咬牙切齿,恨不得一口把小王祥吃掉。她让才四五岁的小王祥整天干活,不是喊扫地,就是吼着让烧火,动辄一顿毒打,旧伤未好,又添新伤。

继母三天两头在王祥父亲面前说小王祥的坏话,今天说打小弟弟啦,明天说顶撞了她啦,后天又说骂了父亲啦。时间长了,父亲竟然相信了。从此不再疼爱王祥了。

王祥的继母如此虐待小王祥,又编造谎言,恶语中伤,离间父子关系,但王祥对后娘依然非常孝顺,逆来顺受,一点怨言都没有。

小王祥很体贴父亲,不想让父亲为难。因此,从来不向父亲诉说后娘虐待自己的事。

在王祥十岁的时候,父亲忽然得了一场重病。虽然请来不少有点名气的医生诊治,但一点效果都没有见到。

王祥在床前日夜侍候,夜间一直连衣服都不脱,闭目假寐,没睡过一个囫囵觉。买回药来都是他亲自动手煎的,尝了药汤的温度觉得合适时,他才喂父亲。

尽管这样精心周到地侍候,父亲的病情依然不见好转,而是愈来愈严重。

眼见得一天不如一天,父亲也知道来日不多了,就把小王祥的后娘唤到面前,泪流满面地说:

"王祥是个苦命的孩子,我是照顾不了他啦,全托给你了! 你就替我把他照顾好,我在九泉之下也会感激你的!"

王祥的后娘拼命挤出两点眼泪,假惺惺地对丈夫说:

"夫君,你的儿子就是我的儿子,我一定待他比对王览还要好,若有半点儿不好,天打五雷轰!"

父亲又把王祥和王览也叫了过来,说了一些诸如孝敬父母,兄弟两个相互关照之类的话后,就一命归天了。

小王祥的父亲在世时,他的继母还多少有点顾忌。等到父亲去世后,小王祥的继母便不顾一切地甚至可以说是疯狂地虐待起小王祥来。

家里的一切杂活全都由王祥来做,像打扫庭院,春米磨面,打柴烧火,挑水担土之类的不用说也是小王祥的,就连喂养牲口,清扫马厩牛棚,甚至连大人都憷头的垫土起圈这类活计也全部由王祥承担。吃的量少质次,比猪狗食也强不了多少,穿的破衣烂衫,三九天还穿着单衣薄裤。

就是如此无情地折磨仍然解不了小王祥继母的心头之恨。

小王祥是十里八村的人们公认的孝子,在当地渐渐地有了一定的名声。小王祥继母非常嫉妒,就想暗地里用毒酒害死小王祥。这事被小王祥的弟弟王览发现了,便去直接取出毒酒,就要自己喝下去。王祥怀疑其中有毒,便去抢夺,不让弟弟喝。王祥继母知道阴谋败露,急忙夺过来。这才使阴谋破产。

自此之后,王览就处处护着哥哥,凡是母亲单独送给哥哥王祥的饭菜,他一定要先尝一下。

继母害怕自己的儿子死掉,才打消了毒死王祥的恶念。

王祥并没有因为继母对他如此无情而有一丝一毫怨恨,反而更加勤谨,什么活都抢着干,从不推迟,不想让继母生气。

弟弟王览对母亲有点看不惯,背着母亲向哥哥王祥宣泄对母亲的不满。王祥听后,正言厉色地对弟弟说:

"小弟,千万不能这样对待母亲。母亲是我们的恩人,她要不管我们,我们能长大成人吗?即使打骂我们,也是希望我们更有出息。我们要遵照父亲的教诲,天天孝敬母亲,长大精忠报国,这才是我们应该努力去做的!"

从此,弟兄俩既一心一意地孝敬母亲,又无微不至地相互关怀。

王祥的继母不知是从养生的角度考虑,还是天性如此,一直喜好吃新鲜的鱼,最好是刚从江河里打捞上来的鱼。

王祥也经常到市场上给继母买鱼,回来给鱼剖肚掏肠,收拾得干干净净,小心翼翼地给母亲放到指定的地方。

继母的身体毕竟不如从前了。尽管王祥和弟弟王览几乎天天在身边服侍,仍然还经常说腿疼啦、腰酸啦,有时还呻吟不休。

一天,继母突然有了病,躺在炕上直喊叫,并嚷嚷着要吃新鲜鲤鱼。

王祥急忙放下手中的活,一口气跑到了市场。到那里一看,他傻眼了,偌大的一个市场竟然连一个卖鱼的人也没有,更不用说新鲜的鱼了。

他快快不乐地在街市上走着,忽然想起向这里的商贾打听一下,看什么地方能买到新鲜鲤鱼。假如有,即使远在天边,他也要给病中想吃新鲜鲤鱼的母亲买回来。

他很有礼貌地向商贾打听,走了十几个摊点,都摇头说不知道。好不容易找到一个胡须花白的老商贾,一打听,这位老者哈哈大笑了起来,笑得王祥不知所措。老者笑完后慢言慢语地对王祥说:

"这个时节别说平民百姓买不到、吃不上新鲜鲤鱼,就连皇帝老儿也买不到,吃不上! 要想吃,除非到水晶宫去找龙王爷!"

听了老商贾一番话后,王祥才如梦方醒。说话者无意,可对听话的人来说,有时倒是等于给一时犯糊涂的人指出了方向。

王祥想:看来只有去冰雪覆盖的江河上乞求龙王爷了。

到了河边,河上白茫茫一片,单是雪就有一尺多厚。他用冻得已红肿的手拼命地把河面上的雪拨开,腾出了一小块地方,虔诚地下跪乞求龙王爷。他边哭边说:

"龙王爷,可怜可怜我那病中的母亲吧! 她想吃新鲜鲤鱼,他的儿子无法得到,只能乞求您赏赐了!"

北风呼啸,寒气逼人。王祥穿着单衣薄裤,浑身直打哆嗦,连嘴唇都变成紫的了。

过了一会儿,他想要是能够从这里打开个冰窟窿,钻到水里去,说不定就能捉住几尾鲤鱼,可手头没有破冰的工具。王祥想来想去觉得只有躺在冰冷的冰面上,用自己的身体把冰融化。于是王祥不顾一切地把衣服脱掉,躺在了河面上。

北风依旧怒吼着，它卷起厚厚的积雪，重重地击打着王祥赤裸的快要冻僵了的身体。王祥已经有点迷迷糊糊了，忽然觉得脊背处有一股暖流涌出，掉过身来一看，冰面上真的有一个比桶还粗的冰窟窿。

江水缓慢地在下面流淌着，王祥眼睛一眨不眨地盯着流动的江水，忽然眼前一亮，两尾鲤鱼结伴游到冰窟窿前，腾跃到了江面上。

王祥上前赶快捉住，拎着两尾鲤鱼浑身打战地回到了家。

继母自从吃了鲤鱼后，病情渐渐地好转了起来。

又有一天，王祥正在外面干活，弟弟王览突然跑来对哥哥王祥说：

"哥，娘让你去给她捉黄雀，她想吃烤熟的黄雀。"

王祥放下手中的活计，急忙和弟弟一同回到了家。

王祥问明母亲后，回到自己住处的房子找捕黄雀的网。他一边找一边嘴里在乞求：

"上天保佑，我娘要吃黄雀肉，求您让我能逮上几只吧！"

话音刚落，几只黄雀就从窗外飞了进来，落在王祥的肩头上。王祥逮住，急忙放到炉子里烤，然后把烤得香喷喷的黄雀肉双手端给了继母。

即使是违背自然规律的事情，继母让王祥做，王祥也是毫无怨言地去做。

王祥家门前有一棵苹果树，在果实成熟时，王祥母亲下令王祥守着这棵树，不能让一个苹果落在地上。于是，王祥就日夜守在树旁，观察已成熟了的，他就爬上树，把苹果摘了下来。遇到刮风下雨，他就抱着树哭泣乞求，求风神不要刮风，雨神不要下雨，以便使苹果不受风雨的摧残而落在地上。在王祥的一再乞求下，果然一个苹果也没有掉在地上。

王祥的孝心感动天地的事，在十里八村传开了，人们都说他是人世间少有的大孝子。

王祥的孝心也使继母深受感动，她在王祥面前一边哭、一边承认了自己的错误，态度大有转变。从此，他们过上了老爱小、小孝老的和和美美的日子。

后来王祥和王览都成了父亲所希望的栋梁之才，王祥位居三公，兄弟二人在朝中都享有很高的威望。

十九、扼虎救父

原典再现

[晋]杨香,年十四岁,随父丰往田获粟。父为虎曳去。时香手无寸铁,惟知有父而不知有身,踊跃向前,扼持虎颈。虎亦麼然而逝,父因得免于害。

诗曰:深山逢白额,努力搏腥风。

父子俱无恙,脱离馋口中。

古文今译

晋朝时,有一位叫杨香的孝女,十四岁的时候就经常跟着父亲去田里收割庄稼。有一天,突然一只老虎把她的父亲衔去。当时杨香手无寸铁,但她深深地知道必须去救自己的父亲,于是不顾自身的危险,立即爬上虎背,紧紧扼住老虎的脖子,老虎竟颓然放下杨父跑掉了。她的父亲也就脱离虎口,保全了性命。

故事扩展

晋代,在河内(今河南沁阳市)杨家村住着一户非常贫穷的人家。户主叫杨丰,世世代代以耕田种地为生,地虽不多、产量也不高,但他箭法好,农闲时经常到深山老林打猎,既可卖兽皮贴补家用,又可吃些野味,弥补口粮不足。再加上妻子杨刘氏勤劳节俭,持家有方,日子也还能对付过去。

杨刘氏进杨家的门不到一年,就生下了一个谁见谁亲、谁看谁爱的女儿,起名叫杨香。

夫妻俩对女儿都十分疼爱。白天争着抱,夜里抢着搂。杨丰一从地里回来,放下农具,就急急忙忙进家看自己的女儿,一会儿轻轻地拍一拍屁股,一会儿慢慢地摸一摸脸蛋,他笑在脸上,喜在心上。妻子看见丈夫这样疼爱女儿,心里自然也非常高兴,但她却不想让丈夫看到自己喜不自胜的样子,故意板着脸,不去看丈夫和女儿。其实,她比丈夫更爱女儿,因为女儿是她的心尖儿。她要和丈夫一起努力把自己的女儿培养成一个有出息的人。

于是,她经常主动地和丈夫谈起女儿的未来,和丈夫共同为女儿描绘未来美好的蓝图。

俗话说,人在家中坐,祸从天上来。杨香母亲的身体虽不能说强健,但平时也没有多少毛病。这个家里里外外的事几乎全靠她料理。农忙时,她还得和丈夫一样下地劳作。可不知怎么回事,一下子得了一种头痛的病,头就像裂开似的,疼得直呼爹喊娘,杨香和父亲神色慌张,一时没了主意,只顾在家中想办法,等到想起请医生时,已经过了将近一天的时间。

杨香的父亲倒是把医生从三十里以外的地方接到了家中,可医生说错过了治疗的时机,即使把神医请来也是无力回天了。

医生走了,留下的话无论是谁都不愿接受的,但谁也没办法。

杨香的母亲也知道自己是要离开人世了,就对丈夫杨丰说:

"孩子他爹,咱们的日子刚有了希望,我就要离开你们了。我是多么舍不得离开你和小香香啊!……你一定要想法把小香香拉扯大,看来只得让你受苦了……"

妻子声音越来越低,丈夫担心听不到她安顿的事情,便把耳朵靠近她的嘴边,可只见嘴唇翕动,听不见声音。稍稍过了一会儿,妻子就永远地闭上了眼睛。

杨丰一边摇晃着妻子的身体、一边哭泣着,泪水滴落在妻子的衣服上,已湿了很大一片。小杨香趴在母亲身上号啕大哭。

妻子走了,父女俩在凄风苦雨中过着令人心酸的日子。杨丰要既当爹又当妈。小杨香才三岁,自己还不能料理自己。

杨丰白天到地里干活时,走在路上不是背着杨香,就是抱着杨香,到田间地头再放下,让她自己玩。杨丰虽然在农田里干活,但心里老惦记着小杨香,既怕碰坏了,又怕丢掉了。因此干活常常失误,不是锄头碰伤了秧苗,就是留下了杂

草。但是杨香还是经常受伤，不是今天手上碰破了，就是明天头上撞起了一个大疙瘩。

晚间，除了哄着杨香睡觉外，杨丰还得在油灯下缝缝补补做衣服。针一次次纫上又脱落，手指一次次被扎出血来。尽管这样，他还得做下去。他不做，又有谁能替他做呢？

左邻右舍的人看着杨丰生活得十分艰难，心里边也不好受，都劝他再娶一个妻子。他这些年不是没有想过这事，左考虑右琢磨，觉得娶一个人品端正的又能好好待女儿杨香的后妻，那当然好了，可问题是谁能保准，要是万一娶上一个泼妇或心肠歹毒的，那可真的要了命。

一年又一年地熬了过来。女儿慢慢地长大了，她非常聪明伶俐，嘴也甜，成天"爹，爹"地不离口，一会儿问你一个小问题，一会儿又让父亲给她讲故事。杨丰即使遇上不顺心的事，让小女儿这么一"闹腾"，也早就忘得干干净净的了。

杨香在和父亲的朝夕相处中，早就知道父亲的辛苦。太小的时候，她是无能为力，即便是心里想着为父亲担当点什么，她也做不了。稍大一点儿，就开始为父亲分担一些了。家里的活像烧个火呀、抱个柴呀、喂个鸡呀之类的，只要她能想到的又能做了的事情，几乎不用父亲说，就自觉主动地干了。再大一点的时候，她便给父亲做饭、送水，家里的活像洗洗涮涮一类的，就不要父亲动手，也不用再操心了。

人们都夸杨香，孝女的名声也在外了。

杨香到十岁的时候，个头已经不小了，比将近七尺（当时的尺比现在的尺长度要小）的父亲矮一头，但由于家庭生活一直较差，光长个子不长肉，身体还很瘦弱，体态不如同年的女孩子那样丰满。但杨香并不因自己身体瘦弱而拈轻怕重，相反，抢着干重活、苦活、脏活、累活。她并不懂得什么通过劳动磨炼意志、强身健体，只知道尽量减轻父亲的负担、增加家里的收入，因为她心里始终惦记着父亲，她觉得父亲太辛苦了，为自己付出的太多，而自己给父亲的回报却很少。从今往后，她要好好地孝敬可怜的父亲。

每天，她比父亲起得早，睡得晚，把家里的各种活干完以后，就和父亲一道下田耕种。

别看她才十来岁，心特别地细：她怕汗水流到父亲的眼里，模糊了视线，就

忠经·孝经

给父亲身上装了一块干净的白布；她怕父亲手上磨起血泡，专门为父亲缝了一副并不怎么好看的手套……

杨香和父亲一样一年四季地在地里忙活着。在似火的骄阳下，脸晒黑了；在凛冽的寒风中，手脚皲裂了；在飞扬的尘土中，弄得灰头土脸；在瓢泼的大雨中，就像个落汤鸡。

尽管吃了很多苦，但杨香觉得只要能为父亲分忧解愁，就是最幸福的。

她辛勤地劳作着，她因能为父亲分担一点苦难而快乐地生活着。

杨香确实是长大了，不仅懂得让父亲尽量少受苦，少受罪，而且还知道要想方设法让父亲生活得幸福一些，千方百计地给父亲带去欢乐。

在田间地头，杨香割来一些竹条，给父亲编织成凉帽，免使父亲暴晒。

回到家里，杨香烧好洗脚水，让父亲烫一烫脚，消除疲乏。

春天，杨香煮茶给父亲喝；夏天，点燃艾蒿，熏走蚊子，使父亲免受蚊子叮咬之苦，并用扇子给父亲扇来凉风；秋天，她到山上采来药材，给父亲做药膳，用以滋补身体；冬天，她不到天黑就给父亲烧炕，让父亲在暖烘烘的炕上休息。

就在杨香十四岁那年秋天的一个下午，杨香在地里跟父亲割谷子。

太阳悬在西边的天空上，万里无云，天空晴朗，一丝风都没有。父女俩个个汗水淋漓，忙着割谷子。忽然，一声虎啸，从东边树林里，蹿出一只凶猛的老虎，它张着血盆大口，怒吼着向杨丰父女俩扑了过来。

杨丰虽然在冬季里踏着厚厚的积雪，在森林里也打过猎，也曾听到过虎啸，但从未在近距离碰到过猛虎，他惊愕不已。杨香因年龄小，又是女流之辈，因此父亲也未曾带她打过猎，对猛虎连一点印象都没有。今天突然看到如此凶猛的老虎，更是惊惧万分。

这只老虎个子大，从外表上看也很雄壮，只是肚子瘪瘪的，看样子已经多日未进食了，但那凶相还是很吓人的。只见它纵身一跃，就已经到了父女俩面前。

老虎爪子落地时，一股强劲的风随之而来，爪子陷进地里足有两寸，尘土旋即卷起。之后，那又粗又大的尾巴猛烈地击打着地面，像是巨大的木棍敲打铁器，发出"嘭嘭"的声音，闻者无不惊骇。接着树叶簌簌落地，树梢也摇晃不止。这种情况下，即使是吃了熊心豹子胆的人，恐怕也要浑身颤抖的。

杨丰和女儿哪里见过这阵势，被吓得魂不守舍，险些瘫在谷地里。

这只饿虎早已垂涎三尺，舌头在其嘴里不停地打转，它真的是迫不及待了。这时它用肥大的前爪把杨丰扑倒在地，如同老鹰抓小鸡一般，整个身子已压在了杨丰的身上，便张开血盆大口，咬住了杨丰的胳膊。

杨丰的胳膊被老虎尖利的牙齿咬出了几个深深的洞，血流如注，他疼得立刻叫了起来。

杨香猛然间听到父亲的尖叫声，才从惊恐中摆脱出来。她一看父亲已被这只可恶的饿虎咬住，马上意识到父亲的性命已处于危急状态，不采取行动，后果将不堪设想。

正当老虎叼起父亲要离开的时候，杨香一个箭步冲了过去，一抬腿乘势骑在老虎的背上。老虎叼着杨丰纵身又跃了几次，企图把杨香甩下身来。杨香两手紧紧抓住虎毛，两腿如同钳子一般死死地夹住老虎的肚皮，任它怎么跳跃，杨香岿然不动地骑在老虎的背上。

老虎已气喘吁吁，杨香乘机用胳膊把老虎脖子夹住，两手虎口对虎口，紧紧一握，老虎的脖颈就完全在杨香两手围成的圈子里。这时，杨香心里只有父亲，从心中涌动出一股超乎平常的力量，灌注到两个胳膊上、手上，她牙一咬，用力一挤。此时连杨香自己也奇怪，手上的力气不知比平时增加了多少倍，竟一下子就把老虎卡得快要出不上气来，它急忙张开嘴，父亲已跌落在地上。

杨香用一只手扼住老虎的脖颈，腾出另一只手赶紧从地上抓起一把沙土来，往老虎的两只眼睛上一撒，她借机从老虎背上跳了下来。

老虎两眼被沙土一下子蒙住了，它像一头疯了的牛一样狂奔而去。

杨香等到老虎逃走后，她赶紧跑到父亲的身边，看父亲的伤势如何。

父亲好像从噩梦中惊醒，知道自己还活在人世上，便问女儿为什么一只饿急了的老虎没有把他吃掉。

女儿杨香一五一十地给父亲说明了事情的过程和结果。

几天后,父亲伤口愈合了。

十四岁的杨香赤手空拳从虎口中救出父亲的故事,不久就在全国各地传了开来。

恣蚊饱血

原典再现

[晋]吴猛,年八岁,事亲至孝。家贫,榻无帷帐。每夏夜,蚊多攒肤,恣渠膏血之饱。虽多,不驱之,恐去己而噬其亲也。

诗曰:夏夜无帷帐,蚊多不敢挥。

恣渠膏血饱,免使入亲帏。

古文今译

吴猛是晋朝濮阳人,八岁时事亲至孝。因为家贫没有蚊帐,蚊子叮咬父亲使父亲不能安睡。每到夏天夜里,吴猛就赤身坐在父亲床前,任凭蚊子叮咬,蚊子再多也不驱赶,唯恐蚊子被赶走后去咬父亲。

故事扩展

晋代濮阳(今河南)吴家村,是一个有上千人居住在这里的,人口比较集中的村庄,村子最东头住着一户非常贫穷的人家,房子低矮且破败不堪,连房顶上的烟囱都七倒八塌。主人姓吴,名叫吴强。人如其名,彪形大汉,体魄强壮,膂力过人,论力气,全村人能与之比肩的为数不多。可在那个世道,吴强空有这身力气,依然过着十分艰难的日子。

那个时候，正是东汉末年，政治腐败，群雄割据，军阀混战，硝烟弥漫，百姓背井离乡，流离失所，真的是国无宁日，民无宁日。即使到了三国鼎立时期，黎民百姓依然生活在水深火热之中。

百姓盼星星，盼月亮，盼到了西晋统一中国，实指望从此能遇上太平盛世，过上几天舒心日子。

谁能料到，西晋的统治集团更腐败、更无能，只顾钩心斗角，争权夺利，根本不管百姓的死活。从晋惠帝司马衷口中说出的下面这两句话，即可看出统治者的愚蠢和无能：

司马衷在雨后听到青蛙呱呱的叫声后，他问左右大臣："青蛙是为自己的事在呱呱呢，还是为公事呱呱？"

大臣们上奏因严重的天灾致使百姓家中无粮饿肚子时，皇帝的金口玉言是：那他们为什么不吃肉呢？

碰上这样昏庸无能的统治者，百姓何时才能转运呢？

果然，接着就是长达十六年之久的"八王之乱"，紧紧相随的又是"五胡乱华"，百姓苦上加苦，叫苦不迭。

吴强遭逢乱世，虽一直未曾远离家乡，但也是度日如年，拼命挣钱。后来遇上一位良家女子，走在一起，才算有了一个真正意义上的家。妻子贤惠明达，能够任劳任怨、勤俭持家，又对丈夫体贴入微，关怀备至，因此吴强在这方面倒也心满意足。尽管日子过得艰难，但一看到妻子，还是不由得露出欣喜的笑容。

过了一年，他们俩有了一个传宗接代的宝贝儿子。这小宝贝是属羊的，他们觉得从属相上看，将来一定很和善。吴强想，在这世道里"人善被人欺"，不能太和善，应该勇猛一点，于是就给儿子起了个吴猛的名字。

本来种着几亩地，一家三口人还能勉强过下去。可当地的土豪劣绅和官府勾结,把吴强家的几亩地霸占去了。

从此,吴强只能给地主家当长工,而妻子也只好到地主家做杂活儿。

这个地主家里所有的人,无论大小,都十分凶狠。吴强力气又大,又不惜力,每天干的活确实不少,可地主还嫌干得少,动辄就要扣工钱。那时候,天下乌鸦一般黑,哪个地主不是贪得无厌,想着法子剥削受苦人。吴强只得忍气吞声,明知地主克扣工钱,也只能揣着明白装糊涂。

地主家有个小儿子,才十一二岁。不知是天生的,还是跟他地主老子学的,见人连个正眼都不给,一脸凶相。吴强知道这个小家伙不好惹,从地里回来,尽量躲着。

俗话说,有灾就有祸,是祸躲不过。吴强几乎天天躲着这个小灾星,到头来还是躲不掉。这个小灾星看着吴强身高力大,就时刻盘算着欺负一下吴强。有一天,吴强在马厩里喂马,让这个小灾星看见了。他悄悄地跟进来,在吴强低头打扫马厩的时候,这个小灾星用棍子在马的屁股上狠狠地捅了一下,那马也好尥蹶子,一下就踢在了吴强的胳膊上,疼得他立马头上冒出冷汗,脸色骤然变得苍白。

当他发现是这个小灾星搞的恶作剧,心里边恨得直想扇他两个耳光子,可转而一想,这可使不得,那样不就惹下大祸了吗? 但是还是没有控制住自己的情绪,用眼狠狠地瞪了这个小灾星一眼。

这一眼可是真的惹下了祸。那个小灾星一会儿就把他们家养的看家狗领来了,唆使着咬吴强。

那只看家狗又肥又壮,个头也不小,不知咬伤过多少穷人,连出外觅食的大灰狼都被它咬伤,吓得落荒而逃。

还没等吴强站起来,那条狗就扑了上来。衣服被撕破了,身上有好几处被咬伤。情急之下,吴强也懵住了,早把"打狗看主人"这句千古流传下来的话忘到九霄云外了,拿起铁锹照准狗头打了下去。吴强用的力气也不小,那狗随着一声惨烈的嗥叫,夹着尾巴逃走了。

那个小灾星告知了他老子。他老子一听,火冒三丈,气急败坏地把那些护院的打手召集在一起,对吴强动了刑。雨点般的棍棒打在了吴强的身上,一会儿便皮开肉绽,浑身是血,连地上都流下一大摊血,左腿也被打折了。妻子得知

忠经·孝经

后,哭成个泪人儿。急忙搀扶着丈夫(脊背上还背着不满两岁的吴猛)回家。

村里的人们看到吴强浑身是血,惨不忍睹的样子,个个掩面而泣。

吴强躺在家里,左腿动也不敢动,一动就撕心裂肺地疼个不止。

妻子又要侍候病人,又要照顾吴猛。财源断了,吃什么喝什么呢?只得抱着吴猛,扔下病人沿村乞讨。

在两三年的乞讨生涯中,吴猛和母亲究竟走了多少路,吃了多少苦,遭了多少罪,受了多少难,实在是记也记不清了。

吴猛跟着母亲也受罪了。有时饿得嗷嗷叫,有时冻得浑身抖,手脚冻得生疮了,嘴唇干得裂了口。谁看见了都说可怜!

不幸的事发生了。在沿村乞讨中,有一天吴猛的母亲病了。她努力挣扎才算回到了家,这一病就再也没爬起来,缠绵病榻十几天,便留下腿还没有好利索的丈夫和一个不满两岁的儿子,命归黄泉了。

吴强为过早去世的妻子而整日暗自悲泣,儿子吴猛整日对他喊着要妈妈,吴强陷入了无穷无尽的愁苦之中。

慢慢地,他折了的左腿愈合了,只是留下了后遗症:左腿瘸了。

吴强既当爹又当娘的日子更不好过,一会儿要给儿子熬面糊糊,一会儿又要给他洗又脏又臭的衣服,过一会儿要给儿子把尿,再过一会儿还要给儿子擦屁股,整天忙得团团转。

吴猛长到四五岁了,开始懂事了,开始懂得心疼父亲了。凡是他自己能干了的事情,再也不用父亲干了。他还想办法帮着父亲干点事,扫一扫床,叠一叠被,烧一烧火,倒一倒灰,尽量让父亲多休息一会儿。

把吴猛父亲腿打折的那家地主得知村里百姓都骂他丧尽天良,迫于名声不好的压力,给了吴强几亩薄田,名义上说吴强活儿干得好,干得多,奖赏给几亩田,其实是打折腿赔给吴强的。

吴强没工夫和那个地主再争辩什么,而且哪里是穷人说理的地方。因此,只管种地,不问是与非,他也明明知道问不出个是非来。

吴强又有了自己的耕地。他起早摸黑,披星戴月地在田里干活。不误农时,精耕细作,盼望多打粮食,让儿子能过上比他好的生活。

吴猛已经知道替父亲考虑一些事了。天凉的时候,把衣服给父亲找出来,让父亲多带一件衣服,以免着凉;天热的时候,早早就把水罐儿拿出来,装好水,让父亲带上,以免上火。有时候,父亲想不到的一些小事,他都替父亲想到了。

怪不得村里人们说:"吴强的儿子小猛人小,可挺有心眼儿。"

就在吴猛八岁的那一年夏天,天气闷热闷热的,家里就像蒸笼,而且蚊子也特别多。

一到父亲睡觉的时候,蚊子就开始行动了,从外面不断地飞往家里,躲在阴暗的角落里。等到父亲迷迷糊糊的时候,它们一个一个地,争先恐后地飞往父亲身边,试探性地飞上一圈,一旦发现人已熟睡,便蜂拥而上,叮咬得父亲睡不上一个安稳觉,一会儿抓一抓这里,过一会儿又抓一抓那里,他看着父亲不能安然入睡的痛苦模样,心里特别地不好受。

后来他为此想了不少办法,用艾蒿熏蚊子啦,用扇子和衣服往家外面轰蚊子啦。但只能在较小的空间或短时间内起一点作用,要使蚊子不再叮咬,就得挂上蚊帐,可家穷,无力置买。

吴猛明白了:不让蚊子叮咬是难以做到的,但能不能做到蚊子不去叮咬父亲呢?

他后来发现,蚊子只要吸足了血,不用轰,不用攆,就飞走了。假如让蚊子在自己身上吸足了血,它就不会再叮咬父亲了。

之后,吴猛一到夜晚,就几乎是赤身裸体地,除了一块遮羞布,既不盖被子,也不盖单子直挺挺地躺在床上,等着蚊子来叮咬自己。

不一会儿,蚊子果然一个一个地都飞到了他的身边,连试探动作都简化掉了,直接落在吴猛的身上,贪婪地吮吸着吴猛身上的血。

疼痛是难忍的,瘙痒更难忍。但当吴猛想到父亲不再被叮咬,可以安然睡觉时,一种幸福的感觉便涌上心头。

一晚上,吴猛连个盹都没有打过,更没有动弹一下,任凭蚊子叮咬,任凭它张开尖尖的嘴肆虐地吮吸着自己身上的血。他虽然清醒着,但他也不知有多少只蚊子飞来,又有多少吸足了血的蚊子飞去。只知道自己身上大疙瘩连着小疙瘩地已经遍布全身,只知道牙关咬紧过多少次,只知道嘴唇被咬破过多少次,只知道拳头握紧过多少次……

一个夏天,他用忍受蚊子贪婪地吸血引起的疼痛和出奇的瘙痒的办法,换

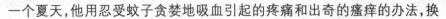

来了父亲的酣睡。

他瘦了，但他笑了。

吴猛恣蚊饱血的事，传遍了大河南北。那些年少的听了羡叹不已，而年长的听了汗颜无地。

后来吴猛任过西安令，据说还做过道士。历代皇帝都对吴猛大加赞赏，到了宋朝政和二年（1112 年），徽宗封其为真人。

尝粪心忧

原典再现

　　[南齐]庾黔娄，为孱陵令。到县未旬日，忽心惊汗流，即弃官归。时父疾始二日，医曰："欲知瘥剧，但尝粪苦则佳。"黔娄尝之甜，心甚忧之。至夕，稽颡北辰，求以身代父死。

　　诗曰：到县未旬日，椿庭遗疾深。
　　　　　愿将身代死，北望起忧心。

古文今译

　　黔娄，南齐高尚之士。曾任孱陵县令。赴任不到十天，忽然心惊流汗，预知家里有事，即弃官返回探亲。到家父亲刚病两天。医生说：要想知道病情吉凶，只有尝病人粪便的味道。味道苦是好现象。黔娄尝了父亲的粪便，觉得是甜的，心中十分忧虑。就夜里拜北斗祈求以自身代父去死。

南齐时有个叫庾易的人，为人憨厚，脾气温和，遇事不急，随遇而安。

他把名利看得很淡，常说哪些东西是生不能带来、死也不能带走的，有了也不要贪得无厌，没有也能淡然处之。一辈子以种地为生，有时也做一点小买卖，所以日子过得既不宽裕，也并不怎么紧张。妻子性情温和，待人宽厚，从来不曾与左邻右舍发生过口角，连面红耳赤的事也未出现过。人们都说庾易的妻子是一个贤妻良母。

两口子举案齐眉，相敬如宾，日子过得和和美美。

俗话说，人生不如意事常八九。他们两口子很早就想要个孩子，以便儿女绕膝下，享天伦之乐。可盼了好几年，妻子依然没有身孕。

夫妻俩倒也没有为此事着急、烦恼过，可邻里们却替两口子着急了。有的劝趁年轻抱养一个，虽然不是亲生的，毕竟可免"不孝有三，无后为大"的罪名，且老有赡养之人；有的说从哥弟家过继一个更好，再怎么说也是庾家的人，传宗接代没啥问题；……不一而足。

庾易并没有动过心。他私下和妻子开玩笑地说：

"公鸡都能下蛋，难道母鸡就不能下蛋了吗？"

妻子笑着拍了丈夫一把，故作生气的样子，羞涩地说：

"老没正经！平常看你温文尔雅，要是说起疯话来，也蛮出格的！"

两人一笑了之，再也没有提起过这件事来。

也许是有心栽花花不发，无意插柳柳成荫。过了两年，庾易的妻子竟在不经意间有了喜。两人自然万分欣喜。

天有不测风云，人有旦夕祸福。庾易的妻子临产了，接生婆来后一看，是逆产。接生婆想尽了办法，小孩的命保住了，但是母亲终因产后大出血而无法止血，生下儿子不一会儿便谢世了。

丈夫痛不欲生，本来曾海誓山盟，一定要相伴相随，白头偕老，她却"背约毁誓"，把他撇下，自己先到了极乐世界。

庾易看着刚生下的小男孩犯难了，孩子哭得一刻不停，他抱起来急得在地上团团转。

　　天下还是好心人多。邻居们听到孩子的哭声，一个个都跑过来看望，女人们知道孩子一定是饿了，可她们都不是正在给孩子哺乳的女人，也没有什么好办法。其中一个女人忽然对其他女人说：

　　"后街上王大娘家的孙子不是刚过了满月，咱们给他庚叔叔说说去。"

　　几个女人出去不大一会儿，领来了王大娘家的媳妇。

　　这个年轻媳妇二话没说，急急地把庚易手中还在哭着的小男孩抱过去。她还有点害羞，背着庚易给孩子喂奶。

　　庚易的小儿子哭了半天，也哭乏了，吃饱后就睡着了。

　　那些女人和刚来给庚易小儿子喂奶的年轻妇女向庚易说了些告别的话，其中一个女人告诉庚易：以后每天由她伴着那位年轻妇女来给他的儿子喂奶。要知道，那个时候，是不允许一个女人单独进一个没有妻子的男人家的。

　　听完这个女人的话，庚易感动得热泪盈眶，立马顿首谢恩。

　　小儿子喂奶的事算是有了着落，可拉屎、撒尿的事还得庚易自己做。尽管他过一会儿就看一看儿子是不是尿下了，是不是拉下了，还仍然免不了儿子大腿上到处是屎尿的这种情况，他粗手笨脚，往往是给儿子擦完屎后，他的手上也到处是屎，确实是屎一把尿一把。

　　由于两个孩子分吃那个年轻女人的奶，导致庚易小儿子常常处于半饥半饱状态，就这样凑合到五六个月份上，小儿子能吃米面糊糊了。

　　喂小孩米面糊糊，既不能太热，也不能太凉。热了，容易烫着孩子的嘴，烫起泡来，凉了，容易凉坏了孩子的肚子，拉稀跑肚。这样，就得冷了再热，热了再凉，折腾得庚易手忙脚乱，一天下来，腰酸腿疼，疲惫不堪。

　　庚易总算熬出了头，儿子能走啦，但又黑又瘦。你想一想，又是没娘的孩子，又是吃别人的奶且吃不饱的孩子，咋能吃得白白胖胖。

　　庚易根据小儿子的身体状况，给他起了个庚黔娄的名字。黔，黑色也。娄，虚弱也。

　　庚黔娄长到三岁的时候，庚易就开始教儿子读书识字了，经常给儿子讲一些孝顺父母的故事，讲一些轻财重义的故事。小儿子忽闪着大眼睛、身子一动不动地听着父亲讲故事，故事梗概他都记下了。

一点一滴的灌输，小儿子的思想深处慢慢地发生着不易察觉的微小变化。

他不像别人家的孩子，有了吃的独吃。他拿上吃的，总要分给其他小孩吃。要是哪个小孩急需什么东西，他总要回家问父亲有没有，从不吝啬。

等到六七岁时，庾易就把儿子送到了学堂。

庾黔娄在学堂里读书，是最用功的一个。他孜孜不倦，发愤忘食，不仅赢得了教书先生的好评，学业上也有了长足的进步。

功夫不负苦心人。庾黔娄人小志气大，参加应考时，金榜题名。

不几日，皇上的诏令下达，封庾黔娄为孱阳县令。

庾黔娄接到诏令后，与老父作别，便走马上任了。

一到任，庾黔娄先颁布政令，贴出安民告示，接着筹款整治河道，修路搭桥，扶危济困，发展生产。不几天的工夫，庾黔娄的新政就得到普通民众的一致拥护，大家都说这回来了个庾清官。

尽管离开父亲才几天，但庾黔娄一把公事处理完，就想起了孤身一人的老父来。老父既当爹又当娘的情景，一幕幕地呈现在他的眼前，他不由得潸然泪下。

一连几天，庾黔娄因思念父亲而辗转反侧、彻夜难眠，白天办理公事时常常精神恍惚，仿佛看见老父正佝偻着身子向他走来。

大约是到任后的第九天，庾黔娄正在处理公事，忽然一下子像有一只小鹿猛烈地撞击着他的心头，汗珠从额头簌簌地往下流。他知道，父子是连心的，说不准父亲遇到了什么难事。

庾黔娄便要辞官，拿出笔墨，立马写了辞职书，禀报上司。衙门里的人听说后，都劝他不要辞掉官职，即使家里有事，可以打发个衙役先到家里看一看，再不行，也完全可以请假回去。弄个一官半职不容易，何必非要辞职呢？他谢绝了同僚的好意，毅然决然地立即启程。

庾黔娄昼夜兼程，风餐露宿，不到两天就赶到了家。

果如庾黔娄所料，他年迈的父亲真的生病了。老父前两天忽然开始拉稀，一天最少拉十几次。现已浑身无力，脸色苍白，连说话的声音都微弱得快让人听不清了。

庾黔娄一看父亲已成这模样，不顾一路的劳顿立即去请当地最好的医生。

医生来了,把庾黔娄父亲的脉一切,就面有难色对庾黔娄说:

"县令大人,要我说,令尊已病入膏肓,即使扁鹊在世也无济于事了。"

医生说完,就要离开。庾黔娄当即给医生跪下,并央告道:

"先生,请你行行好吧,无论如何要把我这受苦受难的父亲的病治好!"

庾黔娄的这番话,打动了医生的心。过了一会儿,医生对庾黔娄真诚地说:

"现在还有一种办法来验证令尊的病能否医治。只要把病人的粪便尝一下,若是苦的味道,还有一线希望。"

庾黔娄二话没说跑出去尝了父亲的粪便,不是苦的,而是甜的。庾黔娄垂头丧气地回来了。

把医生送出家门,庾黔娄心里更加难受,为父亲的病忧心如焚。

夜晚,他向着北斗七星磕头祈求,希望能以他的生命换取父亲的安然脱险。他不断地祈祷,不断地磕头,额头碰肿了,额头磕破了,鲜血染红了那一块土地。

人们都被庾黔娄的孝心感动了,表示今后一定要像庾黔娄那样孝敬老人。

二十二、乳姑不怠

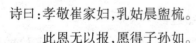

[唐]崔山南,曾祖母长孙夫人,年高无齿。祖母唐夫人,每日栉洗,升堂乳其姑。姑不粒食,数年而康。一日病,长幼咸集,乃宣言曰:"无以报新妇恩,愿子孙妇如新妇孝敬足矣。"

诗曰:孝敬崔家妇,乳姑晨盥梳。

　　　此恩无以报,愿得子孙如。

古文今译

崔山南,名,唐代博陵(今属河北)人,官至山南西道节度使,人称"山南"。当年,崔山南的曾祖母长孙夫人,年事已高,牙齿脱落,祖母唐夫人十分孝顺,每天盥洗后,都上堂用自己的乳汁喂养婆婆,如此数年,长孙夫人不再吃其他饭食,身体依然健康。长孙夫人病重时,将全家大小召集在一起,说:"我无以报答新妇之恩,但愿新妇的子孙媳妇也像她孝敬我一样孝敬她。"

故事扩展

唐代博陵(今河北)的崔姓是当时唐朝五大姓氏之一。崔家是大族,在当地挺有威望,世代为宦,家境富裕,单从高高的金碧辉煌的门楼和几处琉璃瓦房的四合院,就能略知一二。

俗话说得好,大有大的难处,小有小的难处。同一姓氏的人多了,并不一定都齐心合力,也有挑拨离间的,也有幸灾乐祸的,也有背后诅咒的,还有落井下石的,不一而足,因此妯娌间发生龃龉并不鲜见,就连口角打斗之类,也是司空见惯的。

长孙夫人就生活在这样的一个家族里,丈夫是崔家这一大家族中最平和善良的一个人,可惜好人命不长,在儿子才三岁的时候他就鹤驭了,留下了孤儿寡母。

应该说,崔家的家产不少,做到衣食无忧是没有多少问题的。可生活在这样的一个大家族里,每天发生的事,仅和你相关的,恐怕都难以计数,尤其是家

189

中的顶梁柱不在了,光是趁风扬土、借机捣乱的事就让你一筹莫展。

长孙夫人性格温柔,且又能体谅人,是地道的贤妻良母。俗话说,马善被人骑,人善被人欺。家族内部同样如此。不只是妯娌们挑战、搅局不好对付,就连那些侄儿、侄女们合起伙来欺负他的小儿子,她也得败下阵来。

有一次,三岁的小儿子走出家院,只走了几步,就被几个本家的哥哥们打了一顿,你说气人不气人?可对方却还胡搅蛮缠,说她的小儿子骂了他们,并蛮横地把小儿子拉在长孙夫人面前,要她的小儿子认错、赔不是。

天下哪里有这样的道理!长孙夫人知道斗不过人家,只好由她替儿子向几个小侄儿赔了不是,才算了事。

长孙夫人回到家里,抱着儿子就是一场痛哭,一直哭到太阳落山,星辰满天。

妯娌们更是花样翻新、"奇招"迭出。今天指桑骂槐,明天恶毒诅咒。要不就是背后嚼舌头,拨弄是非,矛头直指长孙夫人。

长孙夫人只能是打掉牙往肚里咽,忍气吞声。长年不让儿子跨出家门半步,儿子几乎成了狱中的囚犯。只有等到夜深人静时,才把儿子领到院子里走一走。

等到儿子熟睡后,她就趴在枕头上向死去的丈夫哭诉着,求他保佑母子平安。

儿子是在泪水中泡大的,长孙夫人是在眼泪的河流里漂流过来的。

长孙夫人就是凭着非凡的意志和一定把儿子拉扯成人的坚定信念,含辛茹苦地把儿子养大了。

儿子是长大了,可长孙夫人也老了。三十几岁的人额头上堆满了深深的皱纹,那是风霜的印记,脸上沟壑纵横,那是泪水的"劳绩"。

她牙全都掉光了,两腮陷了进去,看上去俨然是一位老太婆了。

那个时候,一般人也就活到四五十岁,能活到六十岁,就算高寿了。

长孙夫人后来变卖了些家产,总算给儿子成了个家,既实现了自己的夙愿,也能给九泉之下的丈夫有个交代,同时也给企图毁伤她名誉的那些品性恶劣的人予以有力的回击。

长孙夫人的儿子自幼聪慧,又肯用功,尽管未进学堂,但在母亲的教诲下,也是博闻多识,方圆百里之内的青年学子能与其匹敌的为数也不多。

娶了个妻子,姓唐,称之为唐夫人。唐夫人也是知书达理之辈,且心地善良,心灵手巧。她从丈夫那里得知婆母(当时妻子称丈夫的母亲为姑,称丈夫的父亲为嫜)拉扯其丈夫所遭受的苦难,心里很不是滋味。一年之后,妻子为崔家续了香火,生下个儿子。

从此,她和丈夫精心侍奉婆母,送水端饭,梳头洗脸,折褥叠被、捶背敲腿,凡是能使婆母感到舒心的事,他们俩都争着干、抢着干。

一次,婆母肚子着了凉,忽然拉起稀来。由于腿脚已不太灵便,紧着小跑,还是拉在了裤子上,沾在了大腿上。媳妇唐夫人除了急忙把裤子洗掉外,还要给婆母擦洗大腿上的污垢,婆母有点不好意思。唐夫人对婆母和颜悦色地说:

"您拉扯儿子时,不是照样屎一把尿一把的,从湿的地方挪到干的地方,吃了多少苦。就按照回报的说法,我们也该这样做,更不要说那是永远报答不了的恩情。"

一席话,说得婆母激动地流下热泪。

唐夫人是个细心人。她发现婆母吃饭不能细细咀嚼,往往是囫囵吞枣似的咽了下去,因而经常打饱嗝,这说明老人家消化不好。正因为这样,婆母一天比一天瘦,脸色发黄,她十分着急。

背过婆母,唐夫人和丈夫商量过很多次,根据当时的条件,最终也没有想出什么好办法来。有一天她在给一岁多的儿子喂奶时,突然想到:要是把儿子的奶断掉,不就可以把自己的乳汁喂给无齿的婆母吗?

经过儿子和儿媳妇唐夫人的多次劝说,婆母才勉强答应。

每天,唐夫人约摸婆母起身后,她就登上正房前台阶上的平台,然后进入婆母的房间给老人喂奶,数年如一日,从未间断。婆母在这几年间,再也没有吃饭,可以说是粒米未进。但是身体却渐渐地恢复了健康,脸色红润了,走起路来两腿也有劲了,活像十年前的婆母。

岁月不饶人,再好的身体也经不起漫长岁月的折磨,婆母又病倒了,这次病来势凶猛,婆母感到不妙。有一天把全家人召集在一起,宣布了她的遗言:

"媳妇(唐夫人)待我亲如自己的生身母亲,我是无法报答了,你们要像她待我那样孝敬这位新妇,我就可以瞑目了。"

长孙夫人走了,而唐夫人孝敬婆母的事迹却流传千古。

二十三、涤亲溺器

原典再现

[宋]黄庭坚,元祐中为太史,性至孝。身虽显贵,奉母尽诚。每夕,亲自为母涤溺器,未尝一刻不供子职。

诗曰:贵显闻天下,平生孝事亲。

亲自涤溺器,不用婢妾人。

古文今译

宋朝黄庭坚,字鲁直,号山谷。元祐年间为太史。性情至孝,身虽显贵,奉母尽诚。每天晚上亲自为母亲洗涤便器,没有一天不尽儿子的义务。当时他做了官,身边能使唤的人很多,可是他坚持亲自洗涤便器,可见其他奉亲之事也不肯随便委人。

故事扩展

黄庭坚,字鲁直,自号山谷道人,晚号涪翁,又称豫章黄先生,洪州分宁(今江西修水)人。

他出生于一个家学渊博的世家。在父母的熏陶下,从小他就喜欢诗词,酷爱书法。

父母对他寄予厚望,对他的要求也十分严格。无论是背诵诗词,还是练习书法,都要认真考核,亲自指点。

黄庭坚从小就聪慧过人,一目十行,过目成诵,又涉猎广泛,兴趣浓厚。

在广泛的涉猎中,他渐渐地知道了父母养育子女的艰辛和良苦用心,他也明白了知恩、报恩的道理。他决心不辜负父母的期望,一定要刻苦学习,成为国家有用之才,以此来报答父母的养育之恩。

从此,他五更起,半夜睡,不用父亲叫,不让母亲喊,孜孜以求,发愤忘食。背书背得口干舌燥,练字练得腕酸指痛。不管是盛夏酷暑,还是寒冬腊月,他始终如一地坚持读书练字。

功到自然成,铁杵磨成针。黄庭坚果然卓尔不群,就连他的满腹经纶的舅舅李常也赞不绝口,说黄庭坚的进步是一日千里,在他见过的童子中,黄庭坚是头一个,将来肯定是个齐家治国平天下的人物。

后来又经名师指点,黄庭坚进步更快。"学问文章,天成性得",书法自成一家。

黄庭坚在二十二岁那一年,进京参加科举考试,一举成功,金榜题名。

黄庭坚中了进士,宋英宗诏书一到,不容许耽搁,立即就走马上任。他历任叶县尉,教授北京国子监,校书郎,《神宗实录》检讨官,迁著作佐郎,擢起居舍人,之后任秘书丞,提点明道宫,兼国史编修官等。

不仅如此,黄庭坚在文学上成就也很高,与张耒、晁补之、秦观同为"苏门四学士",诗文与苏轼齐名,世称"苏黄",并开创了文学史上著名的"江西诗派"。书法上,他擅长行书、草书,与苏轼、米芾、蔡襄并称"宋四家"。

黄庭坚虽然官居高位,但他清楚地知道,没有父母的养育和教诲,没有名师的指点,他不会少年得志,功成名就。因此,他一有空闲就想起了恩师,就想起了母亲(此时黄庭坚的父亲已经去世),并想该如何报答他们的恩情。

公事办完回到家中,他还像以前那样亲自给母亲送水端饭,把母亲的房子打扫得一干二净。还像以前一样打来洗脚水,为母亲烫脚、洗脚;还像以前那样冬天生炉子,夏天扇扇子,为母亲驱寒降暑;还像以前一样当母亲有点小毛病时请医煎药,衣带不解地夜夜侍奉,……

黄庭坚的母亲看到儿子这样辛苦,又要办理朝政,又要侍候我一个老太婆,一旦精神不济,出了差错,让我这脸往哪儿搁?

一天,等儿子忙活完以后,母亲便把庭坚招呼过来,把儿子的手拉住语重心

忠经·孝经

长地说：

"庭坚，你现在是朝廷命官，要整天陪着皇上，担子已经够重的了。娘帮不上你一点忙，还要拖累你，万一有个不是，你让娘怎么活？再说让人传出去，也有失体面。从今往后，这些琐事，就让下人干就行了。你有空过来跟娘说说话，娘就心满意足了。"

黄庭坚坐在母亲的身边，又把母亲的手握住，对母亲笑着说：

"娘，儿子侍候母亲，这是天经地义的事。要是当了大官，就不侍候父母，他提倡孝道，谁去响应呢？朝廷那边的事，娘就不用操心了，我会尽心尽力的，绝对不会给娘丢脸！"

过了一段时间，母亲忽然行动不太方便了，不能到茅厕去净手了。黄庭坚知道后，怕母亲在下人面前为难，又怕下人不知轻重，让母亲受苦，就亲自给母亲递便盆，倒便盆，之后再把便盆刷洗干净。

白天，黄庭坚还要上朝。因此，他只能在每天夜里倒便盆，刷洗便盆。

母亲不让儿子端屎掇尿，更不让儿子刷洗便盆，并对儿子很不客气地说：

"自古以来，端屎掇尿的活都是女人们干的，哪能让一个大男人干这种活？何况你又是朝廷重臣，传出去，你让我这个为娘的怎么去见人呢？"

黄庭坚看着母亲涨得通红的脸，语调平缓地对母亲说：

"娘，哪一个人不是他娘屎一把尿一把拉扯大的，那要比端屎掇尿更为艰难。俗话说，养儿防老，都是老了才需要侍候，普天下都是这个理，谁敢说给老娘端屎掇尿是丢人现眼的事？你让儿子侍候，该是理直气壮才对。"

儿子的一番话，说得母亲再也不吱声了。

黄庭坚数年如一日地为母亲端屎掇尿，刷洗便盆的感人事迹，慢慢地流传开来,朝野上下为之惊叹。

皇上闻悉后,在上朝时面对文武大臣,对黄庭坚的孝行夸赞不已。

弃官寻母

原典再现

[宋]朱寿昌,年七岁,生母刘氏为嫡母所妒,出嫁。母子不相见者五十年。神宗朝,弃官入秦,与家人诀,誓不见母不复还。后行次同州,得之,时母年七十余矣。

诗曰:七岁生离母,参商五十年。

一朝相见面,喜气动皇天。

古文今译

朱寿昌,宋朝天长人,字康叔,年七岁时,生母刘氏为嫡母所嫉妒,后来生母外出嫁人。母子五十年没有相见。神宗时,寿昌在朝居官,决心寻母,曾刺血写《金刚经》,弃官入秦,发誓不见母亲永不复还。后来行之陕州,遇到母亲和二弟,欢聚而归。当时母亲已经七十多了。

故事扩展

朱寿昌,字康叔,北宋天长同仁乡秦栏人。他的父亲朱巽是宋仁宗年间的工部侍郎,寿昌庶出,其母刘氏出身微贱。

生母刘氏秉性贤淑,又知书达理。在刚被纳为妾时,与寿昌的嫡母之间的关系还算融洽,常以姐妹相称。

一年之后,刘氏为朱巽生了一个传宗接代的宝贝儿子,朱巽十分欢喜,起了个"寿昌"又吉利又好听的名字。

寿昌自幼就聪明伶俐,招人喜欢。朱巽一回到家中,就抱起儿子,哄逗个没完没了,同时也开始偏爱起刘氏来。

寿昌的嫡母是个面善心恶的人,口蜜腹剑,笑里藏刀,可谓"笑面虎"。从表面上看,在刘氏生下寿昌后,她的态度也没有多大变化,依然是与寿昌的生母姐妹相称。当她看到丈夫偏爱刘氏而对自己态度冷漠时,便妒火中烧。

从此,她就在丈夫面前用三寸不烂之舌,使出浑身解数,造谣诬蔑,甚至不惜用人身攻击之手段,诋毁寿昌的生母刘氏,朱巽虽位高权重,却生性懦弱,又是人们俗话说的那种黄米耳朵,平素就对寿昌嫡母言听计从,要是在他面前说得多了,他更是坚信不疑。寿昌的嫡母深知丈夫朱巽的弱点,因此她敢在朱巽面前不断编造谎言,说刘氏在她面前流露出对朱巽的不满,还说背后诅咒自己,企图夺取家中的财务大权,取而代之等等。

渐渐地,朱巽与刘氏的关系疏远了。

在寿昌长到七岁那一年,寿昌的嫡母给丈夫提出了一个再纳妾的条件,那就是必须把刘氏逐出家门。

寿昌的父亲私欲膨胀,哪里管母子分离的痛苦。在寿昌嫡母的一手操纵下,便把刘氏逐出了家门。

寿昌的母亲在大门外放声痛哭,寿昌在家里号啕大哭。

周围的人们听到后,无不落泪。

刘氏被逐出家门,从此母子分离长达五十年。

寿昌每天每夜,每时每刻都思念被逐出家门的可怜的母亲。

在学堂读书时,先生一讲到孝,寿昌就泪流满面,悲痛万分。

看到别人家的孩子依偎在母亲身边撒娇时,寿昌就想起了不知流落在何方的生母,就从心底里呼唤母亲:"娘啊,你在哪里? 快托人告诉孩儿,让孩儿去看你……"

当别人家的孩子换上新衣服时,寿昌就想起了生母曾在灯下为自己缝制衣服的情景,由不得暗自悲泣,泪眼模糊。

雪花飘飞时,寿昌就想到了母亲有没有御寒的衣服,会不会受冻呢?

寿昌在日思夜想与期盼之中渐渐长大了。

寿昌长成之后，以父荫为官，仕途顺遂。只是常常因思念母亲而神思不定，梦寐萦怀，连吃饭时，他都不准仆人们给他准备酒肉，只要一说起母亲，就常常泪流不止。

寿昌在位期间，托人多方打听，但都是泥牛入海无消息。为此，他烧香拜佛，依照佛法，灼背烧顶，又刺血书写《金刚经》。

到了宋神宗熙宁初年，寿昌听人说生母流落在陕西一带，迫嫁农夫，他立即递交辞呈，辞官寻母。

同家人告别时，他向妻子发誓道：

"见不到生母，我绝不回还！"

寿昌就此只身一人踏上了千里寻母的路程。

走了十几天，在杳无人迹的荒野，寿昌被强盗洗劫一空。无奈之下，只得一路乞讨，饥一顿，饱一顿，有时不得不挖野菜，采摘野果充饥，渴了能喝上干净的井水，那是万幸，大多数时候是喝那池沼里又臭又脏的水。

不知流了多少汗，也不知受了多少罪，衣服挂烂了，鞋底磨穿了，绕过了九十九条河，又翻过了九十九道岭，才终于来到陕西。

八百里秦川，茫茫人海，要寻找一个流落在这里已五十年的老人，谈何容易！

他一路走，一路问，不管是向大爷叔叔打听，还是向大娘婶婶探问，不是摇头不知道，就是劝他回家。

寿昌决心已定，即使再走千山，过万水，吃千般苦，受万般罪，也一定要找到魂牵梦绕的、分离五十年的可怜的母亲。

他每到一个村庄，都要向人们哭诉离开母亲的痛苦，向人们描述母亲的模样，述说母亲的口音，只说得口也干了，舌也燥了，嗓子也嘶哑了，喉咙也冒火了，可仍然是杳无音信，连一点线索都找不到。

寿昌凭着感觉，相信母亲还活在人世上，相信母亲也在渴盼着与儿子相逢。退一万步说，即使母亲不幸去世，他也要找到母亲的尸骨，背回去与父亲合葬。

精诚所至，金石为开。也不知是天意，还是偶然。当寿昌来到同州这个地方向一位老农一打听，恰巧这位老人就是和生母住在同一个村庄的人，便在老人的引领下，来到了生母所在的村庄。

寿昌的母亲已经七十多岁了，老眼昏花，且两眼呆滞无神，这是五十年煎熬所造成的。

寿昌还依稀记得母亲当年的模样，只是老了。他进门就跪在地上连声喊着娘，并声泪俱下地说：

"我是寿昌，我……是……寿……昌。"

寿昌的母亲哪里能认出自己的儿子，分离时仅仅七岁，五十年不见，儿子也已成了老头子了。这时候，无论是谁，恐怕也不会认出来的。

儿子虽然也已两鬓斑白，但毕竟是她熟悉的乡音。听着儿子的哭诉，寿昌的母亲也止不住地流泪。她赶紧让家里人把儿子扶了起来。

母子相认，抱头痛哭一场。

原来母亲自从被逐出家门后，就流落到了陕西，嫁给了姓党的农夫，为其生下二子一女，生活自然苦不堪言。

最后，朱寿昌把生母现在的家人一同接到自己的家中，两家人在一起生活得都很快乐。

有人把朱寿昌弃官寻母之事上奏给了宋神宗，宋神宗大为赞赏，下令官复原职。

朱寿昌上任后，大力推行孝道，深得民心。后官至司农少卿、朝议大夫、中散大夫，年七十而卒。

朱寿昌弃官寻母的事迹，不久就传遍了大江南北，黄河上下。

名公巨卿为此竞相撰文写诗。苏轼写下了这样的诗句："嗟君七岁知念母，怜君壮大心愈若，不受白日升青天，爱君五十长新服，儿啼却得偿当年……感君离合我酸辛，此事今无古或闻……。"

是的，朱寿昌的孝心确实既可感动天地，也可感动皇帝及百姓，更可以感化那些千古被唾骂的逆子！

文昌孝经

开经启

原典再现

　　浩浩紫宸天①，郁郁宝华筵②。文明光妙道，正觉位皇元③。振嗣恩素重，救劫孝登先。大洞完本愿④，应验子心坚⑤。

注释

　　①紫宸（chén）天：道教天界名，为天神上帝所居之所。紫，古人认为的祥瑞之色；宸，即北极星所在，后借指帝王所居。《太上玄灵北斗本命长生妙经》云："北斗司生司杀，养物济人之都会也。凡诸有情之人，既禀天地之气，阴阳之令，为男为女，可寿可夭，皆出其北斗之政命也。"

　　②宝华筵（yán）：也作宝花，珍贵的花。多指佛国或佛寺的花。筵，宴席。

　　③正觉：觉悟。本指如来之实智，名为正觉。证语一切诸法的真正觉智。成佛也说是"正觉"。后被道教借用，意为彻悟大道真谛，达到了修行的最高境界。皇元：皇天上帝，此指证道后，位列仙班。

　　④大洞：即大道。

　　⑤应验：原来的预言或估计与事后的结果相合或得到证实。

古文今译

广大宽阔的紫宸天,香气浓郁的宝华筵。文德辉耀的奇妙之道,体悟大道的人位列仙班。振兴人们子嗣的恩泽向来都很重,而要想解救人们的灾难祸患,应当从行孝开始。大道完成了人们的本愿,文昌帝君提倡的孝道灵验无比,人们应当信心坚如磐石。

育子章第一

原典再现

真君曰①:乾为大父②,坤为大母③。含宏覆载④,胞与万有⑤。群类咸遂⑥,各得其所。赋形为物⑦,禀理为人。超物最灵,脱离蠢劫。戴高履厚⑧,俯仰自若。相安不觉,失其真性⑨。父兮母兮,育我者宏。两大生成,一小天地。世人不悟,全不知孝。吾今明阐,以省大众。

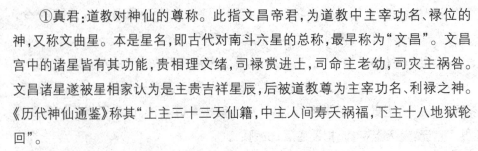

①真君:道教对神仙的尊称。此指文昌帝君,为道教中主宰功名、禄位的神,又称文曲星。本是星名,即古代对南斗六星的总称,最早称为“文昌”。文昌宫中的诸星皆有其功能,贵相理文绪,司禄赏进士,司命主老幼,司灾主祸咎。文昌诸星遂被星相家认为是主贵吉祥星辰,后被道教尊为主宰功名、利禄之神。《历代神仙通鉴》称其“上主三十三天仙籍,中主人间寿夭祸福,下主十八地狱轮回”。

②乾:《周易》之八卦之一,代表天。

③坤:《周易》之八卦之一,代表地。

④覆载：指天地养育及包容万物。《礼记·中庸》："天之所覆,地之所载。"

⑤胞与："民胞物与"的略称。指以民为同胞,以物为朋友。后以"胞与"指泛爱一切人和物。宋代张载《西铭》："故天地之塞,吾其体;天地之帅,吾其性。民吾同胞,物吾与也。"

⑥遂(suì)：顺利成长。《韩非子·难二》："六畜遂,五谷殖。"

⑦赋形：赋予人或物以某种形体。

⑧戴高履厚：头顶天,脚踩地。指人活在天地之间。

⑨真性：人体生命的自然本性。

古文今译

真君说：天为大父,地为大母。天地包容养育万物,以万物为同胞朋友。于是万物都得以顺利生长,各得其所。天地赋予形体以成就万物,人秉承性理以成之为人。于是人能够超过万物之上,成为万物之灵,脱离愚笨蠢物。人头顶天,脚立地,俯察于下,仰观于上,得以自然地顺从其本性。人们如果安于现实,不知不觉,就会迷失自己的自然本性。父母生育我的恩情最宏大。天地与父母两大,生成人身一小天地。世人不自省悟,完全不知道行孝。我今天清楚阐明,以警醒大众。

原典再现

乾坤养物,劳而不劳;父母生子,不劳而劳。自字及妊①,自幼迄壮,心力所注,无有休歇。十月未生,在母胎中,母呼亦呼,母吸亦吸。耽娠如山②,筋疼血滞,寝处不舒,临盆性命,若不自保。父心关恻,母体担虞③。纵令易诞,费尽劳苦。若或迟久,不行分娩,艰难震恐。死中幸生,几舍其母,始获其子。一月暗居,三年乳哺。啼即怀抱,犹恐不调。睡令安寝,戒勿动摇。含食以饲,

忠经·孝经

帖衣以裹。谅其饥饱④,适其寒暑。

忠经·孝经

注释

①字:怀孕;生育。妊,音 rèn,妊娠怀孕。
②耽娠(shēn):耽:忍,受。娠:胎儿在母体中微动,泛指怀孕。
③虞:忧虑,忧患。
④谅:体察;体谅。

古文今译

　　天地养育万物,似辛劳而又不辛劳;父母生育子女,似不辛劳而又辛劳。自怀孕到生产,自幼年至壮年,父母所倾注的心力,没有休止。胎儿在母腹中没生下来的十月间,母亲呼气,胎儿也呼气;母亲吸气,胎儿也吸气。母亲身怀妊娠之苦,如同身体压着一座山一样,周身筋骨疼痛,血脉凝滞,坐卧都不舒坦。分娩之时,母亲性命都难以自保。父亲关心悲伤,母亲身体担着忧患。即使容易生产,也是受尽各种忧劳苦楚。如果长久在母腹中,不能分娩,母亲就更艰难恐惧。死里逃生,几乎丢掉母亲的性命,方才得到孩子。母亲产后,闭门休养一月,乳哺孩子三年。婴儿啼哭,当即抱在怀里,仍怕有不舒服。睡觉就要使他安稳地睡着,一定不去动摇他。口含食物以喂养他,常解自己的衣服将他包裹着。揣度孩子的饥饱,让其冷热适中。

原典再现

　　痘疹关煞①,急遽惊悸。呀唔解语,匍匐学行,手不释提,心不释护。子既年长,恐其不寿,多方保持。幸而克祐,筹划有无②,计其婚媾。厥龄方少,诸务未晓。一出一入,处处念之。绸缪咨嗟,谆谆诫命。亲心惆怅,子方燕乐。教之生计,教之成业。母诞维艰,父诲匪易。

注释

①痘疹:因患天花出现的疱疹,由天花病毒引起的烈性传染病。天花是最古老的传染病之一,也是死亡率最高的传染病之一。关煞:指孩子在成长过程中遇到的灾祸、疾病等。引申指各种困难、难关。也指谓命中注定的灾难。

②有无:指家计的丰或薄。

古文今译

在孩子出痘疹、犯关煞的时候,父母心中非常惊恐。当孩子呀唔学语,蹒跚学步之时,父母手不离左右,心里毫不放松对孩子的照顾。随着孩子年龄的增长,父母又恐怕其命不长久,多方设法护持。倘幸能够得到神灵庇佑,又要为其筹划家产衣食,设法婚配。此时孩子年纪尚轻,各种事务尚未明晓。不管是出门还是在家,各个方面,父母无不挂念。情意殷切,长吁短叹,恳切耐心地教诲劝告。正因为有父母的忧虑,才有了子女安乐美好的生活。教授子女谋生之计,教授子女如何成就事业。母亲生育子女非常艰难,父亲教诲子女也不容易。

原典再现

虽至英年,恤若孩提。食留子餐,胜如己餐;衣留子衣,胜如己衣。子若有疾,甚于己疾。有可代者,己所甘受。子若远游,行旅风霜,梦寐通之。逾期不归①,睛穿肠断。子有寸善,夸扬乐与;子有小过,回护遮盖,暗自伤心,恐其名败。子惟贤能,父母有赖;子若不肖,父母谁倚?子若妄为,父母身危。作事未事,俱切亲情。

注释

①逾:超过,越过。

古文今译

　　尽管子女已经长大成人,父母仍然像对待幼童一样对其体贴入微。留作子女吃的饭食,胜过自己的食物;留作子女穿着的衣服,胜过自己的衣服。子女若有疾病,比自己得病还要担忧。如有能够代替子女承受的病痛,自己则甘愿忍受。子女如果远行,旅途风霜劳苦,父母放心不下,常在睡梦中梦到。逾期不归,父母则眼睛望穿,肝肠望断。子女有微小的优点,父母就会赞美宣扬;如果子女有小的过错,父母总会袒护遮掩,并暗自伤心,唯恐其名声败坏。子女只有贤良能干,父母才有依靠;子女如果无德无才,那么父母还能依靠谁呢?子女如果胡作妄为,就会连累父母,使其处于危险的境地。不管有无做事,都要贴合父母的心意。

原典再现

　　芽栽苗培,堂基构植。母勤子生,父作子述①,其行其志,不厌其苦。怜子念子,何时放置。形或暂离,心恒无间。贵如帝王,神如天亶②;显如公卿,贱如编户③,愚如齐氓④,皆如是心。穷达愁乐,存殁明幽⑤,皆如是心。混沌初分⑥,亘古及今,普天匝地,绵绵恻怛⑦,父母之心,无不如是。如乾覆物,如坤载物,和蔼流盈,充塞两间。莫大慈悲,无过亲心。

注释

①述:传述,传承;遵循前人说法或继续前人事业。《论语·述而》:"述而不

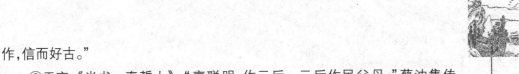

作,信而好古。"

②天亶:《尚书·泰誓上》:"亶聪明,作元后。元后作民父母。"蔡沈集传:"亶,诚实无妄之谓。言聪明出于天性然也。"圣人天性聪明,先知先觉,首出庶物,故能作大君治于天下,又因此能成为万民之父母。

③编户:指中国古代除世家贵族、奴婢以外的编入户籍的平民,也称庶人。编户与不入户籍的王公大臣、官僚地主相比,必须按土地收入交纳一定的赋税。《史记·货殖列传》载有:"夫千乘之王,万家之侯,百室之君,尚犹患贫,而况匹夫编户之民乎?"

④氓:古代称民为氓,此指未开化的人。

⑤明幽:人间和阴间。韩愈《赴江陵寄三学士》诗:"病妹卧床褥,分知隔明幽。"

⑥混沌:指宇宙形成前天地未分、混元一团的状态,古人想象中的天地开辟前的元气状态。《周易·乾·凿度上》:"太易者,未见气也。太初者,气之始也。太始者,形之似也。太素者,质之始也。气似质具而未相离,谓之混沌。"

⑦恻怛(dá):恳切。《伤寒节录·达序》:"然心至诚恻怛,有与斯人同忧共患之意。"

古文今译

就像生物萌芽,就必须栽育;要让其苗壮成长,就必须培育;子女长大后,还要为他们建筑庭堂,植立根基。母亲勤劳,不过是希望子女能够顺利成长;父亲有所创造,无非是希望子女能够传承于后。父母养育子女,不厌其苦。父母怜惜挂念子女,没有放下之时。即使身体暂时分离,父母的心也永远不会远离子女。即使是如帝王般尊贵,如圣贤般聪明,如公卿般显赫,又或者如平民般贫贱,如未开化之人般愚钝,其爱子女之心,无不如此。不管是困厄还是显达,不管是愁苦还是喜乐,不管是活着的还是已经去世的,也不管是在人世还是在阴间,父母的心也都如此。天地初开,从古至今,普天遍地,爱子女之心真切连绵,做父母的无不如此。如同上天覆盖万物,如同大地承载万物,温和慈爱流盈,充满天地之间。再大的慈悲,也比不过父母爱子之心。

忠经·孝经

原典再现

即说偈曰:万般劳瘁有时休,育子辛勤无尽头。字怀耐苦终无厌,训诲循徐不惮求。一叶灵根非易植,穷年爱护几曾优。子俱亲自身栽养,亲老心犹为子筹。

古文今译

于是说偈道:万般劳累都有停止的时候,只有养育子女的辛劳没有尽头。怀孕生育,忍受苦痛,从不厌烦。训导告诫,循序渐进,不怕索求。培养子女智慧聪明不是容易的事情,父母终日爱护从来没有犹豫过。子女都是父母自身养育的,父母人老后心里仍在为子女操心筹划。

原典再现

又说偈曰:真诚一片结成慈,全无半点饰虚时。慈中栽养灵根大,生生不已自无涯。

古文今译

又说偈道:一片真诚结成慈爱心,完全没有半点矫饰虚伪。慈爱中养育子女聪慧成长,生生不已没有尽头。

原典再现

灵慈神咒[①]:佛菩萨菩提心[②],大罗会上陀罗尼[③],一切救苦难,无过我亲心。

圣主仁君,救济生灵,不忍一匹之不生,无如爱子心,靡所不至诚。推极仁惠者,孰能逾二人。

注释

①神咒:即陀罗尼。为神秘的咒语,故名神咒。原文中有多处类似咒语。

②菩提心:菩提旧译为道,求真道的心即菩提心。新译为觉,求正觉的心即菩提心。

③陀罗尼:又称陀罗那,陀邻尼。译作持,总持,能持能遮。以名持善法不使散,持恶法不使起的力用。

古文今译

灵慈神咒:佛菩萨的菩提心,大罗会上的陀罗尼,一切救苦救难的菩萨,都不会超越我父母的爱心。圣明仁慈的君主,救济生灵,不忍心一个生物不能生长,这都不如父母的爱子之心,父母的爱子之心,没有不出于至诚之心的。就是推究极为仁慈惠爱的人,谁也不能够超越父母二人的爱心。

体亲章第二

原典再现

真君曰:前章所言,不止育子,直将子心,亲曲体之。凡为人子,当以二亲,体我心者,还体亲心。体我此身,骨禀父生,肉禀母成。一肤一发,或有毁伤,亲心隐痛,子心何安?心为身主,太和蕴毓①,父兮所化,母兮所育。一有不孝,失亲本来。

注释

①太和：太，为极至之义；和，即和谐。《周易·乾·象》："保合太和"。意为保持合顺，达到至极之和谐。一般指天地间冲和之气。毓：养育。

古文今译

真君说：前章所言，不只是讲养育子女，还有父母细微周到地体谅子女的心思。凡是作为子女的，应当以父母体谅自己的心情来体谅父母。体察我的身体，骨是秉受自父母的精血而化生，肉是秉承自父母的精血而生成。即使是一块皮肤，一根毛发，如果有所毁伤，父母心中都会隐隐作痛，那么子女又如何能够心安呢？心是身体的主宰，主宰天地的太和之气蕴藏其中。人身是父亲精血所化生，母亲精血所孕育的。子女一旦有不孝的行为，就失去禀自父母的本性。

原典再现

孝先百行，根从心起，定省温凊①，时以敬将。每作一事，思以慰亲；每发一言，思以告亲。入承亲颜，亲欢我顺，亲愁我解；出必告亲，恐有恶行，以祸亲身；归必省亲②，恐有恶声，以拂亲心。力行戒慝③，随时加惕，口业不干④，身业不作⑤。恐有意业⑥，欺亲欺身；恐有心业⑦，累身累亲。

注释

①定省温凊：指子女对父母应尽的孝道。侍奉父母要晚上服侍就寝，早晨及时问安，冬天温被，夏日扇凉。《礼记·曲礼上》："凡为人子之礼，冬温而夏凊，昏定而晨省。"定，齐整床衽使亲体安定。省，探望、问候。后称子女早晚向亲长问安为"定省"。

②省亲:探望父母或其他尊长亲属。

③慝(tè):邪恶,恶念。《三国志·魏志·武帝纪》:"吏无苛政,民无怀慝。"

④口业:又名语业,即由口而说的一切善恶言语。业为造作之义,有善有恶,若妄语、离间语、恶语、绮语等为口恶业。

⑤身业:身之所作,如杀生、偷盗、邪淫、酗酒等事。

⑥意业:意之所思,如贪、嗔、痴等动念。

⑦心业:心思所造作的业。

古文今译

孝顺优先于其他品行,根起于人心中。侍奉父母要晚上服侍就寝,早晨及时问安,冬天温被,夏日扇凉,时刻恭敬服侍。每做一件事,都要想着慰藉父母;每说一句话,都有想着告知父母。入则侍奉父母,父母的欢乐我来顺承分享,父母的忧愁由我来化解;外出必定告知父母,恐怕有恶行,以连累父母。归来后必定要探望父母,恐怕家人有恶言恶语,不顺父母的心意。尽力做到戒除恶念,随时提高警惕,不造口业,不作身业。恐怕有意业,欺骗自己,欺骗父母;恐怕有心业,牵累自身,拖累父母。

原典再现

我有手足,父母一体。异母兄弟,总属天伦,恐有参商①,残亲支体。叔伯同根,宗族一家,恐有乖戾②,伤亲骨肉。祖曾上人,恐失奉事,悖亲孝思。子孙后裔,恐失字育,断亲嗣脉;恐失教训,败亲家规。子侄世系,恐失敦睦③,贻亲庭衅④。我夫我妇,子媳之职,恐失和敬,致亲不安。我有姻娅⑤,属亲至戚,恐失夙好⑥,致亲不宁。上而有君,为亲所主⑦,恐有不忠,致亲以逆;下而民物,与亲并育,恐有不恤,损亲之福;外而友朋,为亲之辅,恐有不信,绝亲友道。师为我法,即为亲箴⑧,事恐失贤,以违亲训;匪人壬人⑨,亲之所远,交恐不择,以累亲志。仰而天高,帝位乎上。日月星斗,亲所敬畏。恐有冒渎,妄干天怒,致重亲辜;俯而地厚,群生资始⑩,亲所奉履,恐有亵侮⑪,业积暴殄⑫,致延亲祸;中而神祇⑬,司我亲命。恐有过犯,致减亲纪。一举一动,总期归善,以成亲德。

注释

①参(shēn)商:参星和商星,参星在西,商星在东,此出彼没,永不相见。古代神话传说,高辛氏二子不睦,因迁于两地,分主参商二星。后用"参商"比喻兄弟不睦或彼此对立。陈子昂《为义兴公求拜扫表》:"兄弟无故,并为参商。"

②乖戾:不和。《后汉书·范升传》:"各有所执,乖戾分争。"

③敦睦:亲厚和睦。李适《重阳日中外同欢以诗言志》:"至化自敦睦,佳辰宜宴胥。"

④衅(xìn):嫌隙;争端。

⑤姻娅:亲家和连襟,泛指姻亲。韩愈《县斋有怀》:"名声荷朋友,援引乏姻娅。"

⑥夙好:老交情。

⑦所主:所寄居的主人。《孟子·万章上》:"吾闻观近臣,以其所为主;观远臣,以其所主。"

⑧箴(zhēn):规劝,告诫。

⑨壬人:奸人,佞人。指巧言谄媚,不行正道的人。

⑩资始:借以发生、开始。《易·乾》:"大哉乾元,万物资始,乃统天。"

⑪亵侮:轻慢侮弄。

⑫暴殄:指任意浪费糟蹋,不知爱惜。殄,灭绝。

⑬神祇:泛指神。神,指天神;祇,指地神。

古文今译

我有兄弟,父母都一样相待。异母兄弟,总属天然的亲伦关系,恐怕有不和睦的情况发生,这样就如同伤害父母的肢体。叔伯兄弟,整个宗族都是一家,恐怕有不和的情况，这样会伤害父母的至亲。对于祖辈先人，恐怕有失侍奉，有悖父母孝亲之思。子孙后代，恐怕有失生育，断绝父母的后代血脉；恐怕有失教育，败坏父母的家规。子侄后辈，恐怕有失和睦，致使父母所建立的家庭生起祸端。夫妇二人要尽到为子为媳的职责，要和气逊顺，恐怕有失和顺恭敬，致使父母不安宁。我有姻亲，属于最亲近的亲属，恐怕失去老交情，使父母不安宁。向上则有君主，是父母所事奉的主宰者，恐怕有所不忠，致使父母获叛逆之罪。向下有民众万物，与父母共同生育于天地之间，恐怕对其有失怜悯，损害双亲的幸福。外面有朋友，是父母的辅助者，恐怕有失信用，断绝父母与朋友交往的准则和道义。老师是我效法的对象，老师的劝诫即是父母的劝诫，事奉老师恐怕有失贤德，违背父母的训导。行为不端和巧言谄媚的人，是父母所远离的，恐怕自己交友不慎，而连累了父母的心志。仰望则见天之高远，天帝位在其上，日月星斗，是父母所敬畏的，恐怕有所冒犯亵渎，轻易地触犯天怒，以致增加父母的罪过。俯察则见地之厚重，众生借此以生长发育，是父母所敬奉的，恐怕有所亵渎轻慢，恶业累积，损害浪费毫不顾惜，致使灾祸蔓延及父母。中间有天神地祇，主掌父母的生死，恐怕自己有过错，致使父母的阳寿减少。一举一动，都期望归于善，以成全父母的德行。

原典再现

我亲有善，身顺其美。救人之难，即是亲救；济人之急，即是亲济；悯人之孤，即是亲悯；容人之过，即是亲容。种种不一，体亲至意。亲或有过，委曲进谏，俟其必改。以善规亲，犹承以养，养必兼善，方得为子。人各有亲，曷不怀思。

古文今译

父母有善行，我要承顺他们的美德。救人于危难，也就好比是双亲施救；救济别人于危急之时，也就是双亲救济；怜悯别人的孤苦，也就是双亲怜悯；宽容别人的过错,也就是双亲宽容。各种不同情况,都要体察双亲的心意。双亲如果有过错,就要委婉地提出意见,直到改正为止。用善规劝双亲,就好比承担起赡养的责任。赡养父母,同时一定要以善来劝谏,这才是为人子所应当做的。人们各自都有父母,怎么能不挂怀思念?

原典再现

父母在日,寿不过百,惟德之长,垂裕弥遐①。是以至孝,亲在一日,得养一日。堂上皆存②,膝下完聚③,人生最乐。惜此光阴,诚不易得。玉食三殽④,勺水一菽⑤,各尽其欢⑥。加餐则喜⑦,减膳则惧⑧。贫富丰啬,敬无二心。愿亲常安,恐体失和。疾病休戚⑨,常系子心。一当有恙,能不滋虞。药必先尝,衣不解带,服劳侍寝。愈则徐调,食不轻进,相其所宜。倘或不瘳,延医询卜。酒不沾唇,至心祷祝。殚厥念力⑩,以求必瘳。终天之日,饮食不甘,哭泣失音。衣衾棺椁⑪,多方自尽。三年哀痛,晨昏设荐⑫。佳茔厚穴⑬,安置垄丘⑭。礼送归祠,亲魂有托。庙享墓祭,四时以妥。去亲日远,追思常在。形容面目,若闻若睹。动息语默,寻声觅迹,中心勿忘。抱慕如存,生死同情,幽明一理。孝道由基,大经斯彰⑮。嗟尔人子,纵能如是,体之亲心,未及万一。

注释

①垂裕:为后人留下业绩或名声。遐,远。

②堂上:指父母。也称高堂。

③膝下:指人在幼年时,常依于父母膝旁,言父母对幼孩之亲爱。后用以借指父母。

④玉食三殽:玉食,指精美的饮食。殽:通"肴"。专指荤菜,即有肉的菜肴。

⑤菽(shū):豆;豆类。豆和水,指清贫人家供养父母的饮食。陆游《湖堤暮归》:"俗孝家家供菽水。"

⑥尽其欢:即指孝养父母尊长,极意承欢。语出《礼记·檀弓下》:"啜菽饮水,尽其欢,斯之谓孝。"孔颖达疏:"谓使亲尽其欢乐。"

⑦加餐:多进饮食。

⑧减膳:减少肴馔。是古代帝王遇到天灾变异时自责的一种表示。肴馔,即丰盛的饭菜。

⑨休戚:喜乐和忧虑;亦指有利的和不利的遭遇。休,喜悦,欢乐;戚,悲哀,忧愁。

⑩念力:佛教所说的专念之力,即意念的力量。

⑪衣衾棺椁(guǒ):衣衾:装殓死者的衣被。棺椁:礼所规定的葬具。装尸之器为棺,围棺之器为椁。棺,是棺材;椁,外棺,是棺外的套棺。

⑫荐:古代祭祀宗庙时奉献祭品叫"荐",其礼稍逊于祭。《礼记·王制》:"大夫士宗庙之祭,有田则祭,无田则荐。庶人春荐韭,夏荐麦,秋荐黍,冬荐稻。"

⑬茔(yíng):坟墓,坟地。

⑭垄丘:坟墓。冢形象丘垄,故名。指墓葬的外部。

⑮大经:常道,常规。

古文今译

　　父母在世,长寿也不过百岁,惟有功德之人,才能声名久远。所以"至孝",就是父母在世一天,就要赡养一天。父母都健在,子女依聚在父母身边,这才是人生最快乐的事情。应当珍惜这段时光,因为这实在是太难得了。不管是富贵人家多个荤菜美食的美味佳肴,还是贫贱人家一勺水、一盘豆食的粗茶淡饭,都能让各自父母尽其欢心。子女见父母多进饮食就高兴,见父母减少膳食就担心。不管是贫贱富贵,或者是丰裕贫困,孝敬父母的心意都没有改变。希望父母永远安康,恐怕父母身体有病痛。父母的疾病和喜忧,常常牵动子女的心。一旦父母身体有病,怎能不心生担忧。喂父母的药,要自己先尝味道的甘苦,衣不解带,辛勤侍奉,服侍父母休息。父母病好之后,要慢慢调养,食物不要乱吃,要弄清其是否适宜父母食用。如果不能痊愈,就要请医问药,占卜吉凶。滴酒不沾,诚心为父母祈祷。竭尽心力,以便祈求父母痊愈。父母逝世的时候,饮食不贪求美味,痛哭以至于失声。寿衣、被褥、棺椁,都要多方设法,尽力筹备。哀痛地服丧三年,早晚都要陈设祭品。选择好的陵园,墓地建筑得坚固厚实。把遗体礼送往墓地,把精魂迎回祠堂,父母的灵魂就有了归依。宗庙供奉,墓前祭祀,四季完备。父母离开时间久了,时常追思怀念。父母的形体容貌,就如同自己听到见到一样。于是就会常常停下行动,停止说话,顺着声音寻找父母的踪迹,心中时刻不忘。心怀敬慕,如同父母健在一样;不管生死,都同此心,不管在阴间或阳间,都是同一个道理。孝道从此根本上去做,则孝道人伦就会彰显。子女即使能够如此,体恤双亲之心,还是不及父母的万分之一。

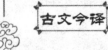

偈曰:幼而得亲全,安乐不之晓。设无双亲在,饥寒难自保。遭此伶仃苦[①],方思亲在好。

①伶仃:孤苦无依靠。陆游《幽居遣怀》:"斜阳孤影叹伶仃,横案乌藤坐草亭。"

古文今译

偈说:幼小时父母双全,不知道安宁快乐。假如双亲不在,饥寒交迫,生命难以自保。只有遭受了孤独无依之苦,才想念双亲健在的好处。

原典再现

又说偈曰:嬉嬉①怀抱中,惟知依二亲。何至长大后,渐失尔天真。我亲既生我,我全不能孝。云何我养儿,我又恤之深。反观觉愧悔,方知父母恩。

注释

①嬉嬉:玩耍。

古文今译

又有偈说:在父母怀抱中玩耍,只知道依恋双亲。为什么长大后,渐渐丧失了天真。我的父母既然生育了我,我却完全不能尽孝。为什么我养育子女时,我又对他们怜恤至深。回头反省,感觉到惭愧后悔,这才知道父母的恩情有多大。

原典再现

又说偈曰:室家是亲成①,岂是离亲地。莫道风光好,遂把亲欢易。贫贱是前因,岂是父母遗。生不托亲体,我并无人身。莫怨生我苦,修来自有畀。富贵是亲培,岂是骄亲具。亲若不教我,何有富贵遇。报本正在此,赤悃安可替。最易忘亲处,尤宜加省惕。

注释

①室家:夫妇。《诗·周南·桃夭》:"桃之夭夭,灼灼其华。之子于归,宜其

室家。"孔颖达疏:"《左传》曰:'女有家,男有室。'室家,谓夫妇也。"

古文今译

又有偈说:我们夫妇家庭是父母促成的,并不是作为远离双亲的地方。不要因为外边风景好,而把对父母的喜爱改变。贫贱缘于前世的因由,不是父母遗留的。我的出生如果不依托父母的身体,也就没有我的生命。不要抱怨出生在贫苦人家,只有努力修行,就能得到回报。富贵出于父母的栽培,并不是向父母炫耀的工具。父母如果不教导我,我怎么会有富贵际遇。报答父母的根本正在这里,赤诚之心没什么能够代替。最容易忘却父母的地方,更加要警省谨慎。

原典再现

真君曰:子在怀抱,啼笑嬉戏,俱关亲心,实惟真挚。为人子者,能如是否?试一念之,何能暂释。父母强健,能嬉能笑,能饮能食,子所幸见。父母渐衰,嬉笑饮食,未必如常,子心所惕。责我不楚①,怜亲力弱。嗔我声微,怜亲气怯。愈加安养,勿致暂劳。父母逝世,苦无嬉笑,及我颜色,苦无怒詈②,及我身受。纵有厚禄,亲不能食;纵有锦帛,亲不能被。生不尽欢,追思何及。逝者念子,存者念亲。祭享悠远,隔不相见。思一慰之,悲哀无地,言念斯苦③,实难为子。

注释

①楚:痛苦。陆机《于承明作与弟士龙》诗:"慷慨含辛楚。"

②詈(lì):骂;责骂。

③言念:想念。《诗·秦风·小戎》:"言念君子,温其如玉。"

古文今译

真君说:在父母怀抱中的幼儿,哭笑玩耍,都关系着父母的心,这完全出于真挚的情感。作为子女的,能够如此吗?试着想想父母的爱子之心,怎么能够将父母放得下一刻。父母身体强壮健康,能玩能笑,能吃能喝,子女能够见到这些就很喜欢。父母渐渐衰老,玩乐饮食,不见得同平常一样,子女心里应该有所警惕。父母责打我不疼,知道父母力气已经衰弱,父母骂我时的声音微弱,知道父母的气息不足。更要安息休养,不要使其有一点劳累。父母逝世,苦于没有父母的嬉笑,能够使我喜笑颜开;苦于没有父母的怒骂,能让我身受。即使我有丰厚的俸禄,父母也不能吃;即使我有锦帛,父母也不能穿用。不能让父母生前尽欢,追念怎么会来得及呢。死去的父母还心系子女,在世的子女还在思念父母。只能遥遥供奉祭祀,幽明分隔不能相见。想着告慰父母,却悲痛哀切无处可寻。想念非常痛苦,作为子女也实在是难。

原典再现

乃说偈曰:亲昔养儿日,岂比强壮年。我方学语处,亲疑我啼也。我方跬步时①,亲疑我蹶也②。我方呀唔处,亲疑我疾也。我方思食处,亲知我饥也。我方思衣处,亲知我寒也。安得本斯志,体恤在亲先。亲今且垂暮,亦岂强壮比。欲将饲我者,奉亲膳食时。欲将裸我者,侍亲寝息时。欲将顾我者,扶亲衰老时。欲将育我者,事亲终天时。何者我曾尽,全然不之觉。生我何为者,能不中自怍③。

注释

①跬(kuǐ)步:古时称人行走,跨出一只脚为跬,犹今之半步,左右两足均跨一次称步。《荀子·劝学》:"不积跬步,无以致千里;不积细流,无以成江海。"

②蹶:仆;跌倒。《淮南子·精神》："形劳而不休则蹶。"

③怍(zuò):惭;惭愧。《孟子·尽心上》："仰不愧于天,俯不怍于人。"

古文今译

于是说偈道:以前父母抚养幼小的我,怎么能与现在正值强壮的我相比。我刚开始学说话,父母怕我是否在啼哭。我刚开始迈步时,父母怕我是否要跌倒。我刚开始发出呀唔之声时,父母怕我是否患病了。我刚想要吃东西,父母就知道我是饿了。我刚想要加衣服,父母就知道我是冷了。怎么能不以父母的情感为本,首先体恤父母。父母如今已经垂垂老矣,怎能再与强壮时相比。就像父母喂养我那样,事奉父母的饮食。就像父母照顾我那样,将我包裹在襁褓中,服侍父母就寝休息。就像父母照顾我那样,搀扶衰老时的父母。就像父母抚育我那样,事奉父母去世。这些我哪样曾经尽力做过?我完全不知觉。父母生我是为了什么,怎么不自我惭愧。

原典再现

孝子明心宝咒:以此未及万一心,时时处处体亲心。当思爱养恩勤大,每想怀耽乳哺深①。日在生成俯仰中,覆载风光父母仁②。何殊群物向春晖③,切切终身抱至诚。

注释

①怀耽:怀胎。

②覆载:庇养包容。

③春晖:春天的阳光。比喻父母的恩惠。孟郊《游子吟》:"谁言寸草心,报得三春晖。"

古文今译

孝子明心宝咒：以此未及父母万分之一的心思，时时处处体恤父母的心意。应当想到父母爱护养育我的恩情非常大，经常想到父母孕育乳哺我的深情。每日都生长在天地之中，覆载着风光和父母的仁爱。这与万物向往春天的阳光一样，没有什么不同，切记终生都要怀抱至诚之心。

辨孝章第三

原典再现

真君曰：吾今阐教，以示大众。亲存不养，亲殁不葬①，亲祚不延②。无故溺女，无故杀儿。父母客亡，骸骨不收，为大不孝。养亲口体，未足为孝；养亲心志，方为至孝。生不能养，殁虽尽孝，未足为孝；生既能养，殁亦尽孝，方为至孝。生我之母，我固当孝；后母庶母③，我亦当孝。母或过黜，母或载嫁④，生我劳苦，亦不可负。生而孤苦，恩育父母，且不可忘，何况生我。同母兄弟，我固当爱；前母兄弟⑤，我亦当爱。同气姊妹⑥，我固当和，连枝姒娌⑦，我亦当和。我生之子，我固当恃；前室遗子⑧，我亦当恃。众善家修，无不孝推。如是尽孝，始克为孝。始知百行，惟孝为源。

注释

①殁（mò）：寿终；死亡。杜甫《过故斛斯校书庄》诗二首之一："此老已云殁，邻人嗟未休。"

②祚（zuò）：福。《国语·周语》："若能类善物以混厚民人者，必有章誉番育

之祚。"

③庶母：父之妾称为庶母。《尔雅·释亲》："父之妾为庶母。"与"嫡母"相对。

④载：再；重。陶渊明《停云》："东园之树，枝条载荣。"

⑤前母：继室所生的子女对父亲前妻的称呼。《晋书·礼志中》："前母既终，乃有继母，后子不及前母，故无制服之文。"

⑥同气：有血缘关系的亲属。

⑦妯娌：兄弟们的妻子的合称。

⑧前室：前妻。

古文今译

真君说：我今天阐明教法，以告知众人。父母在世时，不对其赡养；父母去世后，不将其安葬，父母的福泽就不会延长。无故溺死女婴，无故杀死儿子；父母客死他乡，不去收埋骸骨，这些都是最大的不孝。只是奉养父母的衣食，还不算是孝敬；只有能够体恤父母的心思，促成父母的志愿，才算是最大的孝敬。父母在世时，不能尽到赡养的责任，待去世后虽然尽孝，但不足以算是孝敬。既能在父母在世时，尽到赡养的责任，又能在父母去世后尽孝，这才算是"至孝"。我的生母，我固然应当尽孝；后母庶母，我也应该尽孝道。我的母亲或许因过失而被父亲休掉，或者改嫁，但母亲生育我的劳苦，也是不可以背弃的。幼年就失去父母而孤苦伶仃，恩爱养育我的养父母，都不可忘记，何况是亲生父母。同母兄弟，我固然应当友爱；前母所生兄弟，我也应当友爱。亲生姐妹，我固然应当和敬，对于妯娌，我也应当和敬。我的亲生子女，我固然保爱；前妻所生的子女，我也应当保爱。一切善行，家人一起身体力行，无不是由此孝心推及而来。按照这个样子来尽孝，才能够真正为孝。于是开始知道百般品行，孝才是源头。

原典再现

我孝父母,不敬叔伯,不敬祖曾,于孝有亏。我孝父母,不爱子孙,不敦宗族①,于孝有亏。我孝父母,不和姻娅②,不睦乡党③,于孝有亏。我孝父母,不忠君上,不信师友,于孝有亏。我孝父母,不爱人民,不恤物命,于孝有亏。我孝父母,不敬天地,不敬三光④,不敬神祇,于孝有亏。我孝父母,不敬圣贤,不远邪佞⑤,于孝有亏。我孝父母,财色妄贪,不顾性命,知过不改,见善不为,于孝有亏。淫毒妇女,破人名节,于孝有亏。力全名节,于孝更大。奉行诸善⑥,不孝吾亲,终为小善;奉行诸善,能孝我亲,是为至善。孝之为道,本乎自然,无俟勉强。不学而能,随行而达。读书明理,因心率爱,因心率敬,于孝自全。愚氓愚俗,不雕不琢,无乖无戾⑦,孝理自在。苟具灵根⑧,知爱率爱,知敬率敬,于孝可推。孝庭子容,孝壶妇仪⑨。孝男端方⑩,孝女静贞⑪。孝男温恭⑫,孝女顺柔。孝子诚悫⑬,孝妇明洁⑭。孝子开先,孝孙承后。孝治一身,一身斯立;孝治一家,一家斯顺;孝治一国,一国斯仁;孝治天下,天下斯升⑮;孝事天地,天地斯成。通于上下,无分贵贱。

注释

①敦:敦睦,互相友好和睦。

②姻娅:亲家和连襟,泛指姻亲。韩愈《县斋有怀》:"名声荷朋友,援引乏姻娅。"

③乡党:泛指乡里、家乡。

④三光:指日、月、星。

⑤邪佞:奸邪小人。

⑥奉行:履行。

⑦乖:违背;不和谐;不协调。《荀子·天论》:"父子相疑,上下乖离。"

⑧灵根:灵性之根。

⑨壸:宫里的道路,借指行孝的途径。妇仪:妇女的容德规范。

⑩端方:正直;端庄。

⑪静贞:娴静贞洁。

⑫温恭:温和恭敬。《尚书·舜典》:"浚哲文明,温恭允塞。"

⑬愨(què):诚实。

⑭明洁:清白;高洁。

⑮升:即升平。太平的意思。

古文今译

　　我孝敬父母,不敬爱叔伯,不敬爱祖先,有损孝德。我孝敬父母,不爱子孙,不敦睦宗族,有损孝德。我孝敬父母,不和爱姻亲,不与乡邻和睦,有损孝德。我孝敬父母,不效忠君上,对师友不讲信用,有损孝德。我孝敬父母,不爱人民百姓,不怜恤万物的生命,有损孝德。我孝敬父母,不礼敬天地,不礼敬日月星辰三光,不礼敬天地神明,有损孝德。我孝敬父母,不敬奉圣贤,不远离恶人,有损孝德。我孝敬父母,非分地贪求财色,不顾性命,知道过错而不悔改,见有善行可为而不去做,有损孝德。奸淫毒害妇女,破坏人家的名声和节操,有损孝德。极力成全别人的名节,这算是大的孝行。虽能奉行各种善行,但不孝敬父母,终究只是小善;奉行各种善行,而又能够孝敬父母,这才称得上是"至善"。为孝之道,本于人心自然本性,没有一点勉强。不通过学习就能实行,随着自己的良心去做,所作所为自然就合乎孝道。读书明白了道理,用良心统率爱,用良心统率敬,自然就能够使孝圆满。愚夫俗子,不经过雕琢,没有不和暴戾之气,自然合乎孝道。假使他们具有了灵明的根性,知道用爱心来统率爱,知道用敬心来统率敬,这样,孝行就可以推行于外了。想知道在父母之前的孝敬,看儿子的容颜,就可以知道;想知道闺中女子的孝行,看妇女的容德威仪,就可以知道。孝子的行为端重大方,孝女文静贞洁。孝子温良恭敬,孝女顺从柔和。孝子行事诚恳,孝妇持身清洁。孝子率先行孝,就必定会有孝孙继承孝行。通过尽孝来修身,一身的品行就可以立正;通过尽孝来治家,全家就会和顺;通过尽孝来治国,国家就会充满仁爱;通过尽孝来治理天下,天下就会升平;通过尽孝来事奉天地,天地就会太平。孝道可以通达于天地,不分贵贱,都要尽孝。

原典再现

偈曰:世上伤恩总为财,诚比诸务尤为急。相通相让兄和弟,父母心欢家道吉。财生民命如哺儿,禄奉君享如养亲。本之慈孝为源流①,国阜人安万物熙②。

注释

①源流:事物的本末。
②阜:丰富;富有。熙:兴盛。

古文今译

偈说:世上恩情的伤害总是金钱的缘故,这比其他各种事务尤为关键。兄弟之间应该相互通融,相互谦让,父母心里欢喜而家境也会吉祥。用钱财养育人民的生命就如哺乳幼儿,做高官事奉国君就如同赡养双亲一般。总之以慈爱孝道为源流,就会国家强盛,人民安居乐业,万物万事光明兴盛。

原典再现

又说偈曰:子赖亲安享①,不思尽孝易。若或罹困苦②,方知尽孝难。难易虽不同,承顺是一般③。

忠经·孝经

注释

①安享:安然享用。

②罹:遭受困难或不幸。

③承顺:敬奉恭顺。

古文今译

又说偈道:子女因为依赖父母而得以安享,而不想着尽孝是否容易。只有遭受了困苦,才会知道尽孝的困难,难和易虽然不相同,但敬奉恭顺父母却并没有不同。

原典再现

又说偈曰:今为辨孝者,辨自夫妇始。孝子赖贤助,相厥内以治。后惟尽其孝,君得成其绪。妇惟尽其孝,夫得成其家。同气因之协,安亲无他意。自古贤淑妻,动即为夫规。上克承姑顺①,下克抚媳慈。从来嫉悍妇②,动即为所惑。承姑必不顺,抚媳必不慈。惟尽为妻道,方可为人媳;惟尽为媳职,方可为人姑。身有为媳时,亦有为姑日。我用身为法,后人无不格。嫔妃与媵妾③,致孝以安命。妇德成夫行,化从阃中式④。所系重且大,淑训安可越⑤。

注释

①克:能够。

②悍妇:泼妇;凶悍之妻。

③媵(yìng)妾:陪嫁之侍妾。古代诸侯女儿出嫁,要有陪嫁之人,这些陪嫁之人通称为"媵"。《汉书·平帝纪》:"诏出媵妾,皆归家得嫁,如孝文时故事。"

④阃(kǔn)：门槛，内室，借指妇女的道德规范。

⑤淑训：指对女子的教育。晋·常璩《华阳国志·汉中士女赞·礼硅》："惠英亦有淑训，母师之行者也。"

又说偈道：今天我分辨什么是孝，是从夫妇关系开始着手的。孝子有赖贤惠妻子的帮助，互相帮助就能够使家庭得到治理。做皇后的惟有尽孝，做皇帝的才能继承好先皇传下的事业。做妻子的惟有尽孝，丈夫才能把家治理好。夫妻因为孝才能同气相协，安养双亲也并无别的心思。自古以来贤惠善良的妻子，其行动能成为丈夫的规范。对上能够顺承婆婆的欢心，对下能够安抚慈爱媳妇。而自古以来嫉妒心强、生性泼悍的媳妇，其丈夫的行动就会被她所迷惑，不能够顺承婆婆的心意，对媳妇亦不能安抚慈爱。惟有尽力按照做妻子的规范行事，才可以做人家的媳妇；惟有尽力履行做媳妇的职责，方才可以做人家的婆婆。既有做媳妇的时候，也有做婆婆的时候。只要自己能够以身作则，自己的后人才有行为的标准。作嫔妃的和作侍妾的，只有行孝才能安身立命。妻子的德行能够促成丈夫的品行，一切都是从内室行为标准而来。牵涉关系重大，怎么可以轻越做女人的训条。

原典再现

又说偈曰：辨之以其心，毋使有不安。辨之以其行，毋使有或偏。辨之以其时，毋使有或迁。辨之以其伦，毋使有或间。大小各自尽，内外阃所愬①。诚伪在微茫，省惕当所先。

注释

①愆(qiān):罪过,过失。

古文今译

又说偈道:从心来辨别孝,千万不能使其心有所不安分。从行为辨别孝,千万不能使行为有所偏颇。从时间来辨别孝,千万不要使其孝行有所改变。从伦常之理来辨别孝,千万不要使其孝行错乱。男女老少各自尽孝,家里家外都无有过失。真诚和虚伪只在微茫之间,在行动之前应当反省警惕。

原典再现

又说偈曰:亲怀为己怀,至性实①绵绵,即是佛菩萨,即是大罗仙。

注释

①实:诚实。

古文今译

又说偈道:以双亲的情怀为自己的情怀,最真诚的本性实在是绵绵不绝,这就是佛、菩萨,这就是成道的大罗仙。

忠经·孝经

原典再现

纯孝阐微咒:万般切己应为事,俱从一孝参观①到。胸中认得真分晓,孝上行来总是道。

注释

①参观:观察。

古文今译

纯孝阐微咒:万种关系自己的应当做的事,全都可以由孝来观察到。只要认清了它真正的道理,本于孝道而行动,就一定会合乎道。

守身章第四

原典再现

真君曰:所谓孝子,欲体亲心,当先立身①。立身之基,贵审其守。无身之始,身于何始?有身之后,身于何育?有挟俱来,不可或昧,当思在我。设处亲身,爱子之身,胜于己身。苦苦乳哺,望其萌芽,冀其成材。寸节肢体,日渐栽培。何一非亲,身自劳苦,得有此身。亲爱我身,如是之切。保此亲身,岂不重大?守此亲身,尤当倍笃。遵规合矩,如前所为。矜骄不形②,淫佚不生③,嗜欲必节。父母之前,声不高厉,气不粗暴④;神色温静,举止持祥。习久自然。身有光明,九灵三精⑤,保其吉庆;三尸诸厌⑥,亦化为善。凡有希求,悉称其愿。兢兢终身⑦,保此亲体,无亏而归,是谓守身。苟失其守,块然躯壳⑧,有负父母,生而犹死。

注释

①立身:安身处世,立身处世。

②不形:不显露。

③淫佚:纵欲放荡。

④粗暴:粗鲁暴躁。

⑤九灵:指身中的九位神灵。《九天应元雷声普化天尊玉枢宝经》所载为:一叫天生,二叫无英,三叫玄珠,四叫正中,五叫子丹,六叫回回,七叫丹元,八叫太渊,九叫灵童。据称召此身中九灵则吉利。三精:日、月、星。《后汉书·光武帝纪·赞》:"九县飙回,三精雾塞。"

⑥三尸:亦称"三虫""三彭"。道教认为,人体内有三条虫,或称"三尸神"。

⑦兢兢:谨慎小心的样子。

⑧块然:木然无知貌。《庄子·应帝王》:"于事无与亲,雕琢复朴,块然独以其形立。"成玄英疏:"块然,无情之貌也。"

古文今译

真君说:所谓孝子,要想体恤双亲的心志,首先应当立身处世。立身的基始,最为重要的是要慎重自己的操守。没有人身的初始之时,我的身体是从何处而来的呢?有了人身之后,身体又是怎么得以抚育的呢?我有从出生挟持同来的良心,此心不可暗昧,我应当仔细想想。以父母的立场设身处地地想想,父母怜爱子女的身体,胜过爱护自己的身体。艰难地哺乳,期望他渐渐成长,希冀他能够成为有用的人。一寸一节肢体,日渐栽育培养。哪一点不是靠双亲勤劳保护,才得以有了我的存在?父母爱我此身,是如此的关切,好好保护此身,怎能不关系重大？守持好双亲给我的身体，尤其应当加倍地坚定。遵守规则符合规范，效法前人的行为。骄横傲慢之貌不显，淫欲放荡之心不生，节制自己的不良嗜好和欲望。在父母面前，声音不要太高，气息不要粗大。神色温柔娴静，行动举正舒缓。坚持久了就成为自然的事情。这样，身体就有光明，九灵三精等神就会保佑你吉祥。而三尸等邪神，也会化恶为善。凡有希望得到的东西，都会称心如愿。众生都小心谨慎，保护好双亲给我的身体，没有一点亏损而返归原初，这就是守身。如果不能持受，徒具躯壳，就会辜负父母，虽生犹死。

原典再现

抑知人生，体相完备，即有其神，每日在身，各有处所。一身运动，皆神所周。神在脏腑，欲不可纵；神在四肢，刑不可受。纵欲犯刑，非伤即死。凡有身者，所当守护。守真为上[①]；守心次之；守形为下[②]。愚夫匹妇[③]，无所作为，亦足保身。何尔聪明，奸伪妄作，昧性忘身，沉溺欲海[④]，全不省悟。大罗天神，观见斯若，发大慈悲，降生圣人，以时救度[⑤]。惟兹圣人，躬先率孝。加检必谨，加恤必至。不忍斯人，堕厥亲身。一切栽持，遂其所守。种种孝顺，当身体物[⑥]。体在一身，化在众生。畀兹凡有，同归于道。身居不动，肆应常普[⑦]。如是守身，是为大孝。

忠经·孝经

注释

①守真:保持真元精气;保持本性。语出《庄子·渔父》:"慎守其真,还以物与人,则无所累矣。"

②守形:专注于形体。《庄子·山木》:"吾守形而忘身,观于浊水而迷于清渊。"

③匹妇:古代指平民妇女。

④欲海:爱欲之深广譬如海。比喻贪欲或情欲的深广。

⑤救度:救助众生出尘俗,使脱离苦难。

⑥当身:自身,本人。

⑦肆应:指善于应付各种事情。

古文今译

哪里会懂得人生,形体相貌完备,就会有神,它每天都在人身中,身体各部位都是它的处所。整个身体的运动,都是由神主宰。神存在于五脏六腑,不可以纵欲;神存在于四肢,不可以受到刑罚。放纵欲望,触犯刑律,非死即伤。凡是有身体的人,都应当守护。保守真性是最上乘的,守持良心次之,保守形体最次。一般的平民百姓,没有什么作为,也可以做到保身。为什么你这么聪明,却去做奸妄之事,蒙昧心性,忘了自身,沉溺于欲海,却全然不知反省醒悟。天帝神仙看到这些,发大慈悲心,降生圣人,以便能够随时救度世人。只有这样的圣人,亲自率先躬行孝道。谨慎加倍地检查自己,加倍地爱恤自身。不忍心看到世人,将父母给予他们的身体堕落毁坏。一切栽培扶植,无非帮助他们实现保守身体的目的。种种孝顺的行为,当以自身体恤万物。体道虽是圣人一人,却能够感化众生。将此道理授给所有有身体的人,使其同归于孝道。守身不动,而又能广泛地应接事物,如此守身,那才是大孝。

原典再现

即说偈曰：亲视子身重，常视己身轻。人何反负己，损身背吾亲。莫将至性躯[①]，看作血肉形。今生受用者，夙世具灵根[②]。

注释

①至性：指天赋的卓绝的品性。

②夙世：前世。佛教所指的已过去的一生。

古文今译

即说偈道：双亲非常看重子女的身体，常常将自己的身体看轻。人们为什么反而背叛自己，损坏自身而违背父母。不要将充满灵性的身躯，看作是血肉形体。今生之所以能够享受一切，是因为前世所造就的灵根。

原典再现

又说偈曰：一切本来相，受之自父母。谓身即亲身，人犹不之悟。谓亲即身是，重大不可误。完厥惺惺体[①]，尽我所当务[②]。无量大道身，圆满随处足。

注释

①惺惺：聪明，机灵。敦煌曲子词《定风波》之四："时当五六日，言语惺惺精神出。"

②当务：当前应作之要务。《孟子·尽心上》："知者无不知也，当务之

为急。"

古文今译

又说偈道:一切本来体相,从父母那里禀受而来。说自己身体即是双亲的身体,人们仍然不能明白这个道理。所谓父母即是自身,此理重大不可有误。保全这个聪明的躯体,完成我当前应作的要务。成就无量大道身,随处都圆满充足。

原典再现

又说偈曰:同此亲禀受,一般形体具。善哉孝子身,超出浮尘世。以兹不磨守,保炼中和气①。真培金液形②,元养玉符体。广大不可限,生初岂有异。

注释

①中和气:指元气。道教经典一般认为,元气为"无上大道"所化生,混沌无形,由元气产生阴阳二气,阴阳和合,产生万物。《太平经·和三气兴帝王法》:"元气有三名,太阳、太阴、中和。"

②金液:指金液还丹之气,遍运四体,与道合真。其中金液还丹,指通过练功,使元精、元熙、元神化合而成大药。

古文今译

又说偈道:每个人的形体都是秉承自父母,形体具备。好啊,孝子的身体,能够超越尘世。不磨灭自己的对身心的保养守护,保持炼养和谐的元气。以真气培养长生不死的身体,以元气涵养神仙体身。广大不可限量,有生之后的形体与原初的本性没有差异。

原典再现

孝子金身咒：惟此光明孝子身，果是金刚不坏身①。化成即在当身内，现出千千万亿身。

注释

①金刚不坏身：指修成正果的法身，不老不坏，万劫长存。

古文今译

孝子金身咒：惟有这个光明的孝子身，果真是金刚不坏身。一旦修化成就，即在自己身内显现千千万亿个化身。

教孝章第五

原典再现

真君曰：孝自性具，教为后起。世多不孝，皆因习移。意既罔觉①，智又误用。圣人在上，惟教为急。教之之责，重在师傅，尤当慎择。贤良之师，化恶为善；不贤之师，变善为恶。师而不教，过且有归；教之不善，其罪尤大。不贤之师，导之匪僻②，引之邪佞，养成不肖，流为凶顽③，越礼犯纪④，妄作无忌。虽欲救之，急难格化。如是为教，罪实非轻。

注释

①意：清刻本《文昌孝经注解》中为"愚"。本书采用其说法。罔觉：无知。

②匪僻：邪恶。《明史·刘最传》："寻请帝勤圣学，于宫中日诵《大学衍义》，勿令左右近习诱以匪僻。"

③凶顽：凶狂且不易制伏。

④越礼：不遵循礼仪法度。

古文今译

真君说：孝是人性中本来自有的，教育尽孝则是后来出现的。世人多半不孝，都是因为习俗使其改变。愚笨之人不明道理，聪明的人又错用心思。圣人在上，唯独对于孝道而着急。教习孝道的责任，重要的是在师傅，尤其应当慎重选择。贤良的师傅，能将恶人化导成善人；不贤明的师傅，却能将善人变成恶人。作为师傅而不教导学生，师傅有过错，并对过错负有责任；而如果教导不好的东西，其罪过就更加重大了。不贤明的师傅，会教导人行为邪恶，引到奸邪的道路上，教成品行不端之人，流变为凶狂顽劣之人，毁越礼法，违犯法纪，胡作非为而没有忌惮。虽然想拯救这样的人，但急切间也难以改正变化。如果像这样为师教人，罪过实在是不轻。

原典再现

药石之师①，惟贤是与。行己端庄②，导人忠信，教不他设。孝无畸形，因其本然，还所固有。朝敦夕诲③，幼育长循，惟兹孝弟，化行是先。虽至愚氓，无不晓习。如是为教，功实不少。为功为罪，职岂易任。惟名尊严，其实如何？孝弟是宗④。能孚孝者，弟亦本诸。助君为理，转移风俗，全在师儒。教不可误，师不可违。自重在师，率教在弟⑤。孝原自具，有觉斯兴。

注释

①药石:古时指治病的药物和砭石,后比喻规劝别人改过向善。

②行己:谓立身行事。《论语·公冶长》:"子谓子产:'有君子之道四焉:其行己也恭,其事上也敬,其养民也惠,其使民也义。'"

③敦:敦促;督促。《诗·邶风·北门》:"王事敦我。"

④弟(tì):同"悌",遵从兄长。

⑤率教:听从指教,遵从教导。

古文今译

能够导人向善的师傅,只教人以贤良的品德。立身行事端正庄重,以忠信引导人,其他不合乎孝道的事情,不敢教人。孝道更没有技巧,不过依于人的自然本性,复归人的固有善性。朝夕不断地敦促教导,长幼都依循而行,总要用此孝弟之道,先行教育化导。虽是愚笨之平民百姓,也没有不熟悉的。像这样教育学生,功德实在是不少。既能立功也能获罪,师傅一职不是那么容易胜任的。师傅的名称甚是尊贵威严,其实质又是什么呢?就是以"孝""弟"为根本。如果能够以孝服人,"弟"的品质也就本于此而立了。帮助国君治理国家,移风易俗,完全在于以儒为师。师傅不可误人子弟,子弟不可以违背师傅。师傅应当自重自爱,弟子应当遵从教导。孝本来都是自性具备的,但有了师傅的提醒,孝心才得以兴起。

原典再现

偈曰:孝弟虽天性,良师当时省。一或千不孝,何能全弟行。罪愆有攸归①,师实难卸任。能作如是观,训之方有定。

注释

①罪愆（qiān）：罪过；过失。

古文今译

偈说：孝悌虽然都是源自天性，但也有赖良师的时时警省。一干不孝的事情，怎么能使"弟"行圆满。罪愆有所源自，师傅实在难于推卸责任。能够有这样的认识，训导弟子才能有确定的准则。

原典再现

又说偈曰：教虽赖良师，人亦当自谨①。无自干不孝，徒然费师训。

注释

①谨：谨慎。

古文今译

又有偈说：教化虽然有赖好的师傅，人们也应当自己谨慎。无故做不孝的事情，就白白地浪费了师傅的教训。

孝感章第六

原典再现

帝君曰：吾证道果，奉吾二亲，升不骄境，天上聚首，室家承顺，玉真庆宫，逍遥自在。吾今行化，阐告大众：不孝之子，百行莫赎；至孝之家，万劫可消。不孝之子，天地不容，雷霆怒殛①，魔煞祸侵；孝子之门，鬼神护之，福禄界之。惟孝格天，惟孝配地，惟孝感人，三才化成。惟神敬孝，惟天爱孝，惟地成孝。水难出之，火难出之，刀兵刑戮，疫疠凶灾，毒药毒虫，冤家谋害，一切厄中，处处祐之。孝之所至，地狱沉苦，重重救拔；元祖宗亲，皆得解脱；四生六道②，饿鬼穷魂，皆得超升；父母沉疴，即时痊愈。三十六天③，济度快乐；七十二地④，灵爽逍遥⑤。是以斗中，有孝弟王，下有孝子，光曜乾坤，精贯两仪⑥，气协四维，和遍九垓⑦，星斗万象，莫不咸熙⑧。神行河岳，海波不扬；遐荒是奠⑨，遐迩均孚⑩。孝之为道，功德普遍。

注释

①殛（jí）：诛灭；杀死。《尚书·舜典》："殛鲧于羽山。"

②四生：佛教将世界众生分为四大类：一、胎生，如人畜；二、卵生，如禽鸟鱼鳖；三、湿生，如某些昆虫；四、化生，无所依托，唯借业力而忽然出现者，如诸天与地狱及劫初众生。六道：也称"六趋"。道，道路；趋，趋往。指归趋之处。佛教认为，一切众生都因业报而在六道中轮回。六道指地狱、鬼、畜生、阿修罗、人和天。

③三十六天：道家谓神仙所居天界有欲界六天、色界十八天、无色界四天、四梵天、三清天、大罗天，共三十六天。

忠经·孝经

④七十二地：道教认为，在大地名山之间，上帝命真人治理，其间多得道之所。《云笈七签》二七："七十二福地，在大地名山之间，上帝命真人治之，其间多得道之所。"

⑤灵爽：指神灵，神明。

⑥两仪：指天地，谓宇宙本体太极分而为天地，天地则生春夏秋冬四时。

⑦九垓（gāi）：道教中指九重天，即中央与八极之地。又称九陔、九阂。

⑧熙：兴起；兴盛。《尚书·尧典》："庶绩咸熙。"

⑨遐（xiá）荒：边远广阔的地方。曹植《五游》："逍遥八绂外，游目历遐荒。"

⑩遐迩（ěr）：远近。孚（fú）：信服；为人信服。《左传·庄公十年》："小信未孚，神弗福也。"

古文今译

　　帝君说：我证得道果，侍奉我的双亲，升入不骄帝境，家人在天上聚首，妻妾遵奉顺从，在玉真庆宫里，逍遥自在。我今天施行教化，阐述告知大众：不孝的子女，百种善行都不能救赎他的罪过；达到至孝的人家，万般劫难都能够消除。不孝的子女，天地不容，雷霆怒击，魔鬼恶煞用各种灾祸侵袭他；孝子之家，鬼神保护他，福禄赐予他。惟有孝能够感通天，惟有孝能够配享地，惟有孝能够感化人，天地人三才得以化生长成。惟有神敬重孝，惟有天热爱孝，惟有地成就孝。无论是出现水灾，出现火灾，刀兵刑戮，疾病瘟疫，毒药毒虫，冤家谋害，一切灾厄中，处处都能得到神灵的佑护。孝所到之处，沉沦于地狱的苦难，都会得到解救；始祖宗族，都会得到解脱；四生六道中的恶鬼穷魂，都能得到超升；父母的重病，即时痊愈。三十六天中，以济度为快乐；七十二福地，魂灵逍遥自在。所以在斗星之中，有孝弟王，在下界有孝子，光耀天地，精气贯通天地，协调四方，协和九重天之内的万物，星斗万象，无不兴盛。神行遍江河山岳，海波不扬；遥远的地方进献贡物，远近的人们都信服可见。孝作为道，其功德广布，遍及一切。

238

原典再现

偈曰:迹显心亦显,感应固神妙①。若有心不孝,盗名以为孝,假以欺世人,中实难自道。迹或似不孝,身心实尽孝,世人竞黜之,心惟天可告。独此两等人,感不漏纤毫。天鉴不可欺②,祸福时昭报。

注释

①感应:众生因礼拜供养祈念观修等机缘,感通佛菩萨,以神通法力加被,满足愿求,给予利益,称为感应,也称为感通。一般说有四种感应方式:一、冥机冥应。众生因宿世善根,今生虽未必祈念佛菩萨,而冥冥中为佛菩萨护念加被,但这种感应无明显表征,不被众生所觉察。二、冥机显应。众生因宿世善根,今生虽未必祈念佛菩萨,但明显遇佛菩萨度化,明显受益。三、显机冥应。今生祈念佛菩萨,精勤修行,虽然不见有明显的感应,而实际上得到佛菩萨的护念加持,实际获益。四、显机显应,今生祈念佛菩萨,精勤修行,感佛菩萨明显之加被护念。以上四句——又各具四句:冥机冥应、冥机显应、冥机亦冥亦显应、冥机非冥非显应,共成一十六种感应。总之,有感必应,是大乘经中所说佛菩萨证得的利益众生之功德。

②天鉴:上天的鉴视。《后汉书·张衡传》:"天鉴孔明,虽疏不失。"

古文今译

偈说:行迹显现,人心也就会显现,善恶感应也固然神妙。如果心里不孝,而为了窃取声名而行孝,这是假借孝之名欺骗世人,中间的道理实在难以说明。有人行为好像是不孝,而身心却实在是尽孝,世人竞相贬低攻击他,其心思只能告知上天。唯独这两种人,感应不漏一丝一毫。天的鉴察不可欺瞒,祸福报应时常昭显。

忠经·孝经

原典再现

真君曰:凛哉!凛哉!今劝世人,遵吾修行。感应之机,速于众善。背吾所言,天条不赦①,万劫受罪②。

夫人之生,养亲有缺,且难为子,何况世人,毁骂父母,腹诽父母③。亲且毁骂,殴叔詈伯,弑君凌师,无所不为。

子在怀抱,气不忍吹。及其长也,爱之者真,训之者严。以爱子心,用之挞楚④,挞亦是爱,嗔亦是爱。即有盛怒,子惟柔顺。欲再杖时,手不能下。何尔世人,拒亲责己,如抗大敌。天怒地变,岂容大逆。

子有病厄,亲处不安。何于亲疾,绝不关心。子有劳苦,亲关痛痒。何况我体,犯法极刑。子苟不育⑤,泪不曾干,冀其重生,伤人七情⑥。何尔世人,父母终天,未及三年,思慕中衰。飨祭失时,亲骨不葬,且干不孝。何尔世人,贫发亲冢,卖穴暴露。嗟尔父母,念念及子。何尔世人,凡事用心,独于父母,有口无心⑦,不肯实为。人之一身,诸般痛楚,何处可受?何尔化外⑧,火焚亲尸,全无隐恻,美名火葬,于心最忍。夫人之死,口不能言,肢体难动,心实未死,犹知痛苦。过七七日⑨,心之形死,其形虽死,此心之灵,千年不死。火焚而炽,碎首裂骨,烧筋炙节,立时牵缩,心惊肉跳,若痛苦状。俄顷之间,化为灰烬。于人且惨,何况我亲?

抑知冥狱,首重子逆。阎罗本慈,人自罪犯,多致不孝,自罹冥法。人尽能孝,多致善行,地狱自空。一节之孝,冥必登记,在在超生。诵是经者,各宜省悟。苟无父母,乌有此身。报恩靡尽,衔慈莫极⑩。人果孝亲,惟以心求。生集百福,死列仙班⑪;万事如意,子孙荣昌;世系绵延,锡自斗王。是经在处,可镇经藏,可概万行,厌诸魔恶,成大罗仙,长保亨衢⑫,何乐不从?

①天条:上天的律令、法规。

②万劫:佛经谓世界有成、住、坏、空四期,皆称为劫。万劫为万世。

③腹诽:亦作"腹非"。口里不言,而内心里反对。专制时代有所谓"腹诽之法"。《史记·平准书》:"汤奏当异九卿见令不便,不入言而腹诽,论死。自是之后,有腹诽之法。"

④挞(tà)楚:鞭打。楚:落叶灌木,枝干坚劲,可以做杖。古代多指刑杖,或学校责罚学生的小杖。

⑤不育:夭折。

⑥七情:人的感情。中国伦理史上有儒家与佛教两种七情说。儒家把喜、怒、哀、惧、爱、恶、欲作为七情(见《礼记·礼运》)。佛教把喜、怒、忧、惧、爱、憎、欲作为七情。

⑦有口无心:指没经过认真考虑的随便乱说,或者嘴上爱说而心里没什么。

⑧化外:指政令教化所达不到的地方。《唐律疏议·名例·化外人相犯》:"诸化外人,同类自相犯者,各依本俗法。"

⑨七七:人死后每七天祭奠一次,最后一次是第四十九天,叫"七七"。也叫"尽七""满七""断七"。"七七"的风俗,源于佛教因果轮回之说。佛教认为人命终后,转生前为"中有"(也称"中阴")阶段。其间以"七日"为一期,寻求生缘,最多至七七四十九日止,必得转生。故佛教丧俗盛行七七四十九日中,营斋修福,以祈求死者转生胜处。

⑩衔:含在心里。蔡琰《胡笳十八拍》:"衔悲畜恨兮何时平。"

⑪仙班:天上仙人的行列。

⑫亨衢(qú):亨:通达,顺利。衢:大路,四通八达的道路。比喻官运亨通。

古文今译

真君说:畏惧啊! 畏惧啊! 现在我劝化世人,遵照我所说的去修行。天人感应的征兆,快于孝之外的各种善行。违背我的教导,上天的法则也不会赦免他,就会万劫不复,永远受到罪罚。

人生在世,不能圆满地奉养双亲,尚且难以成为合格的子女,更何况现今之人,诋毁咒骂父母,嘴里虽不说,而在心里非议父母。双亲都敢诋毁咒骂,更不用说殴打咒骂叔伯,弑害君主,凌辱老师,以致于无所不为。

子女在父母怀抱中时,父母都不忍心气息吹到他们。等到子女长大,对他们爱得真切,教训得也很严厉。从爱护子女的心出发,鞭挞教训子女,这样的鞭挞是对子女的爱,嗔怒也是对子女的爱。父母就是对子女勃然大怒,子女也只有婉柔顺从。父母再想痛打时,也下不了手。为什么现今之人,拒绝双亲责备自己,与父母抗衡,如面临大敌一样。此时,天地也会动怒,岂能容忍这样大逆不道的人。子女有了病痛灾难,父母坐立不安。奈何对于父母的疾苦,子女却完全不放在心上。子女有了劳苦,都事关父母的痛痒,何况我犯了王法,身体受了极刑。子女如果夭折,父母眼泪就未曾干过,希望他能够获得重生,伤心痛彻心扉。为什么现今之人,在父母亡故后,还不到三年,对父母的思念敬慕就已经中断了,供奉祭祀不及时,父母的骨骸久停不葬,并且干不孝的事情。为什么现今之人,贫穷后就发掘双亲的坟墓,出卖墓穴,使父母的尸骨暴露。可叹你们的父母,念念都想到你们。为什么现今之人,对事关自己的一切事情都非常用心地去做,唯独对事关父母的事情,有口无心,不肯实在用力去做。人的一身,对于各种痛苦,哪一处能够承受?为什么没受教化的化外之人,用火焚烧父母的尸体,一点都没有恻隐之心,并且还冠以火葬的美名,这样的心肠是最狠毒的。人死之后,口不能说话,肢体不能活动,但人的心却实在还没有死,仍然能够感知痛苦。过了七七之后,心的肉体死去。虽然心的肉体已经死去,但心的灵魂,千年不死。用火焚烧的非常炽烈,头颅碎裂,骨骼破裂,燃烧筋脉,炙焚关节,尸体立刻就收缩,心惊肉跳,就好比是痛苦的情况。转瞬之间,化成灰烬。这对于人来说都是凄惨的,更何况是我的父母?

可知道,地狱首先重责忤逆之罪。阎罗王本来是慈悲的,只是人自己主动犯罪,从而导致不孝,触犯冥界律法。如果人都能够尽孝,多做各种善行,地狱自然就空了。每一件孝的行为,冥神必会登记,从而处处超生。诵读此经的人,各自都应当反省觉悟。如果没有父母,就没有我身,报答父母的恩情没有尽头,感激父母的慈爱没有终极。人们果真孝敬父母,只有用心去求取。活着就会百福聚集,死后就能位列仙班;万事如意,子孙尊荣昌盛,祖宗的血脉绵延永存。这都是得自北斗星君的恩赐。有这部经所在的地方,可以镇守佛藏道经,可以概括各种行为,镇压一切魔鬼恶神,成为大罗神仙,长久保持通达顺利,为什么不乐于听从呢。

原典再现

孝感神应咒：褆啊褆啊①，人子心曲，仰事俯育②，一家气和。飞鸾广度，乐恺先歌，如意宝光，普照长怂③。

褆啊褆啊，尽孝靡他，解尽亲厄，消尽亲过，罪灭福生。孝思不磨，超脱九幽④，永离网罗。欲报亲慈，惟心常慕。

褆啊褆啊，至孝诚乎，亲生福禄寿增多，归去逍遥升天都，孝思不磨，乐永，佗婆�婆诃。

但愿人子心，常如在母腹，一呼一吸中，吮血茹膏液；一血一脉间，俱属在父怙⑤。情虽性发，依为命府，阴阳日月从此龢⑥，乾坤翕辟从此龢，五声六律五行龢，五伦妙道从此龢。太虚有尽处⑦，孝愿无嗟磨。佗婆佗婆婆佗婆佗啔唎婆啊。

注释

①褆(zhī)啊(hé)：褆，安定，福祉。啊，顺。此处"褆啊"为咒语，不作词义解。

②仰事俯育：即仰事俯畜。意为对上能奉养父母，对下能抚育妻小。《孟子·梁惠王上》："明君制民之产，必使仰足以事父母，俯足以畜妻子。"

③怂：喜悦；快乐。

④九幽：道家所称九地之下、九方幽暗之处，是为人死后鬼魂所居之地。其南为幽阴、西为幽夜、北为幽酆、东北幽都、东南幽冶、西南幽关、西北幽府、中为幽狱。

⑤怙：依靠；依仗。《诗·小雅·蓼莪》："无父何怙？ 无母何恃？"

⑥龢(hé)："和"的异体，调和的意思。

⑦太虚：指无垠的宇宙。《素问·天元纪大论》："太虚寥廓，肇基化源。"

古文今译

孝感神应咒:褆啊褆啊,人子的心事是,对上能奉养父母,对下能抚育妻小,一家人和气。神人驾着鸾鸟普度众生,欢快的乐曲到处飘荡,如意的祥光,普照永远喜乐之人。

褆啊褆啊,尽孝不是为了别的,而是要解除双亲的所有灾厄,消除双亲所有的过错,从而罪过灭尽,福气多生。孝的心念不灭,就能超脱鬼域,永离灾难的罗网。想要报答双亲的慈恩,只有心里常常慕恋孝道。

褆啊褆啊,尽孝诚信,可以使父母的福禄滋生,寿命增长,死后能够逍遥升至天府,孝亲之思不灭,福乐永远,佗娑唵娑诃。

但愿子女的心,常常像在母亲腹中一样,一呼一吸,吸食母亲的脂膏和血液;一血一脉,都倚仗父亲的扶持。情虽然是发自心性,是命的依靠,阴阳日月都是从这里得到协调,天地的运行是从这里得到调和,五声六律五行和谐,五伦妙道也是从这里得到协调。宇宙有尽头,孝的心愿不磨灭。佗娑佗娑娑佗娑佗唵唎娑唰。

原典再现

孝子文印偈曰:至文本无文,韫之孝道中,发现自成章,司之岂容泄。天聋与地哑,非聋亦非哑,特将天地秘,不使人尽解。朱衣与魁光①,变幻文人心。遇彼不孝子,塞其聪明路;遇彼纯孝子,开其智慧途。凡才作仙品,仙品作凡才。文虽有高下,黜陟岂人操。或因前生报,或因今生报,今生或后报,必当为孝显。文章作证明,阐扬在大道。

注释

①朱衣:官员。有"朱衣点头"的典故,指穿着朱衣的神人点头;借指科举考

试得中。也指试卷被考官看中。魁光：即魁星，亦称奎星。为主科名、主宰文章兴衰的神。《重修纬书集成》："奎主文章。"

古文今译

孝子文印偈说：非常好的文章本自无文，蕴藏在孝道中，发现它的道理就能自然成章，实行起来是不能有一点泄露。天聋和地哑，并不是真的聋，也不是真的哑，是特别为了使天地的秘密，不尽被人所解知。朱衣神和魁星，变幻文人心智。遇到不孝的子女，就会阻塞其聪明的道路；遇到纯洁的孝顺子女，就会开辟其智慧的道路。平凡才智的人可以列入仙品，具有仙品的人也会成为凡才。文章的好坏虽有高下之分，贬斥和提升都不是人所能操控的。或者是因为前生今报，或

者因为今生今报，今生报或后世报，都必定是通过孝而得到显扬。用文章作证明，说明和宣扬在于大道。

原典再现

孝子桂苑天香心印偈曰：我有蟾宫桂①，仙品真足贵。禀蕴斗星灵，包含月华精。元和钟妙蕊②，枝根挺天衢③。苍龙覆七曲④，光辉连玉宇⑤。栽得大灵根，吐兹百宝芬。一尊目天逗，大地万花稠。流化在人间，所到无不周。纷纷世上胄，植香岂不茂。易茂亦易落，暂而不能久。无如天上桂，一尊盛千薮。愈散觉愈远，愈久觉愈悠。香随九天翔，浩荡风清飚⑥。馨怀万会秋，真妙永无量。

忠经·孝经

名之为金粟,载之在奎斗。珍贮庆宫中,高占璧楼头。不是擎元叟,莫得主其有。若非植善手,莫得攀兹秀。勿与轻薄子,必以孝为首。莫下害良笔,莫使褒字手。孝子之所为,我当赉赐厚。千祥凝聚处,早把天香授。果是诚孝子,不求而自授。不孝不弟人,求攀终莫有。变孝妄行逆,有必夺其有。悔逆猛从孝,无仍赐其有。圣人孝天地,大位帝眷佑[7]。须知世所贵,必从天上酬。祈游桂苑者[8],宜认此来由。中间莫错路,自有非常遘。亿色花香里,重重宝光覆。洞明万户玲,天天叠文秀。凝成篆籀章[9],结合五霞构。秘策列缤纷,仙韵不停流。悉在光中过,遍照大神洲。盘旋观不尽,群仙晤且逅。花随步履扬,馥自冠裳透。略嗅云霄桂,洗尽尘俗垢。千孔与百窍,感香俱灵牗。心腑也充满,福缘无不偶。人圃独推元,垂芳能不朽。宝哉勿轻锡,慎重待孝友。

①蟾宫:月宫。

②元和:金浆玉醴。钟:积聚。《左传·昭公二十八年》:"子貉早死无后,而天钟美于是。"

③天衢:天街。形容天地广阔。

④苍龙:四象之一,东方七宿的合称,即角、亢、氐、房、心、尾、箕七宿。

⑤玉宇:传说中神仙的住所。

⑥飚(biāo):暴风、疾风。

⑦大位:显贵的官位。

⑧桂苑:古代文人以"桂苑"借喻科举考场,能遨游桂苑,也即能通过科举取得功名,享有清誉。

⑨籀(zhòu):籀文,古代一种字体,即大篆。

孝子桂苑天香心印偈说:我有蟾宫的桂枝,仙品是非常珍贵的,禀藏着斗星的灵气,包含月亮的精华。元和之气聚集在奇妙的花蕊,枝根挺向广阔天空。苍龙覆含着东方七宿,光辉连着宇宙。栽培大灵根,吐出百宝的芬芳。一个花萼就能看到天的尽头,大地万花稠密。流化于人间,所到之处无不周全。尘世上众多的后代,种植后怎能不繁茂。容易繁茂,也容易衰落,只能暂时而不能长久。不如天上的桂枝,一萼就胜过尘世的成千上万个。越发散就越觉得远,时间越长,就越觉得悠香。香气在九天飞翔,随着清风飚风浩浩荡荡。馨香包藏万秋,真实奇妙永远不可限量。以金粟为名,装载在奎斗。珍藏在玉真庆宫中,高高地占据璧楼顶。不是持受善的长者,是不能主宰它的。如果不是行善人的手,是不能攀摘这样的美丽花朵的。不能给予轻薄的人,必定给以行孝为首的人。不要下笔损害忠良,不要使用亵渎文字的手。对于孝子的所作所为,我必定对其厚加奖赏。在千祥凝聚的地方,早点把芳香的桂花授给他。如果真是至诚的孝子,不用祈求我自然就会授给他。不孝不悌的人,就是攀求也不会得到。改变孝行,倒行逆施,即使有了也必定会被剥夺。悔改违逆而大力行孝,即使原本没有这福分,上天也会赐予。圣人孝敬天地,文昌帝君就会眷顾保佑他得到显贵的官位。必须知道尘世所贵重的东西,必定来自上天的酬报。祈望遨游桂苑的人,应当认清楚这个缘由。在里面不要认错道路,自然会有非常的遭遇。裹身在亿种花香里,覆盖在重重宝光中。照亮千家万户,每天都增加文才。凝结成各种文章,结成五彩云霞。奥妙文书缤纷排列,神仙的声韵不停地漂流。全都在光明中流过,遍照神州大地。徘徊停留而看不完,群仙不期而遇。花朵随着脚步纷扬,芳香从衣帽中透散出来。略微闻过天上的桂香,就能洗尽尘俗的污垢,千孔百窍,感受到香味都获得灵气。心肝脏腑也充满灵气,福分没有不成双成对而至的。入圃被推为魁首,流芳万世而不朽。宝贵的东西啊,不轻易赐予,慎重地等待孝顺父母友爱兄弟的人。

原典再现

　　吾奉九天元皇帝君律令,乃说赞曰:纯孝本性生,无不备于人。体之皆具足,践履无难循。以此瞻依志,无忝鞠育心[1]。在地自为纪,在天即为经。生民安饮食,君子表言行,父母天亲乐^②,无奇本率真。人人若共遵,家国贺太平。放之充海宇,广之塞乾坤,孝行满天下,尘寰即玉京^③。

注释

①忝:辱;辱没。引申为愧;惭愧。《诗·小雅·小宛》:"无忝尔所生。"鞠育:抚养;养育。语本《诗·小雅·蓼莪》:"父兮生我,母兮鞠我,拊我畜我,长我育我。"

②天亲:指父母、兄弟、子女等血亲。

③玉京:指白玉京。道家传说,在天的中心处,有玉京山,是元始天尊所居之处,山中的宫殿有七宝宫、七宝台等,都是用黄金白玉等建成的,做为三十二帝之都。

古文今译

我奉九天元皇帝的律令,就此说赞:纯粹的孝来自人的本性,人人无不具备。用心体究,人人具备,实践起来也不难遵循。从这里看其心志,无愧于父母养育的用心。在地就成为法度法则,在天就成为纲纪准则。人民安然饮食,君子彰显言行。父母天伦之乐,这些都平淡无奇,而是本自率真的心性。如果人人都遵守,家国共贺太平。放之则可以充塞宇内,广布则可以塞满天地。孝行布满天下。尘世即是仙境。

原典再现

说赞未毕,声周三界^①。惠日蔼风,一时拥护。尔时,有朱衣真君,恭敬稽首^②,深会妙旨,演为慈孝钧天大罗妙乐^③,以广圣化。爰命金童玉女^④,著五色霞衣,按歌起舞,奏曰:

教孝有传经,奏恺成声。母慈昱昱^⑤,父爱甄甄^⑥,子色循循。妻婉婉,夫闿闿[7];兄秩秩[8],弟恂恂[9],姑仁媳敬承。父携子,祖携孙,恩勤[10]。室蔼蔼,家溱溱,俱是父母一般心。乐衎衎[11],何地不生。至性中笃[12],实天情[13]。欢腾普天下亿兆馨蒸,气洽门屏,俱如家人父母一般心。有身有亲,始信有君有臣有民。师弟良朋,咸归于贞,邦家总孝成。愿人生过去父母,早升紫庭[14];现在父母,祺禄享遐龄。化遍乾坤,中和瑞凝,九光雯[15],百和音。漠漠天钧[16],瀜瀜六字[17],听雕鸣[18],并坐长春,并坐鸾笙,直上瑶京[19],达帝闻。

尔时,乐舞三寻,天龙凤族,声和翔集,众籁腾空,香花围绕。真君喜悦,手举如意,更示大众:我方演教,宣扬妙道。慈孝感洽,化应曛征[20]。遂如是观。众等宝之,传写广劝。劝一人孝,准五百功。劝十人孝,准五千功。自身克孝,当准万功。事后母孝,准万万功。亲亡事祖,如孝父母,准万万功。善哉善哉!谛听吾言。于是朱衣魁星,天聋地哑[21],及诸仙众,欢喜踊跃,命诸掌籍[22],载之玉册[23],信受奉行。

注释

①三界:欲界、色界、无色界的合称。皆处在"生死轮回"的过程中,是有情众生存在的三种境界。欲界是最低一层,为具有食欲与淫欲的众生所住之地。色界位于欲界之上,为已绝食、淫二欲而享受种种精妙物质的众生所住之地。无色界更位于色界之上,为脱离物质享受、心地清净的众生所住之地。

②稽首:古人最恭敬的一种礼节。行礼时,跪直,双手合抱至胸前,头低到手上,后双手掌朝上放在膝前地上,头也至地。《尚书·尧典》:"禹拜稽首。"

③钧天:天的中央。古代神话传说中天帝住的地方。《吕氏春秋·有始》:"中央曰钧天。"大罗:指大罗天,道教以大罗天为最高的天界。《元始经》曰:"大罗之境,无复真宰,惟大梵之气包罗诸天。"

④金童玉女:道教把供仙人役使的童男童女称为"金童玉女"。

⑤昱昱:明亮。

⑥甄甄:小鸟飞的样子。

⑦闿(yín)闿:谦和恭敬的样子。

⑧秩秩:肃敬的样子。

⑨恂恂:恭顺的样子。《论语·乡党》:"孔子于乡党,恂恂如也,似不能言。"

⑩恩勤:指父母抚育子女的慈爱与辛劳。《诗·豳风·鸱鸮》:"恩斯勤斯,鬻子之闵斯。"

⑪衎衎:和乐的样子。

⑫中笃:即深中笃行。谓内心廉正,行为淳厚。

⑬天情:人自然具有的情感。犹是天理,天意。

⑭紫庭:神仙所住宫阙。

⑮九光:五光十色,形容光芒色彩绚烂。《海内十洲记·昆仑》。

⑯漠漠:云气弥漫不清晰。

⑰溶溶(róngróng):和畅的样子。

⑱雝(yōng):同"雍",和谐。

⑲瑶京:玉京,天帝所居。泛指神仙世界。

⑳曛:昏黑。

㉑天聋地哑:道教民俗神梓潼帝君的陪侍神童。据称,天聋名叫玄童子,地哑名叫地母。之所以由此二位作为文昌帝君侍从,是因为帝君为文章司命,关系读书人一生前途,科举考题的天机不可泄露,故以言者不知的天聋与知者不言的地哑侍卫,可免漏题。一说文昌帝君为读书人的守护神,用聋哑二童负责登记和收藏文人禄运的簿册,可免向凡人泄漏其中秘密;此二神之残缺造型为象征性地喻示世人耳不进乱言,远离是非,口不出恶言,以免祸从口出,人在特定环境下应学会装聋作哑。

㉒掌籍:掌经籍、教学、笔纸、几案等事。

㉓玉册:指仙道之书。

 古文今译

　　说赞尚未完毕,声音已传遍三界。和煦的阳光与轻风,立即围上拥护。这时,有个朱衣真君,恭敬地跪拜作礼,深深地领会了其中的精深旨意,演绎为慈孝钧天大罗妙乐,以广泛传播圣人的教化。于是命令金童玉女穿上五色霞衣,闻歌起舞,演奏唱道:教化孝道有相传的经典,奏出动听的乐曲。母亲的慈爱放出光明,父亲的慈爱飞扬涌动,子女循规蹈矩。妻子委婉和顺,丈夫谦和恭敬;兄长肃敬,弟弟恭顺;婆婆仁爱,媳妇恭顺。父亲提携子女,祖父提携孙子,恩爱勤劳,家庭和睦繁盛,都与父母一样的心。和和乐乐,无处不在。内心廉正,行为淳厚的品性,是与生俱来的。欢腾遍及天下亿兆人民,家家和气融洽,都如家人父子一般心。有己身有双亲,才开始相信有君主、臣子、人民。老师、弟子和好友,同归于正直,家国总是由孝而成就的。希望人们去世的父母,早日升到天庭。现时的父母,福禄双全,享有长寿。教化遍及天地,中和祥瑞之气凝聚,有五光十色的云彩,和谐的乐音。云蒸霞蔚的

天空,和畅的天地四方,听離融音乐和鸣声。同坐长春宫,听笙的乐声,直升到玉京仙境,知晓帝君的说法。

当时,音乐歌舞演了三遍,天龙凤鸟,声音和在一起,飞集在一处。各种声响升空,香花围绕。文昌帝君欢心喜悦,手举如意,再次开示大众:我正致力于弘扬教义,宣扬高妙的道法,慈孝互相感通融洽,随顺化除昏暗。就作如此看法。大家珍爱这部经书,广泛地传写劝化。劝一人行孝,准有五百功德。劝十人行孝,准有五千功德。自己能够克守孝道,应该准有万个功德。孝敬后母,准有万万个功德。双亲亡故后事奉祖先,如同孝敬父母一样,准有万万个功德。好啊!好啊!注意地听我说的话。于是朱衣魁星,天聋地哑,及众多神仙,欢喜雀跃,命令各位掌籍,记载在玉册之上,相信接受,并且遵照实行。

原典再现

又赞:元皇孝道,万古心传,通天彻地妙行圆,仙佛亦同然。化度无边[①],中和位育全[②]。南斗文昌元皇大道真君。

注释

①化度:指感化众生,使之过渡到佛道乐土。

②中和:儒家伦理思想。指不偏不倚的谐调适度。用来形容具体事物谐和的性质或状态。《礼记·中庸》:"喜怒哀乐之未发谓之中,发而皆中节谓之和。中也者,天下之大本也;和也者,天下之达道也。致中和,天地位焉,万物育焉。"

古文今译

源自元皇的孝道,万古以来心心相传,通天彻地妙行圆满,仙佛也都是与此相同,感化救度众生法力无边,中正平和,万物都能够各得其所而生长发育。南斗文昌元皇大道真君。

劝孝歌

百孝篇

天地重孝孝当先
一个孝字全家安

为人须当孝父母
孝顺父母如敬天

孝子能把父母孝
下辈孝儿照样传

自古忠臣多孝子
君选贤臣举孝廉

要问如何把亲孝
孝亲不止在吃穿

孝亲不教亲生气
爱亲敬亲孝乃全

可惜人多不知孝

怎知孝能感动天

福禄皆因孝字得
天将孝子另眼观

孝子贫穷终能好
不孝虽富难平安

诸事不顺因不孝
回心复孝天理还

孝贵心诚无他妙
孝字不分女共男

男儿尽孝须和悦
妇女尽孝多耐烦

爹娘面前能尽孝
尽孝才是好儿男

翁婆身上能尽孝
又落孝来又落贤

和睦兄弟就是孝
这孝叫做顺气丸

和睦妯娌就是孝
这孝家中大小欢

男有百行首重孝
孝字本是百行原

女得淑名先学孝
三从四德孝为先

孝字传家孝是宝
孝字门高孝路宽

能孝何在贫和富
量力尽心孝不难

富孝鼎烹能致养
贫孝菽水可承欢

富孝孝中有乐趣
贫孝孝中有吉缘

富孝瑞气满潭府
贫孝祥光透清天

孝从难处见真孝
孝心不容一时宽

赶紧孝来孝孝孝
亲由我孝寿由天

亲在当孝不知孝
亲殁知孝孝难全

生前尽孝亲心悦
死后尽孝子心酸

孝经孝义把孝劝
孝父孝母孝祖先

为人能把祖先孝
这孝能使子孙贤

贤孝子孙钱难买
这孝买来不用钱

孝字正心心能正
孝字修身身能端

孝字齐家家能好
孝字治国国能安

天下儿孙尽学孝
一孝就是太平年

戒淫戒赌都是孝
孝子成材亲心欢

戒杀放生都是孝
能积亲寿孝通天

惜谷惜字都是孝

能积亲福孝非凡

真心为善是真孝
万善都在孝里边

孝子行孝有神护
为人不孝祸无边

孝子在世声价重
孝子去世万古传

善孝为先歌

（一）

人生五伦孝为先
自古孝是百行原

为人子女应孝顺
不孝之人罪滔天

父母恩情深似海
人生莫忘报亲恩

世上惟有孝字大
孝顺父母为一端

好饭先尽爹娘用

好衣先尽爹娘穿

穷苦莫教爹娘受
忧愁莫教爹娘耽

出入扶持须谨慎
朝夕伺候莫厌烦

爹娘都调莫违阻
吩咐言语记心间

呼唤应声不敢慢
诚心敬意面带欢

大小事情须禀命
禀命再行莫自专

时时体贴爹娘意
莫教爹娘心挂牵

宝局钱场我休往
花街柳巷莫游玩

保身惜命防灾病
酒色财气不可贪

为非作歹损阴德
惹骂爹娘心怎安

每日清晨来相问

冷热好歹问一番

到晚莫往旁处去

奉侍爹娘好安眠

夏天爹娘要凉快

冬天宜暖不宜寒

爹娘一日三顿饭

三顿茶饭留心观

恐怕饮食失调养

有了灾病后悔难

休说自己劳苦大

爹娘劳苦更在先

人子一日长一日

爹娘一年老一年

劝人及时把孝尽

兄弟虽多不可扳

此篇劝孝逢知己

趁早行孝莫迟延

父母恩情似海深

人生莫忘父母恩

忠经·孝经

生儿育女循环理
世代相传自古今

为人子女要孝顺
不孝之人罪逆天

家贫才能出孝子
鸟兽尚知哺乳恩

养育之恩不图报
望子成龙白费心

幼儿咒骂我
我心好喜欢

父母嗔怒我
我心反不甘

一喜欢
一不甘

待儿待亲何相悬
劝君今后逢怒
也将亲作小儿看

儿辈出千言
君听常不厌

父母一开口
便道多管闲

非闲管
亲挂牵

皓首白头多谙练
劝君钦奉老人言
莫教乳口胡乱言

夫妻携钱包
买衣又买糕

罕见供父母
多说饲儿曹

亲未膳
儿先饱

爱护心肠何颠倒
劝君多为老人想
供养父母光阴少

市上检药物
只买肥儿丸

老亲虽病弱
不买还少丹

儿固瘦
亲亦残

医儿如何在父先
割股还是亲的肉
劝君及早驻亲颜

富贵孝亲易
双亲未曾安

贫贱养儿难
儿女无饥寒

一条心
分两般

亲则推贫儿不言
劝君莫推家不富
薄食先亲自然安

(二)

天地重孝孝当先
一个孝字全家安
孝顺能生孝顺子
孝顺子弟必明贤

孝是人道第一步
孝子谢世即为仙
自古忠臣多孝子

君选贤臣举孝廉

尽心竭力孝父母
孝道不独讲吃穿
孝道贵在心中孝
孝亲亲责莫回言

惜乎人间不识孝
回心复孝天理还
诸事不顺因不孝
怎知孝能感动天

孝道贵顺无他妙
孝顺不分女共男
福禄皆由孝字得
天将孝子另眼观

人人都可孝父母
孝敬父母如敬天
孝子口里有孝语
孝妇面上带孝颜

公婆上边能尽孝
又落孝来又落贤
女得淑名先学孝
三从四德孝在前

孝在乡党人钦敬
孝在家中大小欢

孝子逢人就劝孝
孝化风俗人品端

生前孝子声价贵
死后孝子万古传
处事惟有孝力大
孝能感动地和天

孝经孝文把孝劝
孝父孝母孝祖先
父母生子原为孝
能孝就是好男儿

为人能把父母孝
下辈孝子照样还
堂上父母不知孝
不孝受穷莫怨天

孝子面带太和相
入孝出悌自然安
亲在应孝不知孝
亲死知孝后悔难

孝在心孝不在貌
孝贵实行不在言
孝子齐家全家乐
孝子治国万民安

五谷丰登皆因孝

一孝即是太平年
能孝不在贫和富
善体亲心是子男

兄弟和睦即为孝
忍让二字把孝全
孝从难处见真孝
孝容满面承亲颜

父母双全正宜孝
孝思鳏寡亲影单
赶紧孝来光阴快
亲由我孝寿由天

生前能孝方为孝
死后尽孝枉徒然
孝顺传家孝是宝
孝性温和孝味甘

羊羔跪乳尚知孝
乌鸦反哺孝亲颜
为人若是不知孝
不如禽类实可怜

百行万善孝为先
当知孝字是根源
念佛行善也是孝
孝仗佛力超九天

忠经·孝经

大哉孝乎大哉孝
孝矣无穷孝无边
此篇句句不离孝
离孝人伦颠倒颠

念得十遍千个孝
念得百遍万孝全
千篇万篇常常念
消灾免难百孝篇

孝顺歌

母氏怀胎十月时
高低踏步恐伤儿

子将此意终身记
正己尊亲两不亏

医儿作热与颠寒
恨不抠心摁肺肝

父母倘然烦恼处
也须百计去承欢

怒来吓鬼与惊神
一见孩提满面春

为子也须常若此
对亲莫带半分瞋

抱儿教语学声音
笑骂爹娘也快心

他日堂前来听训
纵然责杖莫呻吟

爹娘儿子莫分居
试看刑曹滴血书

更有不堪离异处
一声啼破脱胎初

兄弟原来本一根
天生枝叶好扶撑

若思割裂分家计
便是推开父母恩

富贵贫穷在此身
王侯仆隶不相因

劝君穷莫呼亲怨
富贵无忘生我人

孝道常移夫妇情
劝君独认二亲明

夫死妇亡重嫁娶
那能亲殁再投生

父母原来树木同
那能免得落秋风

劝君尽力生时养
死后悲啼总是空

七尺躯儿世上存
终天难报二人恩

劝君葬祭勤时节
常到山头扫墓门

孝顺经

人生天地间
百善孝为先

孝顺父母亲
行孝第一贤

做为儿女身
自觉孝双亲

全心意敬亲

尽力食敬亲

甜语喜敬亲
善行报亲恩

孝心是真金
真孝万事顺

孝顺诀

父母恩情似海深
人生莫忘父母恩

生儿育女循环理
世代相传自古今

为人子女要孝顺
不孝之人罪逆天

家贫容易出孝子
鸟兽尚知哺育恩

父子原是骨肉情
爹娘不敬敬何人

养育之恩不图报
望子成龙白费心

人人若能都孝顺
老人乐观多寿星

代代教育要尽孝
人人遵行孝顺经

家家敬老又爱幼
社会家庭乐融融

全民提倡孝德观
文明家庭社会安

尽孝奉养自得福
知恩图报福自增

劝孝篇

世有不孝子
浮生空碌碌

不念父母恩
何殊生枯木

百骸未成人
十月居母腹

渴饮母之血
饥餐母之肉

儿身将欲生
母身如刀戮

父为母悲辛
妻对夫啼哭

唯恐生产时
身为鬼眷属

一旦见儿面
母命喜再续

自是慈母心
日夜勤抚鞠

母卧湿簟席
儿眠干裀褥

儿眠正安稳
母不敢伸缩

全身在臭秽
不暇思沐浴

横簪与倒冠
形容不顾渥

动步忧坑井

举足畏颠覆

乳哺经三年
汗血计几斛

心苦千万端
年至十五六

性气渐刚强
行止难拘束

朋友外遨游
酒色恣所欲

日暮不归家
倚门至昏旭

儿行千里程
母心千里逐

一娶得好妻
鱼水情和睦

母若责一言
含怒嗔双目

妻或骂百般
陪笑不为辱

母被旧衫裙
妻著新罗襦

父母或鳏寡
长夜守孤独

健则与一饭
病则与一粥

弃之在空房
犹如客寄宿

将为泉下鬼
命苦风中烛

怏怏至五常
孤棺殡山谷

暴露在草中
谁念茔坟窟

才得父母亡
兄弟分财屋

不识二亲恩
惟念我之福

或谓此等人
不如禽与畜

慈鸟尚反哺
羔羊犹跪足

劝汝为人子
经史曾览读

黄香夏扇枕
冬则温衾褥

王祥卧寒冰
孟宗哭枯竹

郭巨尚埋儿
丁兰曾刻木

如何今世人
不学故风俗

勿以不孝头
枉戴人间屋

勿以不孝身
枉著人衣服

勿以不孝口
枉食人五谷

天地虽广大

不容忤逆族

早早悔前非
莫待鬼神录

报恩歌

天下孝子如繁星
报恩方式有万般

古今孝行书不尽
千家万户述大同

享乐须在父母后
吃苦应于父母前

子德淡薄燕窝苦
亲情浓厚菜根甜

早顾起居晚顾睡
冬予温暖夏予凉

出入扶持勤关照
朝夕侍候未厌烦

辛酸莫教爹娘受
忧愁勿分父母担

爹娘良言勿逆耳
子女遵循带笑颜

内外事务须禀命
商定行止莫自专

凡事多顺父母意
勿令爹娘心挂牵

爹娘偏心护闺女
莫与姐妹结仇冤

父母偏心顾兄弟
只当自身有不贤

好男不得父母业
好女无需嫁时妆

勿与手足争财产
迫使爹娘当家难

烟馆赌场休驻足
花街柳巷莫流连

破财伤身累亲属
违法损德辱亲颜

务农做工经商贸

安分守己切勿贪

奉公守法少灾祸
心安理得亲开颜

父母年迈牙齿坏
粗硬切莫往上端

起居饮食细调养
不然染病后悔难

一旦双亲身患病
赶紧医治莫等闲

熬汤煮药细护理
端屎倒尿从不嫌

不惜自身心力瘁
但求父母早安康

万一爹娘有过错
一勿恶语伤高堂

转弯抹角相规劝
和风细雨诲椿萱

宁可自身受委屈
莫使爹娘太难堪

为阻双亲陷不义
十劝百劝不厌烦

二勿是非全不辨
曲意逢迎岂那般

若使双亲铸大错
乃是不孝又不贤

须知奉养与劝谏
皆为孝敬义相同

勿重财帛轻父母
莫厚妻儿薄爹娘

爹娘双全当庆幸
父母鳏寡须慰怜

日间清冷常沉闷
夜里寂寞叹孤单

单亲有意寻老伴
儿当支持莫阻拦

民主新风多树立
封建陋习应推翻

请君细看檐前燕
新雏老鸟各成双

枯树亦盼春雨润
晚霞常伴夕阳红

忍得一时风浪静
退让数步天地宽

宁可自身受委屈
不使爹娘太心伤

继父继母有偏见
冷言冷语等闲看

爹娘不幸身丧世
无须鼓乐闹喧天

扶柩送终尽子职
按节祭扫把坟添

父母生前不孝敬
死后讲孝成空谈

灵前千滴怜离泪
不及一句慰亲言

墓前百杯祭亲酒
莫如敬亲一碗汤

山珍海味灵前摆

亡灵何能到嘴边

不如在生敬一口
即使淡饭亦香甜

扪心自问无愧疚
举头三尺有青天

拙笔写出世情事
警钟敲醒梦中人

善恶因果无差错
孝逆报应有承传

为人时常敬父母
便是世间好儿男

但愿世人皆孝道
和风瑞气满人间

二十四孝简歌

二十四孝古人言
简明扼要谈一番

书有三千八百卷
卷卷不离圣人言

大舜耕田孝感天
戏彩娱亲父母欢

郯子鹿乳医亲眼
仲由负米性笃孝

曾参打柴不辞艰
芦衣顺母家和睦

文帝尝药孝母亲
蔡顺采葚与娘餐

郭巨埋儿富贵全
董永卖身把父葬

刻木事亲有丁兰
涌泉跃鲤真情现

陆绩怀橘奉家慈
黄香扇枕孝亲眷

行佣供母贤江革
王裒守墓显至孝

孟宗哭竹冬笋鲜
王祥卧冰鱼自现

杨香扼虎救父难

忠经·孝经

吴猛恣蚊孝义全

黔娄尝粪心虔诚
唐氏乳姑多淑娴

亲涤溺器黄庭坚
千里寻母朱寿昌

二十四孝古今传
留于大家作典范

附录：臣轨

臣 轨

本篇又名《臣范》，旧题唐武则天撰，实则元万顷等奉敕撰。万顷，唐洛阳（今属河南）人，官至著作郎。武则天朝召入禁中，参与机密，和苗神客等奉敕撰成《臣轨》等书。此篇成于武则天在位时，为武则天规诫群臣的训条，也是神龙二年(706)以后贡举之士习业的学习材料之一。《臣轨》仿唐太宗《帝范》的模式，通过从儒家和道家经籍中精选引语，以论述和体现这一时期十分严密的政策，强调各级各类官员要各守其责、竭尽忠诚地工作，并且一再重申国家利益和权利高于个人这一主题。本篇原文从《粤雅堂丛书》中录出。

原典再现

盖闻惟天著象，庶品同于照临；惟地含章，群生等于亭育。朕以庸昧，忝位坤元①，思齐厚载之仁，式罄普覃之惠②，乃中乃外，思养之志靡殊。惟子惟臣，慈诱之情无隔，常愿甫殚微悃，上翊紫机，爰须众僚，聿匡玄化③。伏以天皇明逾则哲，志切旁求，簪裾总川岳之灵④，珩佩聚星辰之秀⑤，群英莅职，众彦分司，足以广扇淳风，长隆宝祚。但母之于子，慈爱特深，虽复已积忠良，犹且思垂劝励。

昔文伯既达⑥,仍加喻轴之言;孟轲已贤⑦,更益断机之诲。良以情隆抚字,心欲助成。比者太子及王,已撰修身之训,群公列辟,未敷忠告之规,近以暇辰,游心策府,聊因炜管⑧,用写虚襟,故缀叙所闻,以为《臣轨》一部。想到周朝之十乱⑨,爰著十章;思殷室之两臣⑩,分为两卷。所以发挥言行,镕范身心,为事上之轨模,作臣下之绳准。

注释

①坤元:与"乾元"对称,指地之德。此借指皇帝。

②式:发语词。

③聿:句首动词。

④簪裾(zān jū):显贵者的服饰,借指显贵。

⑤珩(héng):玉佩上部的横玉。形如残环,或上有折角,用于璧环之上。珮:玉珮,佩带的饰物。

⑥文伯:指春秋时鲁大夫公父歇。据《列女传》载,文伯相鲁,其母敬姜诚说:"理国之要,尽在经耳。夫服重任,行远道,正直而固者轴也。轴可以为相。"

⑦孟轲:即孟子。据《列女传》载,孟子少时,废学归家,孟母方绩,因引刀断其机织,曰:"子之废学,若吾断其织也。"后孟子因勤学自奋,成为天下名儒。

⑧炜:鲜明光亮貌。《诗·邶风·静女》有"彤管有炜,说怿女美"之句。故此以炜管指笔。

⑨十乱:指周武王时十个具有治国平乱才能的大臣,即周公旦、召公奭、太公望、毕公、荣公、太颠、闳夭、散宜生、南宫适及文母。

⑩两臣:指商汤时的贤臣伊尹和武丁时的名相傅说。

古文今译

上天的光辉无比,普照着万事万物;大地的美质深厚,抚育着一切生灵。朕以平庸昏昧的不才,愧居于皇帝之位,但一心想有承载万物的仁厚之德,使普天下都能得到真正的恩惠，里里外外的所有人们，竭力承顺父母的心意。而作为臣子，同心协力地和蔼诱导人们从善，始终情愿竭尽其忠诚来效命，以此辅佐国家的大政，但要治理好国家还需广大臣僚，如此才能纠正失误和扩展教化。古时明达而有才智的皇帝，都能努力搜求贤能，因为显贵汇总了山川的灵气，佩玉凝聚了星辰的秀美，所以让广大英才做官任事，使众多贤人各司其职，就足能弘扬淳和之风，而使皇帝之位长久兴盛。父母对于儿女，是非常慈爱的，即使儿女已很忠诚贤能，还是想方设法给以劝戒和勉励。春秋时的文伯已为达官贵人，母亲敬姜仍以车轴比喻官居要职之人应正直坚固为本；孟子已有圣贤之名，而孟母还以断机来加以教诲。如此的深情抚养爱护，目的在于促使其走上成功之路。前些时日就太子和诸王的情况，已经撰有如何修养身心的训诲，但对公族大臣而言，还没有制定忠告一类规范，近来稍有闲暇空余，便留心于读书之事，姑且拿起笔来，写下心中的感受，再加上所闻所见，撰成了这部《臣轨》。联想起周武时有十个治国平乱的贤臣，就也将此书分作十章；又想到殷商有两位良相，姑且又分成上下两卷。目的是让大臣们以此作为规范言行的标准，修养身心的榜样，使其成为事奉皇帝必须遵守的轨迹，衡量大臣优劣的准绳。

原典再现

　　若乃遐想绵载，眇鉴前修，莫不元首居尊，股肱宣力[1]。资栋梁而成大厦，凭舟楫而济巨川，唱和相依，同功共体。然则君亲既立，忠孝形焉。奉国奉家，率由之道宁二；事君事父，资敬之途斯一，臣主之义，其至矣乎！休戚是均，可不深鉴。夫丽容虽丽，犹待镜以端形；明德虽明，终假言而荣行。今故以兹所撰，普锡具僚，诚非笔削之工，贵申裨导之益。何则？正言斯重，玄珠比而尚轻；巽语为珍，苍璧喻而非宝。是知赠人以财者，唯申即目之欢；赠人以言者，能致终身之福。若使佩兹箴戒，同彼韦弦[2]，修己必顾其规，立行每观其则，自然荣随岁积，庆与时新，家将国而共安，下与上而俱泰。察微之士，所宜三思，庶照鄙诚，敬终高德。凡诸章目，列于后云。

注释

①股肱：大腿和胳膊。常用来比喻辅佐君主的大臣。

②韦弦：韦性柔而韧，弦性紧而直。据《韩非子·观行》载："西门豹之性急，故佩韦以自缓。董安于之心缓，故佩弦以自急。"佩带韦弦，目的是为了随时警示自己的不足。

古文今译

回想一下遥远的古代，思量一下以往的圣贤，无不是皇帝居于尊位，而大臣们竭力效命。没有栋梁建不成大厦，没有船桨渡不成江河，只有像唱和一样的相互依赖，才能获得圆满的成效。有了君臣的亲近关系，忠诚孝义就能实现。无论是为国做事还是为家做事，所遵循的道理没什么不同；无论是事奉君主还是事奉父母，所要有的恭敬完全一样，臣下与君主之间的关系，也是如此啊！喜乐和忧虑是均等的相辅相成，不能不作为永远的借鉴。即使有好看而美丽的面容，但还需要镜子才能端正其形；即使有贤明而完美的德行，但还得靠宣扬才能名声出众。今天把所撰的这部《臣轨》，赐给天下广大作官吏的人，并不是为了让大家修改文字，而着重是申明训导增益补阙。为什么会这样说呢？正直的话语非常贵重，黑色的大珠宝与其相比也显得还是轻薄；谦逊的言词特别珍贵，青色的璧玉与其相比也显得不是宝贝。因为我们知道赠送钱财给人，只能带来眼前的欢乐；而赠送良言给人，能使人终身从中吸取营养并获益。如果你们做臣子能经常想着《臣轨》中的告诫，并把它当作像佩带韦弦一样时刻警示自己，而且使它成为自己修身养性的规范，言行举止的准则，如此好名声必能日益为人所知，奖赏也会随之不断而来，家和国也就都平平安安，上上下下同样也太平无事。明智的大小官吏们，应三思而行，只要竭尽自己的忠诚做事，就能获得德高望重之名并永远受人尊敬。现将此书的十个章目，分别列在后面。

夫人臣之于君也,犹四支之载元首、耳目之为心使也,相须而后成体,相得而后成用。故臣之事君,犹子之事父,父子虽至亲,犹未若君臣之同体也。故《虞书》云:"臣作朕股肱耳目。余欲左右有人,汝翼;余欲宣力四方,汝为。"[1]故知臣以君为心,君以臣为体,心安则体安,君泰则臣泰,未有心瘁于中而体悦于外[2],君忧于上而臣乐于下。古人所谓共其安危,同其休戚者,岂不信欤?

注释

①《虞书》:《尚书》中的一部分,包括《尧典》《皋陶谟》《舜典》《大禹谟》和《益稷》五篇。此句出自《益稷》。
②瘁(cuí):忧伤。

古文今译

臣子和君主的关系,就像人的四肢要支撑脑袋、耳目要受心的使唤一样,相互依附才能成一整体,相互配合才能成功运用。因此臣子事奉君主,就要像儿子事奉父亲一样,虽然父亲与儿子是最近之亲,但还比不上君主与臣子这种同一整体的关系。《虞书》说:"臣子是君主的四肢和耳目。君主要治理天下,得靠臣子辅佐;君主要致力四方,得靠臣子尽力。"由此可见臣子以君主为内心,君主以臣子为外体,内心安了外体也会安,所以君主太平了臣子也会太平,绝对不会有内心忧虑而外体快乐、君主在上忧愁而臣子在下欢乐的情况。古人所说的君主与臣子共度安宁和危难,一同喜乐和忧虑,难道不是如此吗?

忠经·孝经

原典再现

夫欲构大厦者，必藉众材，虽楹柱栋梁，栱栌榱桷[1]，长短方圆，所用各异，自非众材同体，则不能成其构，为国者亦犹是焉。虽人之材能，天性殊禀，或仁或智，或武或文，然非群臣同体，则不能兴其业。故《周书》称殷纣有亿兆夷人[2]，离心离德，此其所以亡也；周武有乱臣十人，同心同德，此其所以兴也。

注释

①栱：立柱和横梁之间成了形的承重结构。栌(lú)大柱柱头承托栋梁的方木。榱(cuī)：椽子，放在檩上架尾瓦的木条。桷(jué)：方形的椽子。
②《周书》：《尚书》中的一部分，自《泰誓》到《秦誓》共三十二篇。

古文今译

要构造一座高楼大厦，必须具备很多材料，不但要有大的楹柱栋梁，还要有小的栌榱桷，虽然它们形状有长短方圆的差异，而用处也各不相同，若没有这多种不同材料的同一整体，就构造不成一座高楼大厦，君主治理国家的道理也与此相同。人的才能有大小之别，天所赋予的品性也很悬殊，所以有的人仁慈而有的人明智，有的人能武而有的人会文，要是没有广大臣子和君主的同一整体，就不可能振兴国家大业。因此《周书》上说殷纣王在位时有亿兆个平庸之人，而且又离心离德，所以导致了殷王朝的灭亡；周武王在位时有十个治国平乱之人，而且又同心同德，所以最终建立起了周王朝的统治。

原典再现

《尚书》曰："明四目，达四聪。"[1]谓舜求贤，使代己视听于四方也。昔屠蒯亦云②："汝为君目，将司明也。""汝为君耳，将司聪也。"轩辕氏有四臣以察四方，故《尸子》云"黄帝四目"③。是知君位尊高，九重奥绝④，万方之事，不可独临，故置群官，以备爪牙耳目，各尽其能，则天下自化。故冕旒垂拱⑤，无为于上者，人君之任也；忧国恤人，竭力于下者，人臣之职也。

注释

①《尚书》：书名，是现存最早的关于上古时典章文献的汇编。此句出自《尚书·舜典》。

②屠蒯：亦作杜蒉，春秋时晋平公膳宰。

③《尸子》：书名，战国时尸佼撰。已佚。

④九重：指宫禁。极言其深远。

⑤冕旒：皇帝的代称。

古文今译

《尚书》说："完善各地耳目，广开四方视听。"说的就是舜帝搜求贤良之人，使其代替自己来视听四方。古人屠蒯也说过："你们是国君的眼目，一定要洞察秋毫。""你们是国君的耳朵，一定要聪明灵敏。"轩辕黄帝有四位臣子专门来洞察四方之事，因此《尸子》宣称"黄帝有四目"。这是因为他们深知君主的地位既尊又高，居于戒备森严的皇宫深院，全国各地的事情，不可能一个个的都去亲自处理，便设置百官来管辖，目的在于以此充作爪牙耳目，使众官各尽其能，以达到天下治理而百姓自化。因此皇帝垂衣拱手不要做事，无所作为地居于上位，这是做个君主的任务。而忧国忧民，竭尽全力地居于下位，这是做个臣子的职责。

忠经·孝经

原典再现

汉名臣奏曰:夫体有痛者,手不能无存;心有惧者,口不能勿言。忠臣之献直于君者,非愿触鳞犯上也,[1]良由与君同体,忧患者深,志欲君之安也。

注释

①触鳞:冒犯龙颜,触犯皇帝。

古文今译

汉代贤名之臣曾上奏说:大凡人的身体有疼痛之处,就会用手去抚摸;人的心中有恐惧之感,就会开口去言语。忠良之臣对君主进献正直言论,并不是想冒犯君主、触犯圣上,实在是因为臣子和君主为同一整体,所以忧患也就特深,这一切都是臣子出于对君主安危的思虑啊。

原典再现

陆景《典语》曰[1]:国之所以有臣,臣之所以事上,非但欲备员而已,天下至广,庶事至繁,非一人之身所能周也。故分官列职,各守其位;处其任者,必荷其忧。臣之与主,同体合用,主之任臣,既如身之信手;臣之事主,亦如手之系身。上下协心,以理国事。不俟命而自动,不求容而自亲,则君臣之道著也。

注释

①陆景:三国时吴国人,字士仁,因尚公主而称为骑都尉,封毗陵侯。他洁

己好学,著有《典语》等。

古文今译

　　陆景《典语》说:国家之所以要设置臣僚,臣僚之所以要侍奉皇上,并不单单是要凑齐员数,还因为天下极为广大,事情也特别繁杂,不是一个人的能力所能照顾周全的。所以需要设置百官分清职任,使各守其位;凡是在其职任上的,必定要分担其职任上的忧患。臣子和君主的关系,是同一整体并相互为用,君主信任臣子,就像身躯相信手一样;臣子侍奉君主,也就像手必须服从于身躯一样。只有君主和臣子同心协力,才能治理好国家处理好事情。不等有命令就自觉行动,不希求容身就自己亲近,这才是君主和臣子所应奉行的道义。

原典再现

　　盖闻古之忠臣事其君也,尽心焉,尽力焉,称材居位[①],称能受禄,不面誉以求亲,不愉悦以苟合,公家之利,知无不为,上足以尊主安国,下足以丰财阜人。内匡君之过,外扬君之美;不以邪损正,不为私害公;见善行之如不及,见贤举之如不逮;竭力尽劳而不望其报,程功积事而不求其赏;务有益于国,务有济于人。夫事君者以忠正为基,忠正者以慈惠为本,故为臣不能慈惠于百姓,而曰忠正于其君者,斯非至忠也。所以大臣必怀养人之德,而有恤下之心。利不可并,忠不可兼,不去小利,则大利不得;不去小忠,则大忠不至;故小利,大利之残也;小忠,大忠之贼也[②]。

注释

　　①材:通"才"。
　　②贼:指为害社会。

古文今译

据说古时的忠臣侍奉他们的君主，不但尽其心，而且竭其力，根据自己的才识担任合适的职位，根据自己的能力接受适当的俸禄，不当面奉承君主而求得亲近，不当面讨好君主而求得附和，凡对公家有利的事，知道了就一定做，如此便达到了对上足能尊敬君主、安定国家，对下足能丰富财物、幸福人民。忠臣居于内朝而能匡正君主的过失，来到外朝而能宣扬君主的美德；从不以邪损正，也不以私害公；见到善良行为唯恐自己学不到家，见到贤能之人唯恐举荐还来不及；自己竭心尽力的干事而不希望得回报，已积累了众多的事功而不企求得到奖赏；一心想着要有益于国家，一心想着要有益于人民。大凡侍奉君主要以忠良正直为基础，而忠良正直必须以仁慈恩惠为根本，如果作为臣子对老百姓不能仁慈恩惠，而只是对君主能忠良正直，那也不算真正的忠臣。因为作为大臣既要怀有养育百姓的美德，同时还要具有体恤下情的心思。利不可并得，忠不可兼有，不舍弃小利，那大利就不可能得到；不舍弃小忠，那大忠就不可能做好；因此说那种小利，它是大利的凶恶敌人；而那种小忠，它是大忠的阴险贼子。

原典再现

昔孔子曰：为人下者，其犹士乎[1]，种之则五谷生焉，掘之则甘泉出焉，草木植焉，禽兽育焉，多其功而不言，此忠臣之道也。

注释

[1]士：从事耕种等劳动的男子。

古文今译

圣人孔子说:作为居于下位的臣子,就和从事耕种等劳动的士一样,只有耕种才能收获到五谷粮食,只有挖掘才能享有甘甜的泉水,只有垦植才会有林茂草盛,只有饲养才能得到畜牲家禽,无论费了多少功力而不言语出来,这才是忠臣应有的道义。

原典再现

《尚书》曰,成王谓君陈曰①:"尔有嘉谋嘉猷,则入告尔后于内②,尔乃顺之于外,曰:'斯谋斯猷,惟我后之德。'臣人咸若,时惟良显哉!"③

注释

①成王:周成王,姓姬名诵,周武王之子。君陈:周武王之臣,周公之子。
②后:古代天子和列国诸侯都称后。
③此句出自《尚书·君陈》。

古文今译

《尚书》中载,周成王曾对君陈说:"你有好的谋略打算,就入朝来告诉天子,然后再在外朝照此办理,并宣称:'这好的谋略打算,是我们天子的恩德。'做臣子的若都能这样,那就太好了啊!"

原典再现

《礼记》曰:"善则称君,过则称己,则人作忠。""善则称亲,过则称己,则人作孝。"①

注释

①《礼记》:书名。为西汉人戴圣编定,共四十九篇,采自先秦旧籍。此句出自《礼记·坊记》。

古文今译

《礼记》说:"美好的就称是君主的,过失的就称是自己的,这是做忠良之人的原则。""美好的就称是父亲的,过失的就称是自己的,这是做孝顺之人的原则。"

原典再现

《昌言》曰①:人之事亲也,不去乎父母之侧,不倦乎劳辱之事,见父母体之不安,则不能寐;见父母食之不饱,则不能食;见父母之有善,则欣喜而戴之;见父母之有过,则泣涕而谏之。孜孜为此,以事其亲,焉有为人父母而憎之者也!人之事君也,使无难易,无所惮也;事无劳逸,无所避也;其见委任也②,则不恃恩宠而加敬;其见遗忘也,则不敢怨恨而加勤;险易不革其心,安危不变其志;见君之一善,则竭力以显誉,惟恐四海之不闻;见君之微过,则尽心而潜谏,惟虑一德之有失。孜孜为此,以事其君,焉有为人君主而憎之者也!故事亲而不为亲所知,是孝未至也;事君而不为君所知,是忠未至也。古语云:"欲求忠臣,出于孝子之门。"非夫纯孝者,则不能立大忠;夫纯孝者,则能以大义修身,知立行之本。

欲尊其亲,必先尊于君;欲安其家,必先安于国。故古之忠臣,先其君而后其亲,先其国而后其家,何则?君者,亲之本也,亲非君而不存;国者,家之基也,家非国而不立。

注释

①《昌言》:书名。东汉仲长统撰,凡三十四篇。原书久佚,今有清人马国翰辑本。

②见:助动词。被,表示被动。委任:委以官职,加以任用。

古文今译

《昌言》说:人们侍奉父母亲,就要守在父母身旁而不远离而去,无论多么辛劳屈辱都不感到厌倦。看见父母身体不安适,自己就睡不着觉;看见父母一顿没吃好,自己就吃不下饭;看见父母有善行,自己就高兴地称颂;看见父母有过失,自己就泣涕谏诤。人们如此的孜孜不倦,尽力去侍奉自己的父母亲,哪有作父母的会憎恨儿女这样做的!人们侍奉君主,不管被使唤的是艰难还是容易,都要无所畏惧;不管遇到的事是辛劳还是安逸,都要无所回避;若被委官任用,也不能仗着恩宠而要更加敬重;若被遗漏忘却,也不敢埋怨憎恨而要更加勤奋;无论遇到艰险还是平坦都不改变心意,无论碰上安全还是危难都不改变志向;看见君主的一点长处,就竭尽全力去宣扬赞誉,唯恐四海之人听不到;看见君主的一点过失,就全身心地去恳切谏诤,忧虑其德行有一点缺失。人们如此的孜孜不倦,尽力去侍奉自己的君主,哪有作君主的会憎恨臣子这样做的!而侍奉父母亲而不被父母亲所知晓,那就是孝顺还没做到家;侍奉君主而不被君主所知晓,那就是忠诚还没做到家。古人常说:"欲求忠臣,出于孝子之门。"不是纯真的孝子,就不可能树立绝对忠诚的思想;而纯真的孝子,就会用仁义去修养自身,并深知德行是立身之本。一个人要尊敬他的父母,必须首先尊敬他的君主;要安定他的家庭,必须首先安定他的国家。因此古代的忠臣,都是先忠于君主

忠经·孝经

再忠于父母,先忠于国家再忠于家庭。为什么会这样呢?因为作为君主,他是臣子的父母之根本,臣子的父母若没有君主的教养就不可能生存;而作为国家,它是臣子的家庭之根基,臣子的家庭若没有国家的庇护就不可能建立。

原典再现

　　昔楚恭王召令尹而谓之曰[①]:"常侍管苏[②],与我处,常劝我以道,正我以义,吾与处不安也,不见不思也,虽然,吾有得也,其功不细,必厚禄之。"乃拜管苏为上卿[③]。若管苏者,可谓至忠至正,能以道济其君者也。

注释

　　①楚恭王:即楚共王。春秋时楚国的君主。令尹:春秋时楚国最高的官职。
　　②常侍管苏:旧注为"管氏名苏,常侍于君"。
　　③上卿:周官制,最尊贵的诸侯臣称上卿。

古文今译

　　以前楚共王把令尹召来并对他说:"经常随侍我的管苏,和我相处时,常常用道义劝导我,用仁义匡正我,我和他相处时感觉不安,不见他也不想他,虽然如此,我还是得到了很多,而他的功劳可谓不小,一定要给他个高官厚禄。"于是拜授管苏为上卿。像管苏这样的人臣,才堪称最忠诚最公正,因为他能用道义来帮助他的君主成就事业。

原典再现

　　夫道者[①],覆天载地,高不可际,深不可测,苞裹万物[②],禀授无形,舒之覆于六合[③],卷之不盈一握[④]。小而能大,昧而能明,弱而能强,柔而能刚。夫知道者,必达于理;达于理者,必明于权;明于权者,不以物害己。言察于安危,宁于祸福,谨于去就,莫之能害也。以此退居而闲游,江海山林之士服;以此佐时而匡主,忠立名显而身荣,退则巢许之流⑤,进则伊望之伦也⑥。故道之所在,圣人尊之。

注释

①道:思想,学说。不同学者、学派赋予道的含义各不相同。
②苞:通"包"。
③六合:天地四方。
④一握:一把。
⑤巢许:即巢父和许由,相传此二人为尧时的隐士,尧欲让位于他二人,均不受。
⑥伊望:即伊尹和吕望,前者为殷商的大臣,后者为周朝的大臣。

古文今译

所谓的道,上可覆盖天而下可承载地,其高不可接近,其深不可测量,包含着万事万物,禀受自然而无形,舒展则可以覆盖天地四方,收卷则可以不满一只手大。道还能由小变大,由暗变明,由弱变强,由柔变刚。大凡懂得道的人,一定通达事理;而通达事理之人,一定善于权变;而善于权变之人,不会因财物而害己。如此说的是懂得道可以观察环境的安全危险,遵循事态的祸害福利,谨慎地处理去离就留,无论如何也不会受危害。依据道来隐居闲游之人,遍布江海山林的士人会佩服他;依据道来辅佐君主之人,就会忠良美名远扬而自身荣耀,若隐退就像巢父和许由一样有名,若进取就像伊尹和吕望一样出色。因此道之所在者,圣贤之人都尊奉。

原典再现

《老子》曰[1]:"道常无为,而无不为,侯王若能守之,万物将自化。""以道佐人主者,不以兵强于天下。""夫佳兵者,不祥之器,故有道者不处。"又曰:"上士闻道,勤而行之;中士闻道,若存若亡;下士闻道,大笑之[2]。不笑不足以为道。"

注释

①《老子》:书名。即老子所著《道德经》,主张自然无为。此句分别出自该书的第三十七章、第三十章、第三十一章、第四十一章。

②上士:高明之人。中士:中等人。下士:最差一等的人。

古文今译

《老子》说:"道常无为,但又无所不为。君王若能遵守道,那万事万物将会自我化成。""臣子用道来辅佐君王的,就不会以兴兵动武来逞强于天下。""大凡好用兵之人,也是种不祥之器,所以有道之人不与其相处。"又说:"高明之人明白了道,会勤奋地去奉行它;中等人明白了道,可能是若存若亡;而最差一等之人明白了道,只会大笑了之。不笑就不足以为道。"

原典再现

《庄子》曰[1]:夫体道者,无天怨,无人非,无物累,无鬼责,一心定而万事得。

注释

①《庄子》:书名。有《内篇》《外篇》《杂篇》之分,相传《内篇》为庄子即庄周所撰,《外篇》等为其弟子及后来道家所撰。《庄子·天道》中有"故知天乐者,无天怨,无人非,无物累,无鬼责。故曰:其动也天,其静也地,一心定而王天下;其鬼不祟,其魂不疲,一心定而万物服。"

古文今译

《庄子》说:大凡能体察道的人,没有天的怨恨,没有人的非议,没有财物的牵累,没有鬼神的责难,专心安定而万事都能成功。

原典再现

《文子》曰①:夫道者无为无形,内以修身,外以理人。故君臣有道即忠惠,父子有道即慈孝,士庶有道即相亲。故有道即和同,无道即离贰②。由是观之,无道不宜也。

注释

①《文子》:书名,共九篇,老子弟子文子(姓辛名钘,字文子,号计然)著。今传本为汉人依托之作。此书杂取儒、墨、名、法诸家之语,以解《道德经》《老子》。唐代时以此书与《老子》《庄子》并重,唐玄宗天宝六年诏改《文子》为《通玄真经》。

②离贰:谓有异心。

299

古文今译

《文子》说:道因安静而不见其形,心中有道就可养性修身,按道去做就可以治理天下。因此君主有道则仁惠而臣子有道则忠诚,父亲有道则慈爱而儿子有道则孝顺,一般士庶之人有道则相互亲近。如果有道即使关系疏远也会亲近,而如果无道即使关系亲近也会疏远。由此可见,道对万事万物都适宜。

原典再现

《管子》曰[①]:道者,一人用之,不闻有余;天下行之,不闻不足。所谓道者,小取焉则小得福,大取焉则大得福。道者,所以正其身而清其心者也。故道在身则言自顺,行自正,事君自忠,事父自孝。

注释

①《管子》:书名,旧题春秋时齐国管仲所撰。原本八十六篇,今佚十篇。据近人考证,多为秦汉时人依托之作。

古文今译

《管子》说:道这种东西,一个人去享用,没听说过有富余的;而天下所有的人去依照,也没听说过有不足的。这就是所谓的道,少取之就可得小福,多取之就可以得大福。因此说道,它既可以正身而又可以清心。一个人有道自身就能使言语适宜,行为端正,对君主忠心,对父母孝顺。

原典再现

《淮南子》曰①:大道之行犹日月,江南河北不能易其所,驰骛千里不能移其处,其趋舍礼俗,无所不通。是以容成得之而为轩辅②,傅说得之而为殷相③。故欲致鱼者先通水,欲致鸟者先树木,欲立忠者先知道。又曰:"古之立德者,乐道而忘贱,故名不动心;乐道而忘贫,故利不动志。职繁而身逾逸,官大而事逾少,静而无欲,淡而能闲,以此修身,乃可谓知道矣。不知道者,释其所以有,求其所未得,神劳于谋,知烦于事,福至则喜,祸至则忧,祸福萌生,终身不悟,此由于不知道也。

注释

①《淮南子》:书名,西汉淮南王刘安等撰。原分为内、外篇,内篇论道,外篇杂说,今仅存内篇。内容大旨归于道家的自然天道观,但亦糅合先秦各家学说。

②容成:相传是黄帝的大臣,最早发明历法。轩辅:即轩辕黄帝的辅佐大臣。

③傅说(yuè):殷商王武丁时相。相传说曾筑于傅岩之野,武丁访得,举以为相,出现殷中兴的局面。因得说于傅岩,故命为傅姓,号傅说。

古文今译

《淮南子》说:道像日月的光辉普照天下一样无处不至,自江南到河北不足千里因日影相同不能改变其处所,即使奔走千里也不能移动其处所,以道来对礼俗进行取舍,也同样是无所不通。所以容成因得道而成为轩辕皇帝的辅臣,傅说因得道而作了商王武丁的相佐。一个人如果想获得鱼就得先有深水,想获得鸟就得先有茂林,而想树立忠信那就得先通晓道。又说:"古时树立圣人之德的人,因乐于守道而忘了卑贱,所以面对名誉毫不动心;因乐于守道而忘了贫穷,所以面对私利毫不改志。为官之人要做到职务繁忙而自身更加安逸,官位很高而事情更加稀少,还要做到既清静而又无欲望,既恬淡而又能闲逸,这才能称得上是通晓了道。不通晓道的人,丢失了自己原来所拥有的,而去谋求那些自己所得不到的,使精神花费在无益的谋划上,体力浪费在麻烦的事情上,福禄降临他就高兴,祸害降临他就忧愁,而对福禄与祸害的产生原因,直到死了也不明白,这都是不通晓道的缘故。

原典再现

《说苑》曰[①]:山致其高而云雨起焉,水致其深而蛟龙生焉,君子致其道而福禄归矣。万物得其本则生焉,百事得其道则成焉。

注释

①《说苑》:书名,汉代刘向采摭群书而成,共二十卷,皆录可以为人取法的遗闻佚事。

古文今译

《说苑》说:"山之高处容易起云下雨,水之深处容易藏有蛟龙,所以君子有了道才能获得福禄。世间的万物只要有根有本那就能生存下去,而世间的事情只要是有了道那就能取得成功。"

原典再现

天无私覆,地无私载,日月无私烛,四时无私为。忍所私而行大义,可谓公矣。智而用私,不若愚而用公。人臣之公者,理官事则不营私家,在公门则不言货利,当公法则不阿亲戚,奉公举贤则不避仇雠[①]。忠于事君,仁于利下,推之以

忠
经
·
孝
经

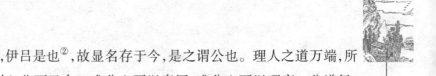

恕道,行之以不党,伊吕是也[2],故显名存于今,是之谓公也。理人之道万端,所以行之在一,一者何,公而已矣。唯公心可以奉国,唯公心可以理家。公道行,则神明不劳而邪自息;私道行,则刑罚繁而邪不禁。故公之为道也,言甚少而用甚博。夫心者神明之主,万理之统也。动不失正,天地可感,而况于人乎?故古之君子,先正其心。夫不正于昧金而照于莹镜者[3],以莹能明也;不鉴于流波而鉴于静水者,以静能清也。镜、水以明清之性,故能形物之形,见其善恶,而物无怨者,以镜、水至公而无私也。镜水至公,犹不免于怨,而况于人乎?

注释

①仇雠(qiú chóu):仇人。
②伊吕:即前文的伊望,伊尹和吕望。
③金:金镜,即铜镜。

古文今译

天毫无保留地覆盖于上,地毫无保留地承载于下,太阳和月亮毫无保留地普照大地,春夏秋冬毫无私心地按时更替。如此的忍着私欲而传布正道,可以称得上是公正了。若聪明之人用智慧去谋私邪,那还不如愚蠢之人的公正为好。作为臣子的公正,那就是处理公事而不为自己图谋私利,在公家干事而不轻易谈论财货盈利,掌管执法而不偏袒亲戚,为公举荐贤良而不回避仇人。事奉君主则忠心耿耿,对待部下则仁慈恩惠,尊崇宽厚公正之道,做事不拉帮结派,伊尹和吕望是这方面的榜样,因此直到今天名声显扬,这也堪称为公正。治理百姓的方法很多,但唯一可行的只有一种,哪一种呢?即公正而已。只有有公正之心才能以国家为重,只有有公正之心才能治理好国家。为官者如果奉行公正之道,那不必费力就能使邪恶自己消失;为官者如果奉行私邪之道,那无论刑罚再重也不能使邪恶禁止。所以说有了公正之道,虽出言不多但作用很大。心灵是精神的根本,是治理万物的统帅。如果行为不失公正,那就能感化天地,

忠经·孝经

更何况人呢？因此古时的君子,首先是有公正之心。人们不用昏暗的铜镜正形而用晶莹的镜子照看,是因为晶莹的镜子可照得更明白;人们不以流动的水为镜子而以静止的水为镜子,是因为静止的水可照得更清晰。因镜和水有明白、清晰的特性,所以能够显示万物的形貌,不论显示的是好是坏,而万物都无怨无恨,因为镜和水都是极其公正而无私邪的。以镜和水的极其公正,有时也难免被怨恨,更何况人呢？

原典再现

孔子曰:"苟正其身,于从政乎何有？不能正其身,如正人何?"又曰:"其身正,不令而行;其身不正,虽令不从。"

注释

①此句出自《论语·子路》。

古文今译

孔子说:"如果国君本身公正而无私邪,以此来为政而治理国家没有治理不好的吧？但如果国君本身不公正,那将如何去教百姓公正呢?"又说:"若为官之人自身公正,所发的命令就能实行;若为官之人自身不公正,即使发布了命令也无人遵从。"

原典再现

《说苑》曰:人臣之行,有六正六邪。行六正则荣,犯六邪则辱,夫荣辱者,祸福之门也。何谓六正六邪？六正:一曰萌芽未动,形兆未见①,照然独见存亡之机、得失之要,预禁乎未然之前,使主超然立乎显荣之处,天

忠经·孝经

下称孝焉，如此者圣臣也。二曰虚心白意，进善通道，勉主以礼义，谕主以长策，将顺其美，匡救其恶，功成事立，归善于君，不敢独伐其劳，如此者大臣也。三曰卑身贱体，夙兴夜寐，进贤不懈，数称于往古行事，以励主意，庶几有益，以安国家，如此者忠臣也。四曰察见成败，早防而救之，引而复之，塞其间，绝其源，转祸以为福，令君终以无忧，如此者智臣也。五曰守文奉法，任官职事，辞禄让赐，不受赠遗，衣服端齐，食饮节素，如此者贞臣也。六曰国家昏乱，所为不谀，然而敢犯主之严颜，面言主之过失，不辞其诛，身死安国，不悔所行，如此者直臣也。是谓六正也。六邪：一曰安官贪禄，营于私家，不务公事，怀其智，藏其能，主饥于论、渴于策犹不肯尽节，容容乎与代沉浮上下左右观望，如此者具臣也[2]。二曰主所言，皆曰善；主所为，皆曰可；隐而求主之所好而进之，以快主之耳目，偷合苟容，与主为乐，不顾其后害，如此者谀臣也。三曰中实诐险[3]，外貌小谨，巧言令色，又心疾贤，所欲进则明其美而隐其恶，所欲退则明其过而匿其美，使主妄行过任，赏罚不当，号令不行，如此者奸臣也。四曰智足以饰非，辩足以行说，反言易辞而成文章，内离骨肉之亲，外妒乱朝廷，如是者谗臣也。五曰专权擅威，持操国事以为轻重，于私门成党以富其家，又复增加威权，擅矫主命，以自贵显，如此者贼臣也。六曰谄主以邪，坠主不义，朋党比周，以蔽主明，入则辩言好辞，出则更复异其言语，使白黑无别，是非无间，候伺可不推因而附然，使主恶布于境内，闻于四邻，如此者亡国之臣也。是谓六邪。贤臣处六正之道，不得六邪之术，故上安而下理。生则见乐，死则见思，此人臣之术也。

注释

①见：通"现"。

②具臣：备位充数、不称职守之臣。

③诐（bì）：偏颇，邪僻。

《说苑》说:臣下的行为,有六正与六邪之分。实行六正则光荣,奉行六邪则耻辱,而光荣与耻辱,又是福禄与祸害产生的根源。什么是六正六邪呢?所谓六正:一是事情还在未动的萌芽状态,各种征兆也还没有显露出来,臣下便能独自洞察到事情存亡的关键、得失的根本所在,将事情控制在未然状态前,使君主永远处于显耀之地,并使天下人都称颂君主的孝义,能做到如此的臣下就是圣臣。二是为人虚心洁白,能向君主举荐有道之人,并能用礼义勉励君主,用良策晓谕君主,对君主的善行大加赞扬,对君主的恶举设法匡正,如果事情成功,就将功劳归于君主,自己不敢居功夸耀,能做到如此的臣下就是大臣。三是为了公事不惜自己身体,起早贪黑地工作,进举贤良不懈怠,时常列举一些过去的善行善事,以此激励君主的意志,这样不仅有益处,还可以使国家久治长安,能做到如此的臣下就是忠臣。四是能洞察君主所做之事的成功与否,提早予以防备和救治,引导君主恢复到未出事之时,再堵塞其漏洞,断绝其根源,以转祸为福,使君主始终处在无忧无患的境地,能做到如此的臣下就是智臣。五是依照文簿而奉公守法,在官位上处理公事,即使有俸禄恩赐也一再辞让,不接受任何馈赠,衣服端庄整齐而不华丽,饮食节俭朴素而不奢侈,能做到如此的臣下就是贞臣。六是在国家混乱之时,自己的所作所为依然是不谄谀以曲从君主之意,反而敢冒犯君主威严的颜面,当面陈述其过失,不怕因言辞而被杀头,为了国家安康而宁愿自己身死,并不为此而深感后悔,能做到如此的臣下就是直臣。这就是所谓的六正。而所谓六邪:一是在官任上贪图俸禄,一心为自家谋私,不好好干公事,有智不替君主谋划,有能不为国家效力,在君主急于议论、渴望良策时还是不肯尽力相告,而是安然地随着个人的意愿上下沉浮、左右观望,凡是如此作为的臣下就是具臣。二是凡君主所说的,都认为是对的;凡是君主所做的,都认为是好的;暗中探求君主爱好的以进献,并想方设法讨得君主的欢心,苟且迎合而以求容身,和君主共同欢乐,不顾以后有什么祸害与否,凡是如此作为臣下就是谀臣。三是内心格外邪僻,但外貌却显得小心谨慎,以花言巧语来诌媚别人,而心里又忌贤妒能,凡是他所想举荐的就只宣扬其好的而掩盖其恶的,凡是他所想屏退的就只宣扬其过失而掩盖其善美，使君主过分地信任他，结果导致赏罚不当，号令不能实行，凡是如此作为的臣下就是奸臣。四是其智能足可掩饰过错，其辩才足可进行游说，可是整天热中于播弄是非，居家则背弃骨肉亲情，在外则害贤良乱朝廷，凡是如此作为的臣下就是谗臣。五是独自专权而擅自用威，把国家的大事随意地玩弄于股掌之上，靠私立门户、广结朋党来壮大自己的势力，再进一步增加威力权势，擅自篡改君主的命令，显示自己的尊贵，凡是如此作为的臣下就是贼臣。六是用奸邪来谄媚君主，使君主陷入不仁不义，又与同类结为死党，一起来遮盖君主的圣明，入朝则用好言好语讨好君主，出朝则改变说过的好言好语，使黑白混淆，是非颠倒，看见君主的举措不对便去设法附和，而使君主的过失广布境内，甚至流传到四邻，凡是如此作为的臣下就是亡国之臣。这就是所谓的六邪。贤能的臣子只实行六正之道，而从不实行六邪之术，因此上面安宁、下面得到治理。活着时能被人们喜爱，死了后能被人们思念，这是作为臣子要尽力做的。

原典再现

　　夫谏者，所以匡君于正也。《易》曰："王臣謇謇，匪躬之故①。"人臣之所以謇謇为难，而谏其君者，非为身也，将欲以除君之过，矫君之失也。君有过失而不谏者，忠臣不忍为也。

注释

①此句出自《易·謇》。謇謇(jiān jiān)：忠贞，正直。

古文今译

　　谏诤的目的，在于匡正君主的过失。《易》说："君王的臣子忠贞正直，这不是为了自身。"臣子当中为什么做个忠贞正直之臣特别难，原因在于他需要谏诤其君主,目的在于消除君主的过错,矫正君主的失误。看见君主的过失而不予以谏诤,这是忠臣不忍心干的事。

原典再现

《春秋传》曰[1]:齐景公坐于遄台[2],梁丘据驰而造焉[3]。公曰:"唯据与我和夫!"晏子曰[4]:"据亦同也,焉得为和?"公曰:"和与同异乎?"对曰:"异。和如羹焉,水、火、醯、醢、盐、梅以烹鱼肉[5],宰夫和之[6],齐之以味,济其不及。君臣亦然。君所谓可,而有否焉,臣献其否,以成其可。君所谓否,而有可焉,臣献其可,以去其否。是以政平而人无争心。故《诗》曰:'亦有和羹,既戒既平[7]。'今据不然,君所谓可,据亦曰可,君所谓否,据亦曰否。若以水济水,谁能食之?同之不可也如是。"

注释

①《春秋传》:即《春秋左氏传》,亦即《左传》。

②齐景公:春秋时齐国国君。遄台:地名,在今山东临淄附近。

③梁丘据:人名,又名子犹。

④晏子:春秋时齐大夫晏婴,字平仲,事灵公、庄公、景公,节俭力行,名显诸侯。

⑤醯(xī):醋。醢(hǎi):肉酱。

⑥宰夫:掌管膳食的小吏。

⑦亦有和羹,既戒既平:出自《诗·商颂·烈祖》。戒,指司仪者提请参与祭祀的人注意。

古文今译

《春秋左氏传》说:齐景公坐在遄台,梁丘据就迅速地前往侍奉。齐景公说:

"唯独梁丘据与我相和啊!"晏子说:"梁丘据的这种行为叫同,哪能称得上是和呢?"齐景公问:"和与同还有差异吗?"晏子回答说:"有差异。所谓'和'就像调汤,用水、火、醋、肉酱、盐、梅来烹调鱼肉,宰夫将这些调料和在一起,使汤的味道齐全,并对不美的味再进行增益。君主与臣下的关系也如此。如果君主认为可以,而事实上有不可以处,那臣下就要说明不可以之处,再想方设法成就可以的。如果君主认为不可以,而事实上有可以之处,那臣下就要说明可以之处,再想方设法根除不可以的。只有这样才能做到政治平稳而人无争斗之心。因此《诗经》说:'汤一旦调好,司仪便告诫人们肃静。'如今梁丘据则不然,君主您认为可以,梁丘据也说可以,君主您认为不可以,梁丘据也说不可以。如调汤一样,水已经多了还增加水,有谁能吃下去呢?'同'的不可取也是如此啊。"

原典再现

《家语》曰①:哀公问于孔子曰②:"子从父命,孝乎?臣从君命,忠乎?"孔子不对。又问三,皆不对。趋而出,告于子贡曰:"公问如此,尔以为何如?"子贡曰:"子从父命,孝矣;臣从君命,忠矣。夫子奚疑焉?"③孔子曰:"鄙哉尔不知也。昔万乘之主④,有诤臣七人,则主无过举;千乘之国,有诤臣五人,则社稷不危;百乘之家⑤,有诤臣三人,则禄位不替。父有诤子,不陷无礼;士有诤友,不行不义。子从父命,奚讵为孝?臣从君命,奚讵为忠?"

注释

①《家语》:书名,即《孔子家语》。《汉书·艺文志》著录《孔子家语》二十七卷,至唐已亡佚。今本十卷四十四篇,为三国魏王肃所作,其书杂采秦汉诸书所载孔子的遗文逸事,综合成编。

②哀公:指鲁哀公,春秋时鲁国君主。

③夫子:此是子贡对孔子的尊称,故指孔子。

④万乘:古时以一车四马为一乘。战国时期诸侯国,小者称千乘,大者称

万乘。

　　⑤百乘之家:指大国之卿食采邑,有兵车百乘。

古文今译

　　《孔子家语》说:鲁哀公问孔子:"儿子顺从父亲的命令,是孝吗? 臣子顺从君主的命令,是忠吗?"孔子对鲁哀公的提问不作答复。鲁哀公就此话题问了孔子多遍,孔子都没作答复。鲁哀公出门后,见到子贡而又以此话题问子贡:"我问你与孔子同样的问题,你的看法是什么?"子贡回答说:"儿子顺从父亲的命令,这是孝;臣子顺从君主的命令,这是忠。夫子对这还有疑问吗?"孔子得知此事后对子贡说:"我的意思你根本不明白。过去万乘之国的君主,有七名直言谏诤之臣,所以君主没有错误的举措;而千乘之国,有五名直言谏诤之臣,所以国家社稷没有什么危险;百乘之家,有三名直言谏诤之臣,所以其禄位能保持下去。父亲有直言谏诤之子,其身就不会陷于不仁义;士人有谏诤的朋友,其行为就不会不义。如果儿子只是一味地顺从父亲的命令,那将父善从善、父恶从恶能叫孝吗? 如果臣子只是一味地顺从君主的命令,那将君善从善、君恶从恶能叫忠吗?"

原典再现

　　《新序》曰①:主暴不谏,非忠臣也;畏死不言,非勇士也;见过则谏,不用即死,忠之至也。晋平公问叔向曰②:"国家之患,孰为大?"对曰:"大臣重禄而不极谏,近臣畏罪而不敢言,下情不得上通,此患之大者也。"公曰:"善。"乃令曰:"臣有欲进善言,而谒者不通②,罪至死。"

注释

　　①《新序》:书名,汉代刘向撰,原本三十卷,今存十卷,分类编纂了舜禹至汉

初的轶事。

②晋平公:春秋时晋国的君主。叔向:春秋时晋国大夫羊舌肸,字叔向,以博议多闻著名。

③谒者:指接待宾客的近侍。

古文今译

《新序》说:君主暴虐而臣子不谏诤,那就不是忠臣;因害怕死而不敢直言,也不算勇士;而臣子看见君主的过失就谏诤,不采纳便以死来谏诤,这才是最忠之臣。晋平公问叔向:"国家的祸患,以什么为最大呢?"叔向回答说:"大臣们看重禄位而不直言谏诤,亲近之臣害怕获罪而不敢言语,导致下情不能上达,这是国家的最大祸患。"晋平公说:"是这样啊。"于是下命令说:"如果有臣子要进宫奉献良策善言,而谒者不及时通报的,那就处以死刑。"

原典再现

《说苑》曰:从命利君谓之顺,从命病君谓之谀,逆命利君谓之忠,逆命病君谓之乱。君有过失而不谏诤,将危国家、殒社稷也①。有能尽言于君,用则留,不用则去,谓之谏;用则可,不用则死,谓之诤;有能率群下以谏君,君不能不听,遂解国之大患,除国之大害,竟能尊主安国者,谓之辅;有能抗君之命,反君之事,以安国之危,除主之辱,而成国之大利者,谓之弼。故谏诤辅弼者,所谓社稷之臣而明君之所贵也。又曰:夫登高栋、临危檐,而目不眩、心不惧者②,此工匠之勇也;入深泉,刺蛟龙、抱鼋鼍而出者③,此渔父之勇也;入深山,刺猛兽、抱熊罴而出者,此猎夫之勇也;临战先登,暴骨流血而不辞者,此武士之勇也;居于广廷,作色端辩,以犯君之严颜,前虽有乘轩之赏④,未为之动,后虽有斧锧之诛⑤,未为之惧者,此忠臣之勇也。君子于此五者,以忠臣之勇为贵也。

311

注释

①殒（yǔn）：死亡。

②眴（xuàn）：通"眩"，眼睛昏花。

③鼋（yuán）：即鼋鱼、癞头鼋、鳖一类动物。鼍（tuó）：也叫扬子鳄、猪婆龙，是鳄鱼的一种。

④乘轩：乘大夫的车子。古时候只有大夫才能乘轩，因此后来用乘轩泛指官员

⑤斧锧（zhì）：锧，古行刑之具，为腰斩时用的砧板。斧锧，即铁砧板，置人于其上以斧砍之。

古文今译

《说苑》说：听从命令并利于君主者叫做顺，听从命令但危害君主者叫做谀，违反命令但利于君主者叫做忠，违反命令并危害君主者叫做乱。如果君主有过失而臣子不直言谏诤，那将会使国家危难，社稷灭亡。作为臣子而对君主应竭尽其言，君主能用就留下，不能用就离去，这叫做谏；君主能用就继续去做，不能用就以死相谏，这叫做诤；作为臣子而能率领众多部下来对君主的过失进行谏诤，使君主不得不采纳，并因此而解除了国家的患难，根除了国家的危害，达到了尊重国君和安定国家的目的，这叫做辅；作为臣子而敢违抗君主不当的命令，反对君主不宜的事情，并因此而使国家转危为安，使君主免于受辱，达到了成就国家利益的目的，这叫做弼。所以说谏、诤、辅、弼四种臣子，是社稷之臣，也是贤明的君主所看重的。《说苑》还说：登上高耸的栋梁，身临很高的屋檐，而眼睛不昏不花，心中无丝毫畏惧，这叫做工匠之勇；敢进入深水之中，刺杀蛟龙、捕捉大鳖和鳄鱼，这叫做渔父之勇；敢钻进深山之中，杀死猛兽、猎获既凶又大的熊黑，这叫做猎夫之勇；亲临战场而捷身先登，面对流血牺牲而毫不后退，这叫做武士之

勇；身处高大的朝廷，面对君主生气也直言争辩，不怕冒犯君主威严的颜面，即使眼前有高官厚禄的奖赏，也坚持直言争辩而丝毫都不动摇，即使身后有杀身的刑具，也坚持直言争辩而丝毫都不畏惧，这叫做忠臣之勇。君子认为在以上五种勇中，以忠臣之勇为最可贵。

原典再现

《代要论》曰①：夫谏诤者，所以纳君于道，矫枉正非，救上之谬也。上苟有谬而无救焉，则害于事，害于事则危。故《论语》曰："危而不持，颠而不扶，则将焉用彼相矣②。"然则扶危之道，莫过于谏。是以国之将兴，贵在谏臣；家之将兴，贵在谏子。若君父有非，臣子不谏，欲求国泰家荣，不可得也。

注释

①《代要论》：即《世要论》，因避唐太宗李世民讳而改。
②此句出自《论语·季氏》。

古文今译

《代要论》说：谏诤的目的，在于引导君主步入正道，矫君主之枉、正君主之非，挽救君主的谬误。如果君主有谬误而没人去挽救，那将会危害政事，一旦危害政事就会导致国家的危亡。因此《论语》说："看见主人遇到危险而不去救助，看见主人将要摔倒而不去挽扶，那又何必要用他人作助手呢？"然而所有的扶持帮助中，没有比谏诤的作用更大的。所以说要使国家兴盛，最重要的是要有谏诤之臣；要使家庭兴盛，最重要的是要有谏诤之子。如果君主、父亲有过失，而臣子、儿子不直言谏诤，要想取得国家富裕、家庭荣耀，这肯定是办不到的。

忠经·孝经

原典再现

凡人之情，莫不爱于诚信。诚信者，即其心易知，故孔子曰："为上易事，为下易知①。"非诚信无以取爱于其君，非诚信无以取亲于百姓。故上下通诚者，则暗相信而不疑；其诚不通者，则近怀疑而不信。孔子曰："人而无信，不知其可。大车无𫐐，小车无𫐄，其何以行之哉。②"

注释

①《礼记·缁衣》有"子言之曰：'为上易事也，为下易知也，则刑不烦矣。'"
②此句出自《论语·为政》。𫐐（ní）：大车车辕和车衡衔接处的销钉。𫐄（yuè）：小车辕和车衡衔接处的销钉。𫐐、𫐄，比喻事物的关键。

古文今译

大凡作为人都有一个常情，那就是喜爱诚实信用之人。因为一个人若诚实信用，那他的心就容易被人们了解，所以孔子说："在上之人诚实信用就容易成就事情，在下之人诚实信用就容易被人们了解。"一个人若不诚实信用那就得不到君主的喜爱。而君主若不诚实信用那就得不到百姓的亲近。因此在上之人与在下之人都诚实，就能做到互相信任而不生疑心；而在上之人与在下之人都不诚实，即使很亲近也因彼此怀疑则互不信任。孔子说："一个人若不讲信用，那他的言行就不可靠。就像大车上没有𫐐，小车上没有𫐄一样，缺少衔接处的销钉而如何运行呢？"

原典再现

《吕氏春秋》曰：信之为功大矣。天行不信，则不能成岁；地行不信，则草木不大。春之德风①,风不信则其花不成;夏之德暑,暑不信则其物不长;秋之德雨,雨不信则其谷不坚;冬之德寒,寒不信则其地不刚。夫以天地之大,四时之化,犹不能以不信成物,况于人乎? 故君臣不信,则国政不安;父子不信,则家道不睦;兄弟不信,则其情不亲;朋友不信,则其交易绝。夫可与为始,可与为终者,其唯信乎。信而又信,重袭于身,则可以畅于神明,通于天地矣。

忠经·孝经

注释

①德:五行之说称四季中的旺气。德风、德暑、德雨、德寒之德皆为此意。

古文今译

《吕氏春秋》说:信用的功德很大。上天若不讲信用,那就不会有一年四季,大地若不讲信用,那就不会有草木生长。春季有春风,若春风不如期而至那花儿就不能开;夏季有暑热,若暑热不如期而至那万物就不成长;秋季有阴雨,若阴雨不如期而至那果实就不饱满;冬季有寒气,若寒气不如期而至那大地就不坚硬。天地如此之大,四季依次变化,都不能不讲信用而因此使万物不能成就,更何况是人呢? 因为君主和臣子不讲信用,那国家政治就不会安稳;父亲和儿子不讲信用,那治家之道就不会和睦;兄长和弟弟不讲信用,那兄弟之情就不会亲近;朋友和朋友不讲信用,那各种交往就容易断绝。和讲信用的人谋事不但有好的开始,而且还有好的终结,这是相互都很信任的缘故。一个人若能坚守信义,并永远地保持不变,那就可以上通神明,下通天地。

原典再现

昔鲁哀公问于孔子曰①:"请问取人之道。"孔子对曰:"弓调而后求劲焉,马服而后求良焉,士必悫信而后求智焉②。若士不悫信而有智能,譬之豺狼,不可近也。"昔子贡问政,子曰:"足食、足兵、人信之矣。"子贡曰:"必不得已而去,于斯三者何先?"曰:"去兵。"子贡曰:"必不得已而去,于斯二者何先?"曰:"去食。自古皆有死,人无信不立。"

注释

①此处问对见《论语·颜渊》。
②悫(què):朴实,谨慎。

古文今译

从前鲁哀公问孔子:"请问取人之道是什么?"孔子回答说:"弓箭调好了就能有劲,马儿驯服了就会更好,士人一定诚实守信才能有智慧。若士人不诚实守信却只有智慧和能力,那就好比豺狼,是不可靠近的。"从前子贡问孔子为政之道,孔子说:"粮食充足、兵器充足、人讲信用为为政之道。"子贡又问:"如果在万不得已时必须舍弃这三条为政之道,那首先应舍弃哪条呢?"孔子说:"首先舍弃兵器。"子贡又问:"如果在万不已时必须舍弃粮食和信用,那首先应舍弃哪条呢?"孔子说:"首先舍弃粮食。因为自古以来人都是要死的,一个人若不讲信用那他必然不会自立。"

原典再现

《体论》曰①:君子修身,莫善于诚信。夫诚信者,君子所以事君上、怀下人也。天不言而人推高焉,地不言而人推厚焉,四时不言而人与期焉,此诚信为本者也。故诚信者,天地之所守,而君子之所贵也。

注释

①《体论》:东汉崔寔撰有《政论》一书,言其当世理乱之道。原书宋时已

忠经·孝经

佚，后清人严可均、马国翰均有辑本。疑此处的《体论》似或是指《政论》，待考。

古文今译

　　《体论》说：君子的修身方法，最好的是诚实守信。因为诚实守信，不仅是君子侍奉上面的君主，而且也是让下面的百姓归顺的根本所在。天不言语而人都说很高，地不言语而人都说很厚，四季不言语而人都依时而动，这是注重诚实守信的缘故。所以说诚实守信，既是天地所遵守的，也是君子所推崇的。

原典再现

　　《傅子》曰[①]：言出于口，结于心，守以不移，以立其身，此君子之信也。故为臣不信，不足以奉君；为子不信，不足以事父。故臣以信忠其君，则君臣之道愈睦；子以信孝其父，则父子之情益隆。夫仁者不妄为，知者不妄动，择是而为之，计义而行之，故事立而功足恃也，身没而名足称也。虽有仁智，必以诚信为本，故以诚信为本者，谓之君子；以诈伪为本者，谓之小人。君子虽殒，善名不减；小人虽贵，恶名不除。

注释

　　①《傅子》：书名，晋代傅玄撰，一百一十四卷。论述经国九流及三史故事，并评议其得失。原书宋后佚失，今仅存辑本。

古文今译

　　《傅子》说：言语出自口中，但构思于心中，若能坚持以前说的而不轻易改变，就可以树立己身，这是君子的信用。作为臣子而不讲信用，就不能够侍奉君主；作为儿子而不讲信用，就不能够侍奉父亲。因为臣子以信用忠诚他的君主，那君臣之道就会更加和睦；儿子以信用孝顺他的父亲，那父子之情就会更加亲近。仁义之人不会妄为，知礼之人不会妄动，并且能择善而为，按义而行，因此使事业建立而功劳足能依靠，自身虽死但名字还被人们常常称颂。一个人即使有仁德和智能，但也必须以诚实信用为根本，因为只有以诚实信用为根本，才能称做君子；而虽有仁德和智能却以奸诈虚伪为根本，也只能称做小人。作为君子即使自身已死，但好的名声不会因自身已死而减弱；而作为小人即使自身尊贵，但坏的名声不会因自身尊贵而消除。

原典再现

夫修身正行，不可以不慎；谋虑机权，不可以不密。忧患生于所忽，祸害兴于细微。人臣不慎密者①，多有终身之悔。故言易泄者，召祸之媒也；事不慎者，取败之道也。明者视于无形，聪者听于无声，谋者谋于未兆，慎者慎于未成。不困在于早虑，不穷在于早豫。非所言勿言，以避其患；非所为勿为，以避其危。孔子曰："终日言，不遗己之忧；终日行，不遗己之患，唯智者能之。"故恐惧战兢，所以除患也；恭敬静密，所以远难也。终身为善，言败之，可不慎乎？

注释

①慎密：谨慎保密。

古文今译

人们修身正行时，不可以不谨慎，而谋划策略时，不可以不保密。这是忧患往往产生于忽略，而祸害常常兴起于细微的缘故。若作为臣子而做事不谨慎保密，那大多都会有终身后悔之事。因此说随便胡言乱语，是招来祸害的根源所在；做事不谨慎小心，是导致失败的根本原因。目明之人能在无形时察看，耳聪之人能在无声时听断，善谋之人能在没预兆时就谋划，谨慎之人能在未形成时就谨慎。人们困惑是因为提早谋虑，人们不贫穷是因为提早有备。不当说的话不说，这可以避免忧患；不当做的事不做，这可以避免危险。孔子说："人若能终日择言而说，那就可以不给自己留下忧患；人若能终日择事而做，那就可以不给自己留下祸患。只有明智之人才能做到这一步。"大凡做事时之所以恐惧、害怕，是因为想消除忧患；人们谋事时之所以小心、保密，是因为想远离危难。有人一生都在做善事，就因言语不当而失败，岂能不谨慎呢？

原典再现

夫口者关也，舌者机也，出言不当，驷马不能追也。口者关也，舌者兵也，出言不当，反自伤也。言出于己，不可止于人；行发于迩，不可止于远。夫言行者，君子之枢机①，枢机之发，荣辱之主。

注释

①枢机：枢为户枢，机为门阃；枢主开，机主闭，故以枢机并言。比喻事物的关键部分。

古文今译

口是机关，舌是扳机，一旦不当之言出口，那就驷马难追了。口是关口，舌是兵器，一旦不当之言出口，那将会自我伤害。言语虽然是出自自己的口中，但一旦说出去就制止不住了；行为虽然是在近处的作为，但一旦流行开了那远处就制止不住了。因此说言语和行为，是君子的枢机，而枢机的始发，却关系到君子的荣与辱。

忠经·孝经

原典再现

夫君子戒慎乎其所不睹,恐惧乎其所不闻,莫见乎隐,莫显乎微,是故君子慎其独。在独犹慎,况于事君乎、况于处众乎?

古文今译

大凡君子还在未目睹其事前就已谨慎,还在未耳闻其事前就已恐惧,正因为如此才使一切隐藏之迷都暴露出来,一切细微之错都显示出来,所以君子在一个人独居时都很谨慎。一个人独居时都很谨慎,更何况侍奉君主、与众人相处时呢?

原典再现

昔关尹谓列子曰①:"言美则响美,言恶则响恶;身长则影长,身短则影短。言者所以召响也,身者所以致影也。是故慎而言②,将有和之;慎而身,将有随之。"

注释

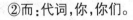

①关尹:即战国时秦国人尹喜,字公度,因曾为函谷关尹,故名。列子:战国时郑国人。

②而:代词,你,你们。

古文今译

从前关尹对列子说:"若一个人的声音很美,那他的回声肯定也很美;若一个人的声音很糟,那他的回声肯定也很糟;若一个人的个子很高,那他的影子肯定也就长,若一个人的个子很矮,那他的影子肯定也就短。这是由于声音可以造成回声,而个子可以导致影子。因此只要你言语谨慎,将会有人来附和你;只要你行为谨慎,将会有人来跟随你。"

原典再现

昔贤臣之事君也,入则造膝而言,出则诡词而对①;其进人也,唯畏人之知,不欲恩从己出;其图事也,必推明于君,不欲谋自己造;畏权而恶宠,晦智而韬名;不觉事之在身,不觉荣之在己。人闭其口,我闭其心;人密其外,我密其里;不慎而慎,不恭而恭。斯大慎之人也②。故大慎者,心知不欲口知;其次慎者,口知不欲人知。故大慎者闭心,次慎者闭口,下慎者闭门。

注释

①造膝:至于膝下,指亲近。诡词:即诡辞,诡辩不实之言。②大慎:特别谨慎。

古文今译

从前贤明之臣侍奉君主时,入朝则为国家而无所不言,出朝则怕泄密而以诡辞对答;他们虽向上级举荐了该人,但又害怕该人知道情况,因为他们不想使该人认为他们是恩人;他们图谋事情时,一定要把圣明之处说成是君主的作为,而不想为他们自己来谋名;他们畏惧权威并且厌恶贵宠,隐匿才能与名声而不自我炫露;他们不觉得事情的成功是因为他们自身的努力,也不觉得各种荣辱和他们自身有什么关系。别人闭上了口,我就闭上心;别人在外面保密,我就在心中保密;别人不谨慎而我谨慎;别人不恭敬而我恭敬。能做到这些的就是大慎之人了。作为大慎之人,他们心里知道情况嘴上却不说;而其次者,是嘴上虽说了但他人却不明白。因此大慎之人是闭上心,其次者是闭上口,最差的是闭上门。

原典再现

昔孔光禀性周密①,凡典枢机十有余年②,时有所言,辄削草稿。沐日归体③,兄弟妻子燕语,终不及朝省政事。或问光,温室省中树④,皆何木也。光默而不应,更答以他语。若孔光者,可谓至慎矣。故能终身无过,享其荣禄。

①孔光(公元前65~5年):西汉鲁人,字子夏。治经学,熟习汉朝制度法令。历成、哀、平三朝,官至御史大夫、丞相、太师。
②枢机:朝廷的机要部门或职位。指尚书、中书、宰辅之职。
③沐日:休沐之日,即假日。
④温室:殿名,在长乐宫中。

古文今译

昔日的孔光天性周密,掌管朝廷的机要部门前后达十余年之久,每每上书言事之后,就把草稿全部毁掉。当他假日在家休息时,和兄弟、妻子一块闲谈,但自始至终都不涉及朝廷的政事。有人问孔光,温室中的树木,都是些什么名称。对此种提问孔光不是沉默不语,就是说些不相关的话来对答。像孔光这样的人,才可以称得上是非常谨慎之人啊。也正因为如此直到他身死都没有过失，并长期享受着高官厚禄。

原典再现

清静无为，则天与之时；恭廉守节，则地与之财。君子虽富贵，不以养伤身；虽贫贱，不以利毁廉。知为吏者，奉法以利人；不知为吏者，枉法以侵人。理官莫如平，临财莫如廉，廉平之德，吏之宝也。非其路而行之，虽劳不至；非其有而求之，虽强不得。知者不为非其事，廉者不求非其有，是以远害名彰也。故君子行廉以全其真，守清以保其身，富财不如义多，高位不如德尊。

古文今译

人若能清静无为，那上天就会为其服务；人若能廉洁守节，那大地就会分给其财富。因此君子即使已很富贵，但也不以奢侈之养而伤害自个身体；君子即使已很贫贱，但也不以自私之利而废弃廉洁操守。明白这个道理的官吏，就会奉公守法、为百姓谋利益；不明白这个道理的官吏，就会歪曲法律、侵犯百姓利益。作为官员最关键的是公平，面对钱财能保守清廉，因为清廉和公平的品德，是做好官吏的法宝。不是正常的道路而你却走了，尽管是很辛劳但也达不到目的地；不是你应该拥有的东西而你却追求，尽管是很努力但也永远得不到。明智的人不做不合乎道义的事，廉洁的人不追求不属于自己的东西，所以他们能远离祸害而且名声很高。因此君子以廉洁来保全他们的本性，以清静来保全他们的自身，因为他们深知富有钱财不如多行正义、地位显赫不如德行高尚的道理。

原典再现

季文子相鲁[1]，妾不衣帛，马不食粟。仲孙它谏曰[2]："子为鲁上卿[3]，妾不衣帛，马不食粟，人其以子为啬，且不显国也。"文子曰："然。吾观国人之父母[4]，

忠经·孝经

衣粗食蔬,吾是以不敢,且吾闻君子以德显国,不闻以妾与马者。夫德者得之于我,又得之于彼,故可行也。若独贪于奢侈,好于文章⑤,是不德也。何以相国?"仲孙惭而退。

注释

①季文子:即春秋时鲁大父季孙行父,因死后谥曰文,故称季文子。

②仲孙它:即春秋时鲁国孟献子之子子服它。

③上卿:周官制,最尊贵的诸侯臣称上卿。

④国人:居住在城邑内的人。

⑤文章:错杂的色彩或花纹,此指华丽的锦缎一类东西。

古文今译

季文子在鲁国为相多年,但他的妻妾没有穿丝帛的,也没有食粟的马匹。仲孙它规劝季文子说:"您为鲁国的上卿,而妻妾没有穿丝帛的,也没有食粟的马匹,人们都认为您很吝啬,而且这样也不能显扬国家啊。"季文子回答说:"是如此啊。但我看到国人的父母们,还都是穿着粗衣、吃着粗食,所以我不敢例外。况且我听说君子是靠德行来显扬国家,而不是靠妻妾和马匹来显扬国家的。因为德行不仅对我有益,而且对大家有益,所以我就这样做了。如果只是一心想着奢侈,追求华丽的服饰,那就是缺德啊。若这样又将如何相国辅政呢?"仲孙它听了此话便惭愧地离去了。

原典再现

韩宣子忧贫①,叔向贺之,宣子问其故,对曰:"昔栾武子贵而能贫②,故能垂德于后。今吾子之贫,是武子之德,能守廉静者,致福之道也。吾所以贺。"宣子再拜受其言。

注释

①韩宣子：即春秋时晋卿韩起，因死后谥曰宣，故称韩宣子。
②栾武子：春秋时晋国大臣栾书，卒谥武子。

古文今译

韩宣子正在为贫困而忧虑，叔向却前来向其道贺，韩宣子问叔向为什么要如此作为，叔向回答说："昔日的栾武子地位尊贵却很贫困，因此他能留美名于后世。如今我们这种贫困，正是栾武子的德行，说明能保守廉洁和清静，是造福之道。所以我来向您道贺。"韩宣子听了此话后一再拜谢并表示接受。

原典再现

宋人或得玉，献诸司城子罕①，子罕不受，献玉者曰："以示玉人②，玉人以为宝，故敢献之。"子罕曰："我以不贪为宝，尔以玉为宝，若以与我，皆丧宝也，不若人有其宝。"

注释

①司城：官名，即司空。春秋时宋国设置，本名司空，因武公名司空，遂改司空为司城。子罕：即春秋时宋正卿乐喜。
②玉人：琢玉工人。

古文今译

宋国有个人得到一块美玉,便把这美玉进献给司城子罕,子罕硬是不接受,而进献美玉的人就解释说:"我让玉工看过此玉,玉工认为是块宝玉,所以我才敢前来进献。"子罕回答说:"我以不贪财为宝,而你却以美玉为宝,如果你把这美玉给我而我也收下,那咱们就都丧失了宝,不如各人保有各人的宝吧。"

原典再现

公仪休为鲁相①,使食公禄者不得与下人争利,受大者不得取小。客有遗相鱼者,相不受。客曰:"闻君嗜鱼,故遗君鱼,何故不受?"公仪休曰:"以嗜鱼故不受也。今为相,能自给鱼。今受鱼而免相,谁复给我鱼者?吾故不受也。"

注释

①公仪休:战国时鲁穆公相。他奉法循理,无所变更。

古文今译

公仪休为鲁国相时,下令说凡是有公侯等禄位的人不得与百姓争利,而禄位高的人也不得与禄位低的人争利。有位客人前来给公仪休送鱼,公仪休就是不接受。那位客人问公仪休:"听说您爱吃鱼,所以我才来给您送鱼,为什么又不接受呢?"公仪休回答说:"就是因为我爱吃鱼才不接受的。如今我为相,所得之俸禄足够我吃鱼了。若今天因接受您送的鱼而被免相,谁又会给我来送鱼呢?我就是因为这个才不接受你的鱼。"

夫将者,君之所恃也;兵者,将之所恃也。故君欲立功者,必推心于将;将之求胜者,先致爱于兵。夫爱兵之道,务逸乐之,务丰厚之,不役力以为已,不贪财以殉私,内守廉平,外存忧恤。昔窦婴为将①,置金于廊下,任士卒取之,私金且犹散施,岂有侵之者乎? 吴起为将②,卒有病痈者③,吴起亲自吮之,其爱人也如此,岂有苦之者乎?

注释

　　①窦婴:西汉时人,字王孙,吴楚反,拜为大将军;七国平,封魏其侯。武帝时为丞相。

　　②吴起(? ~前378年):战国时著名将领,卫国人。他先仕鲁,后仕魏,再仕楚。为将同士卒共甘苦;为相明法令,捐不急之官。务在富国强兵。

　　③痈(yōng):同"痈",恶性毒疮。

古文今译

　　将帅,是君主的依靠;士卒,是将帅的依靠。因此君主想树立功名,必须要有可以推心置腹的将帅;而将帅想打仗获胜,必须首先关心与爱护士卒。将帅的爱兵之道,是让士卒平时生活得舒服快乐,财物丰厚,而且不为自己去让士卒辛劳,不徇私利,内要有廉洁公平之心,外要有忧虑顾惜之实。昔日的窦婴为将帅时,把金钱放在廊檐下,听任士卒自己拿去花费,他把他私人的金钱尚且都这样到处施舍,哪还会侵吞别人的呢? 吴起为将帅时,士卒中有患痈疾的,他就亲自用口吸病者的毒疮,像他这样关心、爱护士卒,哪还会让士卒受苦呢?

忠经·孝经

原典再现

夫将者心也,兵者体也,心不专一,则体不安;将不诚信,则卒不勇。古之善将者,必以其身先之。暑不张盖①,寒不被裘;军井未达,将不言渴;军幕未辨②,将不言倦;当其合战,必立矢石之间③。所以齐劳逸、共安危也。

注释

①盖:车盖,遮阳御雨的工具。
②幕:帐幕,篷帐。辨:具备,周遍。
③矢石:箭与石。古代作战,发矢抛石以打击敌人。

古文今译

将帅是心腹,士卒是躯体,如果心腹不专一,那躯体就不安宁;如果将帅不诚实守信,那士卒就不会很勇敢。古时擅长带兵的将帅,都是自己身先士卒。酷暑时士卒没有遮阳的将帅就不用车盖,寒冬时士卒没有御寒的将帅就不穿皮裘;士卒吃水的井还没挖好时,将帅就不说口渴;士卒的帐篷还没搭好时,将帅就不说困倦;当双方正在交战时,将帅就站在箭穿石往之中。这就是所谓的将帅与士卒一齐劳逸、共同安危啊。

原典再现

夫人之所乐者生也,所恶者死也。然而矢石若雨,白刃交挥①,而士卒争先者,非轻死而乐伤也,夫将视兵如子则兵事将如父,将视兵如弟则兵事将如兄。故语曰:"父子兄弟之军,不可与斗。"由其一心而相亲也。是以古之将者,贵得众心。以情亲之,则木石知感,况以爱率下,而不得其死力乎?

注释

①白刃：锋利的刀。

古文今译

　　大凡人都喜爱活着，并且厌恶死亡。然而在交战双方箭和石如雨在下，刀与剑你来我往的情况下，士卒却能争先杀敌，这并不是他们不怕死或者爱受伤，而是平时将帅视士卒为儿子而战时士卒视将帅为父亲，平时将帅视士卒为弟弟而战时士卒视将帅为兄长的缘故。所以有句老话说："由父子兄弟组成的军队，人们轻易不敢和他交战。"这是因为父子兄弟一条心而且相互亲近啊。因此古时的将帅，最看重的就是士卒的心。如果人们能用爱情去亲近万物，那就是木头、石头也都知道感恩，何况是将帅爱护和关心士卒，岂有士卒不为将帅尽力拼命之理呢？

原典再现

　　《孙子兵法》曰①：兵形象水，水之行，避高而就下；兵之形，避实而击虚。故水因地而制形，兵因敌而制胜。兵无常道，水无常形。兵能随敌变化而取胜者，谓之良将也。所谓虚者，上下有隙，将吏相疑者也；所谓实者，上下同心，意气俱起者也。善将者能实兵之气，以待人之虚，不善将者乃虚兵之气，以待人之实。虚实之气，不可不察。

注释

　　①《孙子兵法》：书名，又称《孙子》。旧题春秋孙武撰。一卷，共十三篇。是我国现存最古老、最著名的兵书。

古文今译

《孙子兵法》说：用兵的阵势就像水流一样，水的流动，往往是避高而就低；而用兵的阵势，常常要避实而击虚。因为水流是顺着地势来显露形态的，而用兵是根据敌方的情况来制定获胜的策略的。所以说用兵没有固定不变之策略，水流也没有固定不变的形态。用兵能随着敌情的变化而及时制定出获胜策略的，那就是良将。用兵中的所谓虚，是指将帅与士卒之间有矛盾，将帅和士卒相互猜疑；用兵中的所谓实，是指将帅和士卒同为一心，意志与气概也完全投合。擅长带兵的将帅能使军队有上下一心的实兵之气，以此来迎击对方之虚，而不擅长带兵的将帅却使军队有上下不合的虚兵之气，以此来迎击对方之实。用兵中的虚实之气，不可不明察啊。

原典再现

昔魏武侯问吴起曰①："兵以何为胜？"吴子曰："兵以整为胜。"武侯曰："不在众乎？"对曰："若法令不明，赏罚不信，金之不止②，鼓之不进③，虽有百万之师，何益于用？"所谓整者，居则有礼，动则有威，进不可当，退不可追，前却如节，左右应麾。与之安，与之危，其众可合而不可离，可用而不可疲，是之谓礼将也。

注释

①魏武侯：战国时魏国君主，为文侯之子，与韩、赵三分晋地。
②金：金钲，军中用代号令，用以止众。
③鼓：战鼓，军中用代号令，用以进众。

古文今译

从前魏武侯问吴起："军队怎么样才能获胜呢？"吴起回答说："军队整就能获胜。"武侯说："不在乎士卒很多吗？"吴起答道："如果军队法令不严明，赏罚不及时，金钲已击还不停止，战鼓已擂还不进军，即使有百万之众，又有什么用处呢？"而所谓整，是指居则有军队之礼，动则有征伐之威，前进则不可抵挡，撤退则不可追及，向前往后都遵照节制，朝左朝右都听从指挥。将帅与士卒一同享安乐，将帅与士卒一道度危难，其军队只可凝聚而不可分离，只可效力而不可懈怠，这就是所谓的礼将。

原典再现

吴起临战，左右进剑，吴子曰："夫提鼓挥枹①，临难决疑，此将军也。一剑之任，非将军也。"夫将有五材四义。知不可乱，明不可蔽，信不可欺，廉不可贷，直不可曲，此五材也。受命之日忘家，出门之日忘亲，张军鼓宿忘主②，援枹合战忘身，此四义也。将有五材四义，百胜之术也。

注释

①枹(fú)：同"桴"，即鼓杖。
②宿：宿止。鼓宿，指军队的进与止。

古文今译

吴起亲临战场，而身边的人递了把剑给他，吴起说："大凡手拿鼓和槌，在危难时解决疑难，这才是统帅军队。只有一剑的信任，根本不是统帅军队。"作为将帅要有五材四义。才智不能被扰乱，圣明不能被遮蔽，诚信不能被欺诈，廉洁不能被收买，正直不能被扭曲，这就是所谓的五材。接受命令之日则忘了家庭，走出家门则忘了亲人，军队进止则忘了君主，击鼓交战则忘了自身，这就是所谓的四义。若将帅具备了这五材四义，那就掌握了百战百胜的法宝。

原典再现

　　夫攻守之法，无恃其不来，恃吾有以待之；无恃其不攻，恃吾之不可攻也。夫将若能先事虑事，先防求防，如此者，守则不可攻，攻则不可守。若骄贪而轻于敌者，必为人所擒。

古文今译

　　大凡攻战守备的方法，不能寄希望于敌人不会前来，而要充分准备而等待着迎击；不能想着敌人不会攻伐，而要考虑怎样击退敌人的进攻。只要将帅能在事先考虑得周全，能在事先防备得严密，那就可以使守备固若金汤，攻战无所不克。若将帅既骄横贪婪而又轻视敌人，那肯定会被敌人擒获。

原典再现

　　昔子发为楚将①，攻秦，军绝馈饷，使人请于王，因归问其母，其母问使者曰："士卒得无恙乎？"使者曰："士卒升分菽粒而食之②。"又问曰："将军得无恙乎？"对曰："将军朝夕刍豢黍粱③。"后子发破秦而归，母闭门而不纳，使人数之曰："子不闻越王勾践之伐吴耶④？客有献醇酒一器者，王使人注江上流，使士卒饮其下流，味不足加美，而士卒如有醉容，怀其德也，战自五焉。异日又有献一囊糗糒者⑤，王又以赐军士，军士分而食之，甘不足逾嗌⑥，士卒如有饫容⑦，怀其恩也，战自十焉。今子为将，士卒升分菽粒而食之，子独朝夕刍豢黍粱，何也？夫使人入于死地，而康乐于其上，虽复得胜，非其术也。子非吾子，无入吾门。"子发谢，然后得入。及后为将，乃与士卒同其甘苦，人怀恩德，争先矢石，遂功名日远。

若子发之母者,可谓知为将之道矣。

注释

①子发:楚宣王时的将领。

②菽(shū):豆类的总称。

③荤豢:牛羊为荤,犬豕为豢。黍(shǔ):谷物。

④越王勾践(？~前465 年):春秋时越国的王。为吴王夫差所战败,困于会稽,屈膝求和。其后卧薪尝胆,发奋图强,终于灭掉了吴国。

⑤糗糒(qiǔ bèi):干粮。

⑥嗌(yì):咽喉。

⑦饫(yù):饱。

古文今译

　　从前子发为楚国将军,攻打秦国时,军队中没有粮饷,他便派使者去向楚王求救,顺便又让使者到他家中看看母亲,他母亲问使者:"士卒们还好吗?"使者回答说:"士卒们靠吃用升来分的豆子在生活。"子发的母亲又问使者:"将军他还好吗?"使者回答说:"将军他一天到晚有肉和美味吃。"后来子发打败秦国而回家,母亲却关上门不让他进。母亲还派人责备子发道:"你没听说过越王勾践讨伐吴国的事吗? 当时有位客人献给勾践一壶美酒,越王勾践便让人将那壶美酒拿到江水的上游并倒入水中,再使士卒饮江水下游的水,其味道虽不算美,但士卒们都面带醉容,这是感激勾践的大德,因此在战斗中以一当五。另一天又有人献给勾践一袋干粮,越王勾践把那袋干粮赏赐给全军将士,全军将士将其分着吃了,每人所吃下的虽然很少,但将士们却都面带饱容,这是感激勾践的大恩,因此在战斗中以一当十。如今你为将帅,士卒们靠吃用升来分的豆子在生活,而唯独你一天到晚有肉和美味吃,这是为什么呢? 你作为将帅而不管士卒的死活,自己却在尽享康乐,如此虽然打仗获胜,也不是带兵的良策。你不是我

忠经·孝经

的儿子,不要进这个家门。"子发承认自己错了,这才进入家门。等到他以后再为将帅时,便和士卒同甘共苦,士卒们也很感激他的恩德,战斗中争先恐后地发箭抛石,使他的功绩与名声越来越大。像子发母亲这样的作为,才能称得上是懂得为将之道啊。

原典再现

昔赵孝成王时①,秦攻赵,赵王使赵括代廉颇为将②,括母上书曰:"括不可使将也。始妾事其父,父时为将,身所奉饭而进食者以十数,所交者以百数,大王所赐金币者,尽以与军吏士大夫共之,受命之日,不问家事。今括一旦为将,东向而朝③,军吏无敢仰视之者。王所赐金帛,归悉藏之,乃日视便利田宅可买者。父子不同,执心各异。愿王勿遣。"王曰:"吾计已决矣。"括母曰:"王终遣之,即有不称,妾得无随坐乎?"王曰:"不也。"括遂行,代廉颇为将,四十余日,赵兵果败,括死军覆。王以括母先言,不加诛也。若赵括母者,可谓豫识成败之机也。

注释

①赵孝成王:战国时赵国的王,名丹,在位二十一年,死后谥为孝成。

②赵括:战国时赵国将领,为赵奢之子。在长平被秦国将领白起大败。廉颇:战国时赵国将领,因功封信平君。后因受排挤往魏、奔楚。

③东向而朝:是避君主、国王的面南而治。

古文今译

从前的赵孝成王时,秦国攻打赵国,赵孝成王下令让赵括代替廉颇出任将领去迎击秦国。赵括的母亲得知此事后上书给赵孝成王说:"赵括不能出任将领。当初臣妾我侍奉赵括他父亲时,他父亲为将领,由他亲自供养饭食的有数十人，和他如朋友一样相处的有数百人，大王您赐给他的金银财宝，也全都拿了出来和军吏士大夫们共同分享，而且在接受到命令的当日，就不再问及家中之事了。如今这赵括一旦做了将领，就会面向东方而治兵治军，军吏士卒因畏惧不敢仰起头看他。大王您赐给他的金银布帛，他会全部拿着并藏起来，说是要等机会买成田地或宅院来获利。赵括和他父亲不同，所以各自的用心也相异。请大王您不要让他代替廉颇。"赵孝成王说："我的这种想法已经定了。"赵括的母亲说："大王您若是坚持要他代廉颇为将领，那要是他因不称职而获罪，臣妾我可以不连坐吗？"赵孝成王说："可以不连坐。"于是赵括前往战场，代替廉颇出任将领，四十多天后，赵军果然失败，赵括战死而全军覆没。赵孝成王因赵括的母亲事先已经说赵括无将领之才的话，就没株连她。像赵括母亲这样的作为，才能称得上是事先能知道成败之机啊。

原典再现

夫黔首苍生①，天之所甚爱也，为其不能自理，故立君以理之；为君不能独化，故为臣以佐之。夫臣者，受君之重位，牧天之甚爱，焉可不安而利之，养而济之哉？是以君子任职则思利人，事主则安俗，故居上而下不重，处前而后不怨。

注释

①黔首：庶民，平民。苍生：众民，百姓。

古文今译

平民老百姓，是上天最亲爱的人，因为他们不能自己治理，所以才树立君主来治理他们；又因为君主不能独自教化，所以又设臣子来辅佐君主。所谓臣子，他承受着君主的重托，治理着上天最亲爱的人，岂敢不安抚百姓而使他们获利、善养百姓而使他们增益呢？因此君子担任官职就只想着利于百姓，侍奉君主就

忠经·孝经

只想着整好风气,所以君子居上位而在下之人不认为他们权重,处理前面的人而在后之人没有任何怨言。

原典再现

夫衣食者,人之本也,人者国之本。人恃衣食犹鱼之待水,国之恃人如人之倚足,鱼无水则不可以生,人无足则不可以步。故夏禹称①:"人无食,则我不能使也;功成而不利于人,则我不能劝也。"是以为臣之患者,先利于人。

注释

①夏禹:夏后氏部落首领,史称禹、大禹,姒姓。

古文今译

吃饭穿衣,是人的根本,而人又是国家的根本。人依靠吃饭穿衣活着就像鱼有水才能游一样,国家依靠人而兴盛就像人有双脚才能走一样,鱼离开了水就不能生存,人没了双脚就不能迈步。所以夏禹曾说:"如果人没有饭吃,那我就不能使用他;如果事情成功了而对人却无利可言,那我就不能再获得他们的支持了。"所以作为忠良之臣,首先要想着对人有利才行。

原典再现

《管子》曰:佐国之道,必先富人,人富则易化。是以七十九代之君,法制不一,然俱王天下者,必国富而粟多。粟生于农,故先王贵之,劝农之急,必先禁末作①。末作禁,则人无游食②,人无游食则务农,务农则田垦,田垦则粟多,粟多则人富。是以古之禁末作者,所以利农事也。

注释

①末作:古时指工商业。
②游食:商人游以求食,故称不务而食为游食。

古文今译

《管子》说:臣子辅佐国君治理天下的根本,首先是让百姓富裕起来,因为百姓富裕了就容易教化了。所以七十九代国君,虽然各自的法制不一样,但他们之所以能称王天下,可都是国家富强而粮食众多的缘故。粮食是农民生产的,所以先王都看重农业,而劝人兴农的当务之急,必须首先禁止工商业。因为一旦禁止了工商业,那就没有游食之人了,游食之人没有了也就都务农去了,人们一旦都去务农就可以使荒田得以垦种,荒田垦种了而粮食就增多了,粮食增多了那百姓就富裕了。因此古人之所以要禁止工商业,其目的在于使人们从事农业。

原典再现

至如绮绣纂组①,雕文刻镂,或破金为碎,或以易就难,皆非久固之资,徒艳凡庸之目。如此之类,为害实深。故好农功者,虽利迟而后富;好末作者,虽利速而后贫。但常人之情,罕能远计,弃本逐末,十室而九。才逢水旱,储蓄皆虚,良为此也。故善为臣者,必先为君除害兴利。所谓除害者,末作也;所谓兴利者,农功也。夫足寒伤心,人劳伤国,自然之理也。养心者不寒其足,为国者不劳其人。臣之与主,共养黎元②,必当省徭轻赋,以广人财,不夺人时,以足人用。

忠
经
·
孝
经

注释

①纂组：赤色的绶带。
②黎元：民众，百姓。

古文今译

至于像锦绣一类纂组，雕刻彩饰的器具等，有的是将整块金破为碎片来雕刻，有的是不用简单的锦绣而专要复杂的，这些都不是永久的不变的财产，只有一般世俗之人才认为是华丽而已。像这类东西，对人的危害又特别深重。因此重视农作之人，获利虽慢些但日后富有；而重视工商业之人，获利虽快些但日后贫穷。然而就一般人的常情而言，很少长远考虑的，所以放弃农作而从事工商业者，往往是十家中就有九家。而一旦遇上水涝旱灾，原来积蓄的也就用空了，根本原因就在于轻视农作而重视工商业。所以能干的臣子，肯定首先是为君主兴利除害。所谓除害，那就是禁止工商业；而所谓兴利，那就是劝人农作。大凡足下受寒而损伤心腹，百姓劳累而损伤国家，这是自然之理。因此若养护心腹那就不会使足下受寒，为了国家那就不会去劳累百姓。臣子与君主，共同在教养百姓，一定要减少徭役和赋税，以此来增加百姓的财产，不在农忙时役使百姓，以此来满足百姓的需用。

原典再现

夫人之于君，犹子于父母，未有子贫而父母富，子富而父母贫。故人足者，非独人之足，国之足也；人匮者，非独人之匮，国之匮也。是以《论语》云："百姓不足，君孰与足？"故助君而恤人者，至忠之远谋也；损下而益上者，人臣之浅虑也。

古文今译

　　大凡百姓和君主的关系，就像子女和父母的关系一样，世间既没有子女贫穷而父母却富裕的，同样也没有父母贫穷而子女却富裕的。因此百姓富足，并不只是百姓独自富足，而是国家也富足了；百姓匮乏，并不是百姓独自匮乏，而是国家也匮乏了。所以《论语》说："百姓不富足，哪个君主能富足呢？"因此作为臣子而辅助君主来顾惜百姓的，这是忠臣为国家的长远打算；损害在下的百姓来满足在上的君主，这是臣子缺乏见识的表现。

原典再现

　　贾子曰：[①]上古之代，务在劝农，故三年耕而余一年之蓄，九年耕而余三年之蓄，三十年耕而余十年之蓄。故尧水九年，汤旱七年，野无青草而人无饥色者，诚有此备也。故建国之本，必在于农，忠臣之思利人者，务在劝导。家给人足，则国自定焉。

注释

　　①贾子：西汉政论家贾谊（公元前201～前169年）。以年少能通诸家书，被文帝召为博士，迁太中大夫。后因上疏陈述政事得失，为大臣所忌，出为长沙王太傅，故有贾太傅、贾生之称。

古文今译

　　贾子说：上古的时候，为君为臣的首要任务是劝人兴农，所以三年的收成可以积蓄下一年的，九年的收成可以积蓄下三年的，三十年的收成可以积蓄下十年的。因此尧在位时水涝九年，汤在位时旱灾七年，当时虽连荒野都无青草但人们却面无饥色,这是有储备的缘故。由此可见建设国家的根本,首先是搞好农业,而作为忠良之臣想让百姓获利,关键是劝导百姓务农。如果家家户户生活能自给自足,那国家就自然会安定了。

原典再现

论曰:夫君臣之道,上下相资,喻涉水之舟航,比翔空之羽翼。故至神攸契,则星象降于穹苍[①];妙感潜通,则风云彰于寤寐[②]。其同体也,则股肱耳目不足以匹其同;其益政也,则曲糵盐梅未可以方其益[③]。谅直之操,由此而兴;节义之风,因斯以著。是知家与国而不异,君与亲而一归,显己扬名,惟忠惟孝。

注释

①穹苍:指天。穹言其形,苍言其色。
②寤寐:醒时与睡时。犹言日夜。
③曲糵(niè):酿酒或制酱时引起发酵作用的块状物质,即酒母。

古文今译

议论说:君主与臣子的关系,是上与下相互依靠的关系,好比要过江河那就得有航船,好比要在高空飞翔那就得有翅膀。因此精神契合,而星象降于上天;感应相通,而风云彰于日夜。臣子与君主为同一整体,就是大腿、胳膊和耳目也不足以匹配等同;臣子辅助君主治国为政,就是酒母和咸盐、酸梅也不能来调合增减。臣子诚实正直的操行,就由此而兴起;臣子节操义行的气概,就因此而显扬。由此可知家与国没有什么不同,君主与父亲可视为一样,要使自己的名声显扬,就得做好忠臣孝子。

忠经·孝经

原典再现

每以宫闱暇景①，博览琼编②，观往哲之弼谐，睹前言之龟镜，未尝不临文嗟尚，抚卷循环，庶令匡翊之贤，更越夔龙之美③。爰申翰墨，载列缣缃④。何则？荣辱无门，惟人所召。若使心归大道，情切至忠，务守公平，贵敦诚信，抱廉洁而为行，怀慎密以修身，奉上崇匡谏之规，恤下思利人之术，自然名实兼茂，禄位俱延，荣不召而自来，辱不遣而斯去。然则忠正者致福之本，戒慎者集庆之源，若影随形，犹声逐响。凡百群彦，不可勖欤⑤！垂拱元年撰⑥。

注释

①宫闱：宫中后妃所居之处。闱，宫中的旁门。
②琼编：指典籍、图书。
③夔龙：即夔与龙，相传是虞舜时的两位大臣。
④缣缃(jiān xiāng)：供书写用的细绢。缃，浅黄色，专指书册。
⑤勖(xū)：勉励。
⑥垂拱元年：即公元685年。垂拱，为武则天的年号。

古文今译

居宫闱而有空闲时，便博览群书，看到往日贤哲的同心协力辅佐，目睹前人直言的吉凶美恶借鉴，没有不望着该文句感叹和崇尚的，摸着该卷书反复地思考，希望辅佐之臣贤明，更加超过夔与龙的完美。因此便拿来笔墨书写，将这些记载下来以成书册。为什么要这样呢？因为荣誉与耻辱是没有诀窍的，关键在于人的作为。如果能使自己的内心归入正道，情感极其忠诚，做事恪守公平，推崇敦厚诚实信用，有廉洁清静的操行，以谨

慎保密来修身,侍奉在上者要有匡正谏诤的言论,抚育在下者要有让百姓获利的举措,如此自然就会使名声与功绩都很出名,俸禄与爵位都能长久,荣誉将会不召而自来,耻辱将会不遣而自去。然而忠诚正直是带来福禄的根本,警戒谨慎是获得奖赏的源头,这就好比影子是随着形体,也就像回声是跟着响声一样。所以有才能的百官群臣,不可不努啊!垂拱元年撰。

忠经·孝经